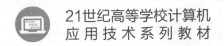21世纪高等学校计算机
应用技术系列教材

Ubuntu Linux

基础教程 第2版

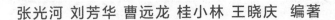

张光河 刘芳华 曹远龙 桂小林 王晓庆 编著

清华大学出版社

北京

内 容 简 介

本书根据普通高等院校计算机专业本科教育的教学要求,并按照 Linux 课程教学大纲的规定,同时参考兄弟院校使用的经典教材和教案编写而成。作者在总结最近几年 Linux 课程教学经验的基础上,结合本课程及专业的发展趋势以及 Linux 系统最新发展的情况,安排了本书的内容。本书紧紧围绕着 Ubuntu 20.04 LTS 展开,共分为 7 章。

第 1 章简要介绍 Linux 的由来、特点及较为常用的发行版本,详细描述如何安装 Ubuntu 20.04 LTS,并介绍这一系统的基本情况;第 2 章介绍 Ubuntu 图形界面下的日常操作;第 3 章介绍 Ubuntu 字符界面下的常用命令;第 4 章介绍如何使用 vi 编辑器;第 5 章介绍 Ubuntu 下较为常用的实用程序;第 6 章介绍 Shell 脚本编程的初步知识;第 7 章是围绕第 1 章到第 6 章的知识为读者准备的上机实验。

本书内容重点突出,语言精炼易懂,既可作为普通高等院校计算机及相关专业 Linux 课程的入门级教材,又可供计算机及相关专业的教学人员、科研人员或 Linux 爱好者使用。高职高专类学校也可以选用本教材,使用时可以根据学校和学生的实际情况略去某些章节。

图书在版编目(CIP)数据

Ubuntu Linux 基础教程/张光河等编著.—2 版.—北京:清华大学出版社,2024.5
21 世纪高等学校计算机应用技术系列教材
ISBN 978-7-302-66376-8

Ⅰ.①U…　Ⅱ.①张…　Ⅲ.①Linux 操作系统－高等学校－教材　Ⅳ.①TP316.85

中国国家版本馆 CIP 数据核字(2024)第 107905 号

责任编辑: 贾　斌
封面设计: 刘　键
责任校对: 徐俊伟
责任印制: 宋　林

出版发行: 清华大学出版社
　　网　　址: https://www.tup.com.cn,https://www.wqxuetang.com
　　地　　址: 北京清华大学学研大厦 A 座　　**邮　　编:** 100084
　　社 总 机: 010-83470000　　　　　　　　**邮　　购:** 010-62786544
　　投稿与读者服务: 010-62776969,c-service@tup.tsinghua.edu.cn
　　质量反馈: 010-62772015,zhiliang@tup.tsinghua.edu.cn
　　课件下载: https://www.tup.com.cn,010-83470236
印 装 者: 三河市君旺印务有限公司
经　　销: 全国新华书店
开　　本: 185mm×260mm　　**印　　张:** 20.25　　　　　**字　　数:** 504 千字
版　　次: 2018 年 11 月第 1 版　2024 年 5 月第 2 版　　**印　　次:** 2024 年 5 月第 1 次印刷
印　　数: 1～1500
定　　价: 69.80 元

产品编号:089713-01

前　言

　　信息技术已经与人们的日常工作和生活密不可分。通常绝大部分人在工作中使用计算机,包括台式计算机和笔记本计算机;在生活中使用智能移动终端,包括手机和平板计算机。最为常用的桌面操作系统包括 Windows、macOS 和 Linux。无论是在工作,还是生活中,Linux 均如影随行。对于大部分专业人员而言,Ubuntu 20.04 Long Term Support(LTS)作为第 7 个长期支持的版本,值得学习和使用。

　　尽管"操作系统"是普通高等院校计算机及相关专业本科生的必修课程,但由于最为常用的操作系统如 Windows 和 macOS 并不对普通用户开放源程序,因此,在讲授"操作系统"这门课时,不少教师会发现以下问题:学习能力弱的学生觉得云里雾里,而学习能力强的学生觉得意犹未尽。若将开放源代码的 Linux 作为选修课甚至设置为计算机及相关专业的必修课,可望解决上述问题。

　　本书紧紧围绕着 Ubuntu 20.04 LTS 这一开放源代码的 Linux 发行版,在设计和挑选教材内容时,有以下考虑。

　　(1) 本书尽可能不涉及过多的"操作系统"课程中的术语和理论,而是站在使用者的角度来介绍 Ubuntu,希望学生通过使用这一系统来理解"操作系统"课程涉及的算法及思想。

　　(2) 考虑到大多数学生对 Ubuntu 比较陌生,因此在第 1 章既详细介绍了如何安装虚拟机并在其中安装 Ubuntu 20.04,又仔细描述了如何在已经安装 Windows 10 的计算机上安装 Ubuntu 并以双系统的方式运行。对于初学者而言,安装 Ubuntu 是学习它的第一步。

　　(3) 在教学过程中发现,有很大一部分学生因为长期使用 Windows 或 macOS,非常担心自己转到字符界面的 Ubuntu 后难以适应而不敢尝试之。我们在第 2 章介绍了 Ubuntu 图形界面下日常使用的大部分功能,避免了学生从具有友好操作界面的 Windows 或 macOS 上直接迁移到 Ubuntu 的字符界面中时感到不适,从而实现了平滑过渡。

　　(4) 从某种层次上来讲,华丽的图形界面其实是为非专业人员提供的,对于专业人员而言,字符界面可谓又快又好。在第 3 章中介绍了 Ubuntu 字符界面下最为常用的命令。

　　(5) 尽管 Ubuntu 中内置了具有图形界面的 gedit,但对专业人员而言,vi 才是首选。在第 4 章中较为详尽地介绍了 vi 编辑器的基本用法,并提及少许高级功能。

　　(6) 第 5 章介绍了部分实用程序的用法,这些实用程序可以满足绝大部分日常需求,帮助学生提高处理数据的速度。

　　(7) 为了更好地处理数据并使这一过程可被重用,仅使用实用程序是不够的。因此在第 6 章中介绍了 Shell 脚本编程的基本知识,通过使用 Shell 脚本,可以处理极为复杂的事务。

　　(8) 第 7 章为实验,主要提供给学生上机时使用,目的是为了让学生在反复使用这一系统的过程中加深对"操作系统"课程的理解,同时也使学生能更为熟练地操作 Ubuntu。

　　本书内容重点突出,语言精炼易懂,便于自学,可以作为高等院校计算机及相关专业

Linux 类课程的教材，也可以作为 Linux 爱好者的入门书籍，或工程技术人员的参考书。

参加本书编写的有张光河老师、刘芳华老师、曹远龙老师、桂小林老师和段高华老师。特别感谢华东交通大学黄晓辉老师和江西师范大学王晓庆老师在本书编写时给予的支持，同时也感谢为本书编写提供过帮助的研究生和本科生同学们。

作者在编写本书的过程中，参阅了大量的相关教材和专著，也在网上查找了很多资料，在此向各位原著者致敬和致谢！

本书得到了 2019 年江西省高等学校教学改革研究课题（课题编号为 JXJG-19-2-10）的资助，在此表示感谢。由于作者水平有限，书中难免存在不妥或错误，恳请读者批评指正！

作　者

2024 年 4 月

目　录

第1章　认识 Linux ……………………………………………………………… 1

1.1　Linux 简介 ………………………………………………………………… 1

　　1.1.1　Linux 的由来 ……………………………………………………… 1

　　1.1.2　Linux 的内核 ……………………………………………………… 5

　　1.1.3　Linux 的特点 ……………………………………………………… 5

1.2　Ubuntu 安装 ………………………………………………………………… 6

　　1.2.1　安装准备 …………………………………………………………… 6

　　1.2.2　双系统 ……………………………………………………………… 8

　　1.2.3　虚拟机 ……………………………………………………………… 17

1.3　Ubuntu 简介 ………………………………………………………………… 29

本章小结 …………………………………………………………………………… 34

习题 1 ……………………………………………………………………………… 34

第2章　Ubuntu 图形界面 ……………………………………………………… 35

2.1　基本操作 …………………………………………………………………… 35

　　2.1.1　登录 ………………………………………………………………… 35

　　2.1.2　注销 ………………………………………………………………… 37

　　2.1.3　关机 ………………………………………………………………… 37

　　2.1.4　重启 ………………………………………………………………… 39

2.2　系统设置 …………………………………………………………………… 40

　　2.2.1　显示设置 …………………………………………………………… 40

　　2.2.2　桌面背景修改 ……………………………………………………… 44

　　2.2.3　时间和日期设置 …………………………………………………… 48

　　2.2.4　磁盘管理 …………………………………………………………… 49

　　2.2.5　网络设置 …………………………………………………………… 55

2.3　应用软件 …………………………………………………………………… 57

　　2.3.1　访问因特网 ………………………………………………………… 57

　　2.3.2　办公应用 …………………………………………………………… 59

　　2.3.3　图像处理 …………………………………………………………… 60

　　2.3.4　即时通信 …………………………………………………………… 63

　　2.3.5　音频播放 …………………………………………………………… 64

　　2.3.6　视频播放 …………………………………………………………… 64

2.4　程序安装 ··· 65
　　2.4.1　添加和删除程序 ································· 65
　　2.4.2　软件包及管理器 ································· 68
　　2.4.3　命令行软件包安装 ······························ 70
　　2.4.4　Ubuntu 软件库 ································· 71
本章小结 ··· 72
习题 2 ··· 73

第 3 章　Ubuntu 字符界面 ································· 75
3.1　Ubuntu 命令简介 ·· 75
3.2　登录与注销 ··· 76
　　3.2.1　用户登录 ······································ 76
　　3.2.2　用户注销 ······································ 79
　　3.2.3　退出当前 Shell ································ 79
　　3.2.4　修改登录口令 ································· 80
　　3.2.5　关闭系统 ······································ 81
　　3.2.6　重启系统 ······································ 82
3.3　目录与文件 ··· 82
　　3.3.1　显示当前工作目录 ····························· 82
　　3.3.2　更改工作目录 ································· 83
　　3.3.3　创建工作目录 ································· 83
　　3.3.4　删除工作目录 ································· 84
　　3.3.5　移动目录或文件 ······························ 85
　　3.3.6　复制目录或文件 ······························ 86
　　3.3.7　删除目录或文件 ······························ 87
　　3.3.8　创建文件或修改时间 ·························· 88
　　3.3.9　查看目录和文件 ······························ 89
　　3.3.10　以树状图列出目录内容 ······················ 90
　　3.3.11　显示文件或文件系统的详细信息 ·············· 92
3.4　文件内容显示 ··· 93
　　3.4.1　创建和显示文件 ······························ 93
　　3.4.2　改变文件权限 ································· 94
　　3.4.3　分页往后显示文件 ····························· 95
　　3.4.4　分页自由显示文件 ····························· 96
　　3.4.5　指定显示文件前若干行 ························ 97
　　3.4.6　指定显示文件后若干行 ························ 98
3.5　文件内容处理 ··· 98
　　3.5.1　对文件内容进行排序 ·························· 99
　　3.5.2　检查文件中重复内容 ·························· 99

3.5.3 在文件中查找指定内容 ·············· 100

3.5.4 逐行对不同文件进行比较 ·············· 100

3.5.5 逐字节对不同文件进行比较 ·············· 101

3.5.6 对有序文件进行比较 ·············· 102

3.5.7 对文件内容进行剪切 ·············· 103

3.5.8 对文件内容进行粘贴 ·············· 103

3.5.9 对文件内容进行统计 ·············· 104

3.6 文件查找 ·············· 105

3.6.1 在硬盘上查找文件或目录 ·············· 105

3.6.2 在数据库中查找文件或目录 ·············· 106

3.6.3 查找指定文件或目录的位置 ·············· 107

3.6.4 查找可执行文件的位置 ·············· 107

3.7 磁盘管理 ·············· 108

3.7.1 检查磁盘空间占用情况 ·············· 108

3.7.2 统计目录或文件所占磁盘空间大小 ·············· 109

3.7.3 挂载文件系统 ·············· 109

3.7.4 检查磁盘的使用空间与限制 ·············· 110

3.7.5 打开磁盘空间限制 ·············· 111

3.7.6 为指定用户分配限额 ·············· 111

3.7.7 显示用户或工作组的磁盘配额信息 ·············· 112

3.7.8 显示文件系统的配额信息 ·············· 113

3.7.9 关闭磁盘空间限制 ·············· 113

3.7.10 卸载文件系统 ·············· 114

3.8 备份压缩 ·············· 114

3.8.1 zip、unzip 和 zipinfo ·············· 114

3.8.2 gzip、gunzip 和 gzexe ·············· 116

3.8.3 bzip2、bunzip2 和 bzip2recover ·············· 116

3.8.4 compress 和 uncompress ·············· 117

3.8.5 uuencode 和 uudecode ·············· 119

3.8.6 dump 和 tar ·············· 120

3.9 获取帮助 ·············· 121

3.9.1 使用 man 获取帮助 ·············· 121

3.9.2 使用 whatis 获取帮助 ·············· 122

3.9.3 使用 help 获取帮助 ·············· 123

3.9.4 使用 info 获取帮助 ·············· 123

3.10 其他命令 ·············· 124

3.10.1 清除屏幕信息 ·············· 124

3.10.2 显示文本 ·············· 124

3.10.3 显示日期时间 ·············· 125

3.10.4　查看当前进程 ·· 126

3.10.5　终止某一进程 ·· 127

3.10.6　显示最近登录系统的用户信息 ·········· 127

3.10.7　显示历史命令 ·· 128

3.10.8　超级权限用户及操作 ···························· 129

3.10.9　定义别名 ·· 130

本章小结 ··· 131

习题 3 ··· 131

第4章　vi 编辑器 ·· 134

4.1　开始使用编辑器 ·· 134

4.1.1　vi 编辑器简介 ·· 134

4.1.2　进入 vi 编辑器 ······································ 136

4.1.3　文件不存盘退出 ······································ 141

4.1.4　文件存盘退出 ·· 141

4.1.5　文件另存 ·· 142

4.1.6　部分文件另存 ·· 143

4.1.7　文件覆盖 ·· 144

4.1.8　向文件中追加内容 ·································· 144

4.1.9　撤销对文件内容的修改 ························ 145

4.2　移动光标 ·· 145

4.2.1　使用方向键 ·· 145

4.2.2　使用字母键 ·· 146

4.2.3　使用组合键 ·· 146

4.2.4　逐单词移动 ·· 147

4.2.5　在某一行内移动 ······································ 148

4.2.6　在不同行上移动 ······································ 149

4.2.7　在屏幕上移动 ·· 150

4.2.8　返回初始位置 ·· 152

4.2.9　调整显示文本 ·· 152

4.3　文本添加 ·· 154

4.3.1　在光标当前位置左侧插入文本 ············ 154

4.3.2　在光标当前位置右侧插入文本 ············ 154

4.3.3　在光标当前位置上方插入文本 ············ 155

4.3.4　在光标当前位置下方插入文本 ············ 155

4.3.5　在行首插入文本 ······································ 156

4.3.6　在行末插入文本 ······································ 156

4.4　文本查找和替换 ·· 157

4.4.1　向前查找字符串 ······································ 157

4.4.2 向后查找字符串 …………………………………………… 158

4.4.3 替换指定字符 …………………………………………… 159

4.4.4 单词替换 …………………………………………………… 160

4.4.5 在某一行内替换 ………………………………………… 161

4.4.6 对所有行进行替换 ……………………………………… 163

4.5 文本复制、剪切和粘贴 ………………………………………… 165

4.5.1 复制和粘贴字符 ………………………………………… 165

4.5.2 剪切和粘贴字符 ………………………………………… 166

4.5.3 复制、剪切和粘贴指定字符 …………………………… 166

4.5.4 复制和粘贴单词 ………………………………………… 167

4.5.5 剪切和粘贴单词 ………………………………………… 168

4.5.6 复制和粘贴行 …………………………………………… 168

4.5.7 剪切和粘贴行 …………………………………………… 169

4.5.8 复制和移动文本块 ……………………………………… 170

4.6 文本删除和撤销 ………………………………………………… 172

4.6.1 删除字符 ………………………………………………… 172

4.6.2 删除单词 ………………………………………………… 173

4.6.3 删除整行 ………………………………………………… 173

4.6.4 删除多行 ………………………………………………… 174

4.6.5 删除指定行 ……………………………………………… 175

4.6.6 重复删除 ………………………………………………… 176

4.6.7 撤销最近一次删除 ……………………………………… 176

4.6.8 连续撤销删除 …………………………………………… 176

4.6.9 撤销一行上所有修改 …………………………………… 178

4.7 更改 vi 编辑器设置 …………………………………………… 178

4.7.1 显示和隐藏行号 ………………………………………… 179

4.7.2 设置和取消字符自动缩进 ……………………………… 180

4.7.3 显示或隐藏当前编辑状态 ……………………………… 181

4.7.4 搜索时忽略大小写 ……………………………………… 182

4.7.5 显示和隐藏特殊字符 …………………………………… 183

4.7.6 特殊字符匹配 …………………………………………… 183

4.7.7 显示长文本行 …………………………………………… 184

4.7.8 查看编辑器当前设置 …………………………………… 185

4.7.9 编辑器的配置文件 ……………………………………… 186

4.8 高级功能 ………………………………………………………… 187

4.8.1 在 vi 中执行 Shell 命令 ………………………………… 187

4.8.2 读入文件和 Shell 命令 ………………………………… 188

4.8.3 编辑命令 ………………………………………………… 189

4.8.4 控制字符 ………………………………………………… 190

　　　　4.8.5　命令映射 ·· 191

　　　　4.8.6　命令缩写 ·· 191

　　本章小结 ·· 192

　　习题 4 ·· 192

第5章　实用程序初步 ·· 198

　　5.1　多列内容输出 ·· 198

　　　　5.1.1　按多列格式输出 ·· 198

　　　　5.1.2　按不同行列顺序 ·· 199

　　5.2　文件内容查找 ·· 199

　　　　5.2.1　在多个文件中查找 ··· 199

　　　　5.2.2　在文件中查找多个单词 ·· 200

　　　　5.2.3　查找单词时忽略字母的大小写 ··· 201

　　　　5.2.4　查找目标内容的文件名 ·· 201

　　　　5.2.5　使用正则表达式 ·· 202

　　5.3　基本数学运算 ·· 203

　　　　5.3.1　整数运算 ··· 203

　　　　5.3.2　浮点运算 ··· 204

　　5.4　文件内容排序 ·· 205

　　　　5.4.1　对文件内容按字典顺序排序 ·· 207

　　　　5.4.2　对文件内容不区分字母大小写排序 ·· 207

　　　　5.4.3　对文件内容反向排序 ··· 207

　　　　5.4.4　对文件内容按数值大小排序 ·· 207

　　　　5.4.5　对文件内容按某一字段排序 ·· 208

　　　　5.4.6　对文件内容限定排序 ··· 208

　　　　5.4.7　在不同字段分隔符下使用 sort ··· 209

　　　　5.4.8　对文件排序后重写 ·· 210

　　5.5　文件内容比较 ·· 211

　　　　5.5.1　识别和删除重复行 ·· 211

　　　　5.5.2　按行比较两个文件 ·· 212

　　　　5.5.3　查看文件不同之处 ·· 213

　　5.6　文件内容替换 ·· 215

　　　　5.6.1　替换指定字符 ·· 215

　　　　5.6.2　按范围替换 ··· 216

　　　　5.6.3　删除指定字符 ·· 216

　　　　5.6.4　结合管道替换 ·· 217

　　5.7　单行编辑数据 ·· 217

　　　　5.7.1　修改指定单词 ·· 217

　　　　5.7.2　删除指定行 ··· 218

　　　5.7.3　结合正则表达式修改 ……………………………………… 218
　　5.8　数据操作工具 ……………………………………………………… 219
　　　5.8.1　数据操作工具介绍 …………………………………………… 219
　　　5.8.2　选择行并输出字段 …………………………………………… 220
　　　5.8.3　指定字段分隔符 ……………………………………………… 221
　　　5.8.4　awk 命令语法 ………………………………………………… 223
　　　5.8.5　使用 awk 操作数据库 ………………………………………… 224
　　　5.8.6　选择输出数据库的字段 ……………………………………… 224
　　　5.8.7　使用 awk 的预定义变量 ……………………………………… 225
　　　5.8.8　使用自定义变量、字符串和数字 …………………………… 227
　　　5.8.9　使用正则表达式 ……………………………………………… 228
　　　5.8.10　使用指定的字段选择记录 ………………………………… 230
　　　5.8.11　使用 awk 命令文件 ………………………………………… 232
　　　5.8.12　awk 命令的拓展 …………………………………………… 234
　　　5.8.13　在 awk 中进行数学运算 …………………………………… 235
　　本章小结 ………………………………………………………………… 237
　　习题 5 …………………………………………………………………… 237

第 6 章　Shell 脚本编程初步 …………………………………………… 241

　　6.1　脚本入门 …………………………………………………………… 241
　　　6.1.1　创建脚本 ……………………………………………………… 241
　　　6.1.2　调试和运行脚本 ……………………………………………… 242
　　6.2　条件结构化命令 …………………………………………………… 245
　　　6.2.1　使用 case 语句 ……………………………………………… 245
　　　6.2.2　使用 if 语句 ………………………………………………… 247
　　6.3　循环结构化命令 …………………………………………………… 252
　　　6.3.1　使用 for ……………………………………………………… 253
　　　6.3.2　使用 while …………………………………………………… 256
　　　6.3.3　使用 until …………………………………………………… 259
　　　6.3.4　使用 break 和 continue ……………………………………… 261
　　6.4　使用函数 …………………………………………………………… 263
　　6.5　综合实例 …………………………………………………………… 269
　　本章小结 ………………………………………………………………… 271
　　习题 6 …………………………………………………………………… 271

第 7 章　上机实验 ………………………………………………………… 275

　　7.1　实验 1　安装 Ubuntu ……………………………………………… 275
　　7.2　实验 2　熟悉 Ubuntu 图形界面 …………………………………… 276
　　7.3　实验 3　Ubuntu 基本命令（一） ………………………………… 279

7.4　实验4　Ubuntu 基本命令(二) ⋯⋯⋯⋯⋯⋯⋯⋯⋯⋯⋯⋯⋯⋯⋯ 281

7.5　实验5　Ubuntu 高级命令(一) ⋯⋯⋯⋯⋯⋯⋯⋯⋯⋯⋯⋯⋯⋯⋯ 284

7.6　实验6　Ubuntu 高级命令(二) ⋯⋯⋯⋯⋯⋯⋯⋯⋯⋯⋯⋯⋯⋯⋯ 287

7.7　实验7　Ubuntu 高级命令(三) ⋯⋯⋯⋯⋯⋯⋯⋯⋯⋯⋯⋯⋯⋯⋯ 290

7.8　实验8　vi 编辑器(一) ⋯⋯⋯⋯⋯⋯⋯⋯⋯⋯⋯⋯⋯⋯⋯⋯⋯⋯⋯ 293

7.9　实验9　vi 编辑器(二) ⋯⋯⋯⋯⋯⋯⋯⋯⋯⋯⋯⋯⋯⋯⋯⋯⋯⋯⋯ 295

7.10　实验10　vi 编辑器(三) ⋯⋯⋯⋯⋯⋯⋯⋯⋯⋯⋯⋯⋯⋯⋯⋯⋯⋯ 297

7.11　实验11　实用程序(一) ⋯⋯⋯⋯⋯⋯⋯⋯⋯⋯⋯⋯⋯⋯⋯⋯⋯⋯⋯ 299

7.12　实验12　实用程序(二) ⋯⋯⋯⋯⋯⋯⋯⋯⋯⋯⋯⋯⋯⋯⋯⋯⋯⋯⋯ 301

7.13　实验13　Shell 编程(一) ⋯⋯⋯⋯⋯⋯⋯⋯⋯⋯⋯⋯⋯⋯⋯⋯⋯⋯ 303

7.14　实验14　Shell 编程(二) ⋯⋯⋯⋯⋯⋯⋯⋯⋯⋯⋯⋯⋯⋯⋯⋯⋯⋯ 304

7.15　实验15　Shell 编程(三) ⋯⋯⋯⋯⋯⋯⋯⋯⋯⋯⋯⋯⋯⋯⋯⋯⋯⋯ 306

本章小结 ⋯⋯⋯⋯⋯⋯⋯⋯⋯⋯⋯⋯⋯⋯⋯⋯⋯⋯⋯⋯⋯⋯⋯⋯⋯⋯⋯⋯ 309

第 1 章

认识Linux

尽管 Linux 在桌面操作系统的市场份额不高,但它也是十分重要的桌面操作系统之一。事实上,Linux 只是一种开放源代码的操作系统内核,普通用户无法直接使用。一些商业公司和社区组织将 Linux 内核、其他系统软件以及相关应用软件集成,从而推出 Linux 发行版。本章首先简要地介绍 Linux 的由来、Linux 的组成及特点,然后重点介绍以桌面应用为主的 Ubuntu 系统,最后详细介绍 Ubuntu 20.04 LTS 的安装及使用。

本章学习目标

- 了解 Linux 的由来;
- 了解 Linux 的内核及特点;
- 掌握 Ubuntu 的安装,尤其是在虚拟机中安装 Ubuntu;
- 了解 Ubuntu 的基本情况。

1.1 Linux 简介

Linux 是一个可免费使用和自由传播的操作系统,它以 POSIX(Portable Operating System Interface,可移植性操作系统接口)标准为框架,支持多用户、多任务、多线程和多处理器。它继承了 UNIX 以网络为核心的设计思想,是一个性能稳定、安全性高的多用户网络操作系统。Linux 能运行主要的 UNIX 工具软件、应用程序和网络协议,它支持 32 位和 64 位硬件。

1.1.1 Linux 的由来

1991 年 8 月 25 日,芬兰一位名为 Linus Torvalds 的计算机专业的学生在 Usenet 的 comp. os. minix 新闻组中发布了 Linux 的第一个公告,宣布了 Linux 的诞生。Torvalds 介绍了自己因为项目的需要开发了 Linux 内核系统,当时他在一台 386 SX 兼容微机上学习 MINIX 操作系统,然后开始着手酝酿编制自己的操作系统。同年 9 月,Linux Kernel 0.01 发布到了芬兰大学和研究网(FUNET)上的一个 FTP 服务器(ftp. funet. fi),当时仅有 10239 行代码;10 月,又发布了 0.02 版。1993 年,100 余名程序员参加了 Linux 内核系统的代码编写及修改工作,其中核心组由 5 人组成,此时的 Linux 0.99 的代码约有 10 万行,用户大约有 10 万名。1994 年 3 月,Linux 1.0 发布,代码量达 17 万行,当时是按照完全自由免费的协议发布,随后正式采用普遍公用版权协议(General Public License,GPL)。

接下来，我们先简单介绍一下 MINIX 操作系统。MINUX（Mini-UNIX）系统是由 Andrew S. Tanenbaum（AST）在 1987 年研制开发的，主要用于学生学习操作系统原理，为大学教学和研究工作提供全部源代码。AST 是国际计算机学会（Association for Computing Machinery，ACM）和电气和电子工程师协会（Institute of Electrical and Electronics Engineers，IEEE）的 Fellow（资深会员），他在荷兰 Amsterdam 的 Vrije 大学数学与计算机科学系工作。最早发行的 MINIX 只能用于 IBM PC 和 PC/AT 微机，也有人将其移植到其他类型的计算机上。移植的第一种计算机是基于 68000 的机器，叫做 Atari ST。

作为一个操作系统，MINIX 并不算优秀，只是它免费提供了用 C 语言和汇编语言编写的系统源代码。这使得对此有兴趣的程序员能够阅读操作系统的源代码，而在此之前，操作系统源代码对普通用户而言一直是个秘密。

由于 MINIX 是一种基于微内核架构的类 UNIX 操作系统，因此再简单说下 UNIX 操作系统。UNIX 操作系统是美国贝尔实验室的 Ken Thompson 和 Dennis Ritchie 在 DEC PDP-7 小型计算机上开发的一个分时操作系统。在 1969 年夏天，Ken Thompson 为了能在闲置的 PDP-7 计算机上运行他非常喜欢的星际旅行（Space Travel）游戏，于是在他夫人回加利福尼亚度假的一个月里，他使用 Basic Combined Programming Language（BCPL）语言（基本组合编程语言）开发出了 UNIX 操作系统的原型。后来 Dennis Ritchie 将 BCPL 语言精简为 B 语言，在 1972 年用移植性很强的 C 语言进行了改写，使得 UNIX 系统得到了推广。

为了提高 UNIX 系统的可移植性，电气和电子工程师协会（Institute of Electrical and Electronics Engineers，IEEE）、国际标准化组织（International Organization for Standardization，ISO）及国际电工委员会（International Electrotechnical Commission，IEC）在一个 UNIX 用户组（usr/group）的早期工作基础上开发了可移植操作系统接口（Portable Operating System Interface of UNIX，POSIX）。POSIX 基于现有的 UNIX 实践和经验，描述操作系统的调用服务接口，保证编制的应用程序可以在不同操作系统上移植和运行。1985 年，IEEE 操作系统技术委员会标准小组委员会（Technical Committee on Operating Systems Standards Subcommittee，TCOS-SS）开始在美国国家标准协会（American National Standards Institute，ANSI）的支持下责成 IEEE 标准委员会制定了有关程序源代码可移植性操作系统服务接口的正式标准。在 20 世纪 90 年代初，第一个正式标准 POSIX.1 被正式推出，这使得刚刚崛起的 Linux 能够在该标准的指导下进行开发，并能够与大多数 UNIX 操作系统兼容。

Linux 能被广泛使用很大程度上得益于它采用了 GPL。1984 年，Richard M. Stallman 创立了自由软件体系 GNU（GNU 是"GNU's Not UNIX"的无穷递归缩写，意为 GNU 不是 UNIX，英文单词"gnu"原意为"角马"，即南非的长得像牛一样的大羚羊），并拟定了普遍公用版权协议 GPL。所有 GPL 下的自由软件都遵循着 Ritchard M. Stallman 的"Copyleft"（非版权）原则：即自由软件允许用户自由拷贝、修改、学习、销售和发布，但是对其源代码的任何修改都必须向所有用户公开。在 20 世纪 90 年代初，GNU 项目已经开发出许多高质量的免费软件，其中包括有名的 Emacs 编辑系统、bash Shell 程序、GCC 系列编译程序、GDB 调试程序等。这些软件为 Linux 操作系统的发行提供了一个合适的环境，这也是 Linux 能够诞生并被广大用户接受的原因之一。各种使用 Linux 作为核心的 GNU 操作系统正在被广泛地使用，虽然这些系统通常被称作 Linux，但是 Stallman 认为，严格地说，它们均应该被称作 GNU/Linux 系统。

Linux 凭借优秀的设计和不凡的性能,加上 IBM、Intel 和 Oracle 等国际知名企业的大力支持,市场份额逐步扩大,逐渐成为主流的操作系统之一。接下来简单介绍下较为常用的 Linux 发行版:

(1) CentOS

CentOS(Community Enterprise Operating System)是 Linux 发行版之一,它是一个基于 Red Hat Enterprise Linux (RHEL) 提供的可自由使用源代码的企业级 Linux 发行版本。每个版本的 CentOS 都会获得 10 年的支持(通过安全更新方式),新版本的 CentOS 大约每两年发行一次,而每个版本的 CentOS 会定期(大概每 6 个月)更新一次,以便支持新的硬件。由于 CentOS 是 RHEL 源代码再编译的产物,而且在 RHEL 的基础上修正了不少已知的 Bug,因此,相对于其他 Linux 发行版,它的可靠性和稳定性较好。

RHEL 在发行的时候,有两种方式:一种是二进制的发行方式;另一种是源代码的发行方式。值得注意的是,CentOS 并不向用户提供商业支持。

(2) Debian

Debian Project 诞生于 1993 年 8 月 13 日,它的目标是提供一个稳定容错的 Linux 版本。支持 Debian 的不是某家公司,而是许多在其改进过程中投入了大量时间的开发人员,这种改进吸取了早期 Linux 的经验。Debian 的发行及其软件源有五个分支:旧稳定分支(old stable)、稳定分支(stable)、测试分支(testing)、不稳定分支(unstable)以及实验分支(experimental)。

Debian 的安装完全是基于文本的,这对于初级用户来说是一个巨大的挑战。它安装时仅仅使用 fdisk 作为分区工具而没有自动分区功能,这一磁盘分区过程令初学者望而却步。软件工具包的选择通过一个名为 dselect 的工具实现,但它不向用户提供安装基本工具组(如开发工具)的简易设置步骤。最后需要使用 anXious 工具配置 X Windows,这个过程与其他版本的 X Windows 配置过程类似。完成上述步骤后,Debian 即可正常使用。

Debian 主要通过基于 Web 的论坛和邮件列表来提供技术支持。作为服务器平台,Debian 提供一个稳定的环境。为了保证它的稳定性,开发者不会在其中随意添加新技术,而是通过多次测试之后才选定合适的技术加入。Debian 用户便可以自由地选择是使用一个完全开源的系统还是添加一些闭源驱动。

(3) Fedora Core

Fedora Core(自第 7 版开始,该软件更名为 Fedora)是众多 Linux 发行版之一,可运行的体系结构包括 x86(即 i386-i686)、x86_64 和 PowerPC,它是一套从 Red Hat Linux 发展出来的免费 Linux 系统。Fedora 是一款完全由全球社区爱好者构建的面向日常应用的快速、稳定、强大的操作系统,这个社群的成员以自己的不懈努力,提供并维护自由、开放源码的软件和开放的标准。无论现在还是将来,任何人均被允许自由地使用、修改和重新发布这一系统。Fedora 项目由 Fedora 基金会管理和控制,得到了 Red Hat 公司的支持。

Fedora Core 大约每 6 个月发布一个新的版本,对于赞助者 Red Hat 公司而言,它是许多新技术的测试平台,被认为可用的技术最终会加入到 Red Hat Enterprise Linux 中。Fedora Core 的开发目的相当明确,力求做一个前所未有的 Linux 系统。当然 Fedora Core 的成功也是通过社区成员的协作和共享取得的,项目始终如一地试图创造、改进,并积极地传播自由免费的代码及其精神。

（4）Red Hat Linux

Red Hat Linux 可能是最为著名的 Linux 版本，这是一款面向商业市场的 Linux 发行版本，它通常使用最新的内核，并包括大多数人使用的软件包。它还有服务器版本，支持众多处理架构，包括 x86 和 x86_64。简单地说，Red Hat Linux 就是将开源社区项目产品化，使普通企业更容易消费开源创新技术，从用户的角度来看，拥有不同的投资预算与研发能力的企业都可以通过 Red Hat Linux 获得开源的价值。Red Hat Linux 已经创造了自己的品牌，越来越多的人听说过它。Red Hat 在 1994 年创立，当时聘用了全世界 500 多名员工，他们都致力于开放的源代码体系。

Red Hat Linux 的安装过程十分简单。它的图形安装过程提供简易设置服务器的全部信息，磁盘分区过程可以自动完成，还可以选择 GUI 工具完成，用户可以选择软件包种类或特殊的软件包，这些对于 Linux 新手来说都是非常重要的。系统运行起来后，用户可以从 Web 站点和 Red Hat 那里得到充分的技术支持。Red Hat 是一个符合大众需求的最优版本，在服务器和桌面系统中它都工作得很好；它的唯一缺陷是带有一些不标准的内核补丁，使得它难以按用户的需求进行定制。Red Hat 通过论坛和邮件列表提供广泛的技术支持，它还有自己公司的电话技术支持，后者对要求更高技术支持水平的集团客户更有吸引力。

（5）SuSE

总部设在德国的 SuSE 一直致力于创建一个连接数据库的最佳 Linux 版本。为了实现这一目的，SuSE 与 Oracle 和 IBM 合作，以使他们的产品能稳定地工作。SUSE Linux 以 Slackware Linux 为基础，针对个人用户，提供了完整德文使用界面的产品。意思为"Software und System Entwicklung"，其对应的英文是"Software and System Development"。

SuSE 拥有友好的 GUI 安装界面，磁盘分区过程也非常简单，但它没有为用户提供更多的控制和选择。SuSE 操作系统下的管理工具拥有图形界面，可以非常方便地访问 Windows 磁盘，这使得两种平台之间的切换，以及使用双系统启动变得更容易。SuSE 的硬件检测非常优秀，该版本在服务器和工作站上都用得很好，对于终端用户和管理员来说使用都很方便，这使它成为一个强大的服务器平台。SuSE 通过基于 Web 的论坛提供技术支持，它也提供电话技术支持。

（6）Ubuntu

Ubuntu 是一个以桌面应用为主的 Linux 操作系统，其名称来自非洲南部祖鲁语或豪萨语中的"ubuntu"一词（译为吾帮托或乌班图）。Ubuntu 基于 Debian 发行版和 unity 桌面环境，与 Debian 的不同在于它每 6 个月会发布一个新版本。Ubuntu 的目标在于为一般用户提供一个最新的，同时又是相当稳定的，主要由自由软件构建而成的操作系统，它具有庞大的社区力量，用户可以方便地从社区获得帮助。随着云计算的流行，Ubuntu 推出了一个云计算环境搭建的解决方案，可以在其官方网站找到相关信息。

Ubuntu 拥有良好的图形化安装及操作界面，无论是在双系统下，还是在虚拟机上，运行均十分稳定，除了有成熟的英文网站提供技术支持（Ubuntu Forums），还有多个 Ubuntu 中文社区提供相应的技术支持，非常适合 Linux 入门级中文用户，本书就是基于这一操作系统展开介绍的。

1.1.2　Linux 的内核

从操作系统的角度来看，Linux 内核中最为重要的几个部分是：进程调度、内存管理、虚拟文件系统和网络接口。其中，进程调度、内存管理和虚拟文件系统组成了基本的操作系统结构，使得用户可以运行程序、管理文件并使用系统。

（1）进程调度

进程调度控制进程对 CPU 的访问。当需要选择下一个进程在 CPU 上运行时，由调度算法选择相应的进程。这一进程必须已经获得了除 CPU 以外的所有资源，只是在等待 CPU 资源的进程，如果这一进程还在等待除 CPU 以外的其他资源，那么即使它被调度算法选择，也会因处于等待其他资源的状态而无法立即在 CPU 上运行。

Linux 支持多任务运行，每个进程在运行时都会分得相应的时间片，进程调度器根据每个进程获得的时间片不同，决定某一时刻分别调入哪一个进程，使其在 CPU 上运行。

（2）内存管理

内存管理用于管理整个系统的物理内存，同时快速响应内核各子系统对内存分配的请求，允许多个进程安全地共享主内存区域。Linux 的内存管理支持虚拟内存，即计算机中运行的程序，其代码、数据、堆栈的总量可以超过实际内存的大小，操作系统只是把当前使用的程序块保存在内存中，其余的程序块则保存在磁盘中，若保存在磁盘中的程序块需要被 CPU 使用，则由操作系统负责在磁盘和内存间交换程序块（此时由内存调度算法决定内存中的哪些程序块被换出以便磁盘上的程序块被换入）。

内存管理从逻辑上分为硬件相关部分和硬件无关部分：硬件相关部分为内存管理硬件提供了虚拟接口；硬件无关部分提供了进程的映射和逻辑内存的对换。

（3）虚拟文件系统

虚拟文件系统隐藏了各种不同硬件的具体细节，从而为所有的设备提供了统一的接口。它可以分为逻辑文件系统和设备驱动程序。逻辑文件系统指 Linux 所支持的文件系统，如 Second Extended File System（ext2）、Third Extended File System（ext3）和 File Allocation Table（fat）等，设备驱动程序指为每一种硬件控制程序所编写的设备驱动程序模块。

（4）网络接口

网络接口提供了对各种网络硬件和各种网络标准的支持。网络接口可以分为网络协议和网络设备驱动程序。网络协议部分负责实现每一种可能的网络传输协议；网络设备驱动程序负责与硬件设备通信，每一种可能的硬件设备都有相应的设备驱动程序。

1.1.3　Linux 的特点

Linux 包含了 UNIX 系统的全部功能和特性，它之所以能被全世界这么多用户所接受，与其自身的特点是分不开的，现简介如下。

（1）模块化程度高

Linux 的内核设计非常精巧，分成了相互独立的模块，这一独特的模块机制可根据用户需要实时地将某些模块插入或者移除，使得 Linux 系统内核可以裁剪得非常小巧，能适合不同硬件平台的需要。

（2）源码公开

任何人和组织只要遵守 GPL 协议，就可以自由使用 Linux 源代码，这为用户提供了最大限度的自由，也为学习者也提供了极大的方便。Linux 丰富的软件资源也是用户选择它的重要原因之一，设计者在其基础上进行二次开发十分便利。

（3）设备独立性

Linux 操作系统把所有的外部设备统一当成文件来看待，只要安装了驱动程序，任何用户都可以像使用文件一样去操纵和使用这些设备，而不必指定它们具体的存在形式。

（4）广泛的硬件支持

Linux 能支持 x86、ARM、MIPS、Alpha 和 PowerPC 等多种体系结构的微处理器，目前它已经被成功地移植到数十种硬件平台上，几乎可以在所有主流的处理器上运行。得益于众多开发者提供的技术支持，Linux 有丰富的驱动程序用于支持各种主流硬件设备，甚至可以在没有存储管理单元的处理器上运行。

（5）安全性及可靠性好

Linux 系统可使用户很方便地建立高效可靠的防火墙、路由器、工作站和服务器等，它还提供了大量的网络管理软件、网络分析软件和网络安全软件，以提高安全性。

（6）可移植性强

可移植性是指将操作系统从一个平台转移到另一个平台时仍能保持其自身的运行方式。Linux 是一个可移植的操作系统，能够在从微型计算机到大型计算机的任何平台上运行。

（7）用户界面良好

Linux 向用户提供了两种操作界面：图形界面和字符界面。图形界面给用户呈现了一个直观、易操作、交互性强的友好图形化界面；在字符界面中，用户可以通过输入命令来执行各种操作。

（8）良好的网络与文件系统支持

Linux 从诞生之日起就与 Internet 密不可分，支持各种标准的 Internet 网络协议，它支持所有主流的网络硬件、网络协议和文件系统，极易用于数据备份、同步和复制。

1.2　Ubuntu 安装

本节将介绍两种情况：（1）在已经装有 Windows 10 的电脑上安装 Ubuntu 以实现以双系统方式运行；（2）在虚拟机上安装 Ubuntu 操作系统。

1.2.1　安装准备

随着 Ubuntu 的不断改进，现在安装这一操作系统不但简单而且快捷，但是我们仍需要做好安装之前的准备工作，以使安装过程更为顺利。

（1）确认电脑是否可以安装 Ubuntu

Ubuntu 的系统配置要求并不是很高，以 Ubuntu 20.04.1 LTS 64 位桌面版系统为例（本书的所有例程操作均建立在此版本的操作系统之上），所需的硬件配置如 a～e 所示：

a. 2 GHz 主频及以上；

b. 4 GB 内存及以上；

c. 25 GB 硬盘及以上；

d. 可用的 DVD 光驱或者 USB 接口；

e. 可用的网络。

（2）下载 Ubuntu 操作系统

进入官网 https://www. ubuntu. com/download 下载 Ubuntu 20.04.1 LTS,如图 1-1 所示。

单击 Ubuntu Desktop 链接，打开图 1-2 所示界面。左侧上方解释了 LTS 为"long-term support"，即长期支持(Ubuntu 20.04.1 将会被支持到 2025 年 4 月)，左侧下方列出了安装时推荐的硬件配置；右侧为 Download 按钮。

图 1-1　Ubuntu 官网下载界面

图 1-2　安装 Ubuntu 所需硬件配置

在上述界面中，若用户单击 see our alternative downloads 链接，在相应打开的页面里，将看到 Network installer 和 BitTorrent，用户可以根据自己的情况选择是通过网络安装还是通过专门的软件下载安装包。

在上述界面中直接单击 Download，将开始自动下载安装包 Ubuntu 20.04.1 LTS，若不能自动启动下载任务，则可单击 download now，如图 1-3 所示。

（3）下载 VMware Workstation 虚拟机

图 1-3　启动 Ubuntu 下载界面

我们打开 https://www. vmware. com/cn/products/workstation-pro/workstation-pro-evaluation. html，将出现下载该软件的界面，也可以打开 https://vmware-workstation. en. softonic. com/，如图 1-4 所示，单击 Download 开始下载。

图 1-4　虚拟机下载界面

1.2.2　双系统

在已经装有 Windows 10 的电脑上安装 Ubuntu 以实现以双系统方式运行，其安装过程大致可分为以下几步：(1)下载 Ubuntu 20.04.1 LTS 镜像文件；(2)制作 Ubuntu 安装盘；(3)安装 Ubuntu 系统。

1. 下载 Ubuntu 20.04.1 LTS 镜像文件

由于上一小节中已经下载了 Ubuntu 20.04.1 LTS，因此这一步我们可以忽略。

2. 制作 Ubuntu 安装盘

在完成 Ubuntu 的安装包下载之后，可以使用 UltraISO（软碟通）将该安装包的镜像文件写入 U 盘，以完成 Ubuntu 安装盘的制作。用户可按以下步骤使用 UltraISO，进行安装盘的制作：

步骤1：单击 UltraISO 图标，然后右击，在弹出的快捷菜单中选择"以管理员身份运行"命令；

步骤2：打开 UltraISO 的窗口后，依次单击左上角的【文件】→【打开】；

步骤3：浏览存放镜像文件的目录；

步骤4：找到"ubuntu-20.04.1-desktop-amd64.iso"镜像文件，单击【打开】按钮，如图 1-5 所示。

图 1-5　打开镜像文件

步骤5：接下来在弹出的窗口的工具栏中选择【启动】选项卡，在弹出的子菜单中选择【写入硬盘映像...】，如图 1-6 所示。

步骤6：在选择【写入硬盘映像...】后将弹出如图 1-7 所示的写入硬盘映像界面。在该界面"磁盘驱动器"处选择用于制作安装盘的 U 盘，并确认待写入的映像文件无误，"写入方式"选择为"USB－HDD＋"（注：如果不是这个模式，可能导致电脑无法通过 U 盘正常启动），其他设置默认。

步骤7：单击【写入】按钮。此时系统会提示用户是否需要格式化 U 盘，用户单击【确定】按钮后，系统会格式化 U 盘。完成 U 盘的格式化之后，系统开始将镜像文件写入 U 盘。用户可通过进度条和剩余时间来了解安装盘的制作情况，如图 1-8 所示。

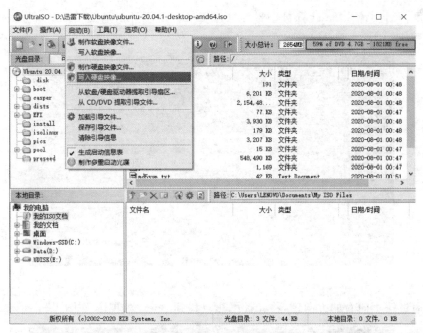

图 1-6 写入磁盘映像

图 1-7 向 U 盘写入硬盘映像的设置

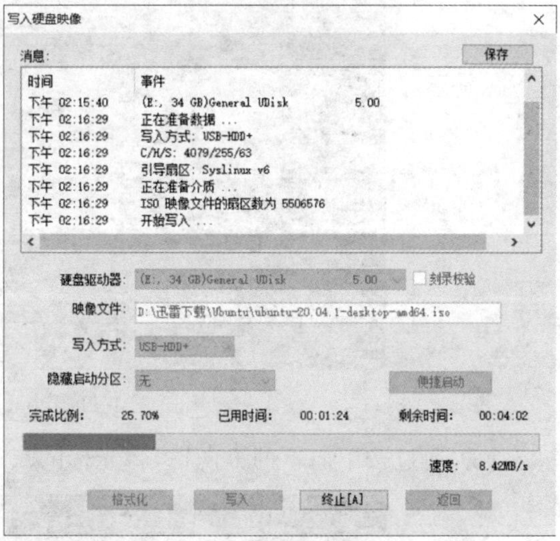

图 1-8 向 U 盘写入镜像文件时的进度

建议：USB 3.0 的 U 盘写入速度大约是 USB 2.0 的 10 倍，写入时推荐使用 USB 3.0 接口的 U 盘。

步骤 8：当镜像文件完全写入 U 盘之后，消息框会提示刻入完毕，至此，Ubuntu 安装盘制作完毕，U 盘的卷标号为 Ubuntu 20.0，如图 1-9 所示，用户可关闭 UltraISO 软件。

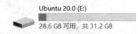

图 1-9 向 U 盘写入镜像文件完毕

3. 安装 Ubuntu 系统

在向 U 盘中写入 Ubuntu 磁盘映像文件后，即完成了 Ubuntu 启动盘的制作，接下来可按下述步骤从 U 盘启动系统。

（1）重新启动计算机（计算机型号为联想 E40），出现开机画面（Lenvo 的 LOGO）时在键盘上按下 F2 键即可进入 BIOS 界面，如图 1-10 所示。

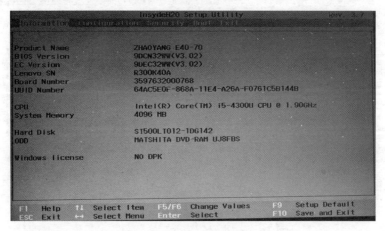

图 1-10　BIOS 设置界面

（2）通过按下向右的方向键，将光标的焦点移到 Boot 菜单上，如图 1-11 所示。

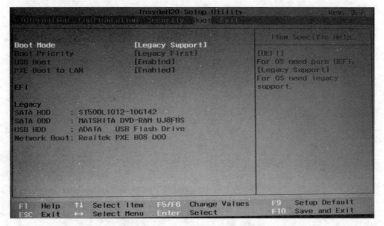

图 1-11　Boot 选项设置界面

（3）通过按下向下的方向键，将光标的焦点移到 USB HDD 菜单上，如图 1-12 所示。

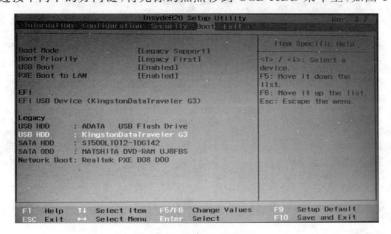

图 1-12　选中 USB HDD

（4）连续按下 F6 键，将其调到第一位，如图 1-13 所示。

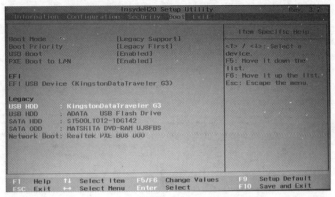

图 1-13　调整 USB HDD 到第一位

（5）按 F10 键将这一启动顺序保存，重新启动计算机，将出现如图 1-14 所示的
Checking disks 界面。

（6）在完成磁盘检测后，将出现如图 1-15 所示的界面。

图 1-14　Checking disks

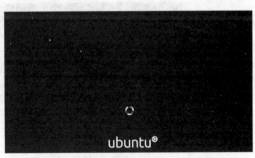

图 1-15　启动安装 Ubuntu 的界面

根据个人计算机的硬件配置，启动安装 Ubuntu 的界面停留的时间有所不同，但通常数
十秒后将自动进入 Ubuntu 安装界面，如图 1-16 所示。

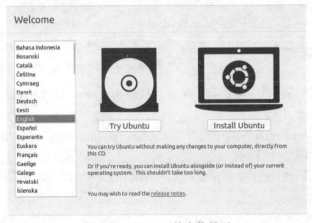

图 1-16　Ubuntu 的安装界面

　　单击右侧的 Install Ubuntu 按钮，将会打开键盘布局界面，如图 1-17 所示，在此界面中用户可以选择使用的语言，默认为英文。

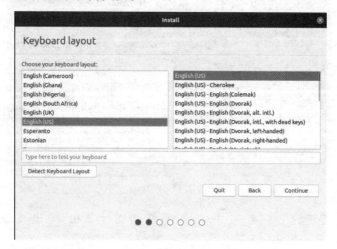

图 1-17　选择键盘布局

　　注意：建议英文底子薄弱的用户安装时选择中文，以便于后续的学习。

　　（7）键盘布局选择完后，单击 Continue 按钮，出现如图 1-18 所示的界面。

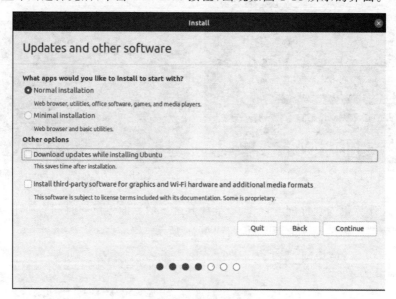

图 1-18　Updates and other software

　　（8）在弹出的默认窗口中勾选第一项并直接单击 Continue 按钮，出现如图 1-19 所示的 Installation type 界面。

　　（9）在 Installation type 界面中选择第二项 Something else，然后单击 Continue 按钮，将出现磁盘信息，如图 1-20 所示。

　　（10）选中"/dev/sdc"（这就是预留的安装 Ubuntu 的空间 free space），再单击"＋"，出现如图 1-21 所示的界面。

　　（11）单击"＋""－"按钮，将 Size 调整为 200MB，"Use as"中单击下拉箭头，选择 Ext4

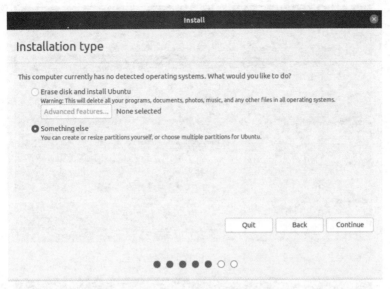

图 1-19 选择安装类型界面

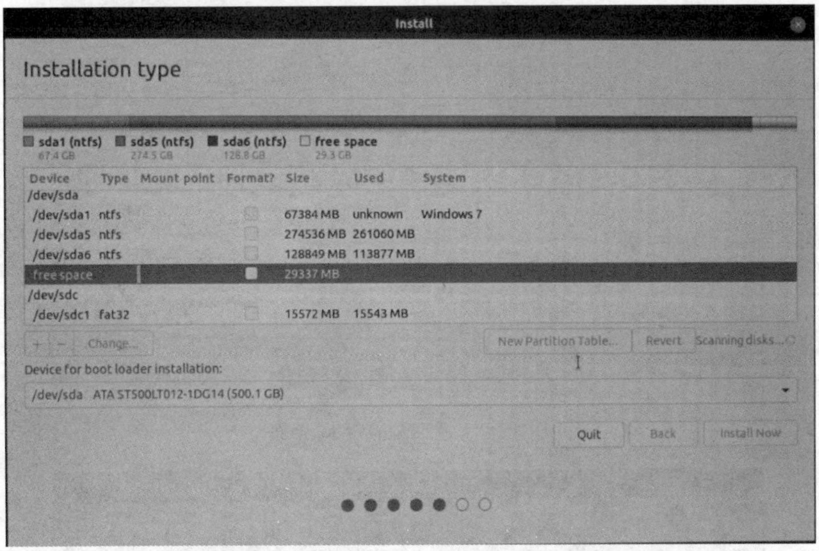

图 1-20 选择安装的磁盘

journaling file system，在 Mount point 中单击下拉按钮，选择"/boot"，其他设置默认，单击 OK 按钮，将会出现如图 1-22 所示的界面。

注意：完成上述操作后，将会出现一个 Device 为"/dev/sdc4"，Type 为"ext4"，Mount point 为"/boot"，Size 为"200MB"的磁盘空间。

（12）选择 free space(Size 为 33354MB)，再单击"＋"按钮，将会出现如图 1-23 所示的界面。

（13）在"Mount point"中单击下拉箭头，选"/"，并保持其他选项不变，单击 OK 按钮。

注意：完成上述操作后，将会出现一个 Device 为"/dev/sdc5"，Type 为"ext4"，Mount point 为"/"，Size 为 33354MB 的存储空间。

图 1-21　设置分区界面

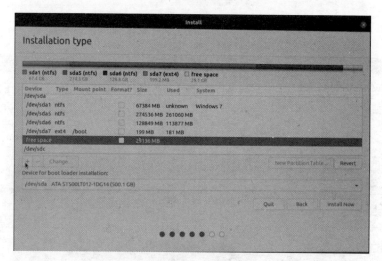

图 1-22　返回磁盘空间界面

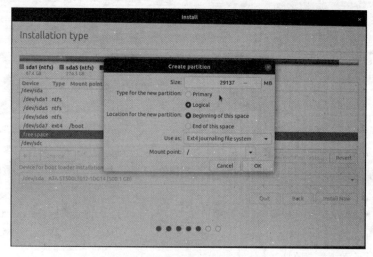

图 1-23　创建分区界面

（14）在 Device for boot loader installation 中单击下拉箭头，选择"/dev/sdc4"（即 Mount point 为"/boot"，Size 为"200MB"的分区），然后单击 install Now 按钮，弹出提示信息，如图 1-24 所示。

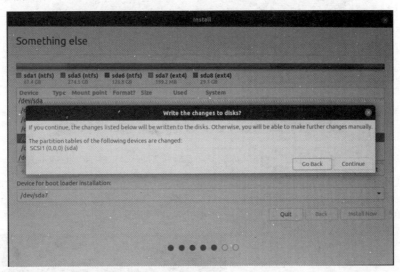

图 1-24　提示将分区信息写入分区表

注意：此次安装我们并不为 swap space 分配任何空间。

（15）直接单击 Continue 按钮，然后选择相应的地理位置。

（16）选择地理位置之后单击 Continue 按钮，将出现如图 1-25 所示的界面。

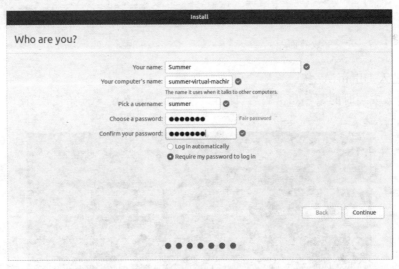

图 1-25　输入用户名和密码

（17）在 Your name 中输入用户名，在 Choose a password 中输入密码，在 Confirm your password 中再次输入相同的密码，但请不要修改其他设置，直接单击 Continue 按钮，将会出现如图 1-26 所示的界面，表示系统正在安装。

注意：系统将检查两次输入的密码是否一致，若不一致，安装无法继续。

（18）安装完成之后弹出如图 1-27 所示的界面。

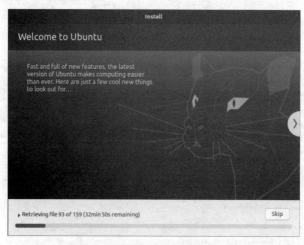

图 1-26　复制文件

（19）单击 Restart Now 按钮，将会出现如图 1-28 所示的界面。

图 1-27　安装完成界面　　　　　　　　　图 1-28　重新启动界面

（20）进入 Ubuntu 系统。

用户输入安装时的账号和密码后，即可进入 Ubuntu 系统并开始使用，此时系统界面如图 1-29 所示。

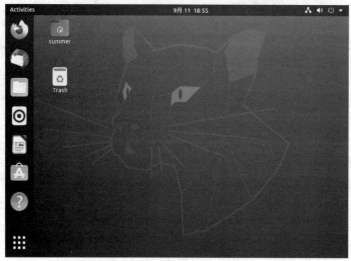

图 1-29　系统界面

1.2.3 虚拟机

在虚拟机上安装 Ubuntu 操作系统,大致可分为以下几步:(1)下载 Ubuntu 和 VMware Workstation 安装包(本书以 VMware Workstation Pro 15.5 为例);(2)安装并启动 VMware Workstation;(3)创建虚拟机;(4)安装 Ubuntu。

1. 下载 Ubuntu 和 VMware Workstation 安装包

由于我们在安装准备中已经完成了安装包的下载,因此可以跳过这一步。

2. 安装并启动 VMware Workstation

(1)双击安装包打开文件,如图 1-30 所示为安装 VMware Workstation 的初始界面。

(2)数秒后将出现如图 1-31 所示的 VMware Workstation Pro 安装向导的界面。

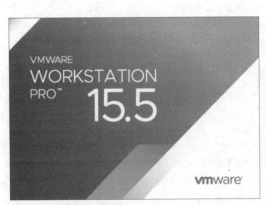

图 1-30 安装 VMware Workstation 的初始界面　　图 1-31 VMware Workstation Pro 安装向导界面

(3)在安装向导的界面中单击【下一步】按钮之后,将出现如图 1-32 所示的最终用户许可协议的界面,选择接受许可条款,并单击【下一步】按钮。

(4)在最终用户许可协议的界面中单击【下一步】按钮之后,将出现如图 1-33 所示的自定义安装的界面。用户可根据需要更改安装的位置,选择增强型键盘驱动功能并单击【下一步】按钮。

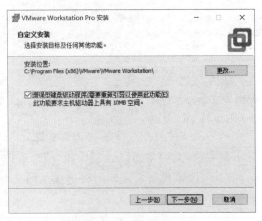

图 1-32 最终用户许可协议界面　　　　　图 1-33 自定义安装界面

（5）在自定义安装的界面中单击【下一步】按钮后，将出现如图 1-34 所示的用户体验设置的界面，此时选择启动时检查产品更新和加入 VMware 客户体验提升计划，并单击【下一步】按钮。

（6）在用户体验设置的界面中单击【下一步】按钮后，将出现如图 1-35 所示的快捷方式的界面，建议选择在桌面和开始菜单程序文件夹中创建快捷方式，并单击【下一步】按钮。

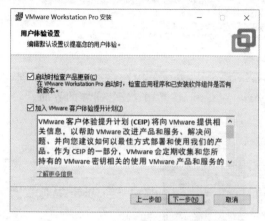
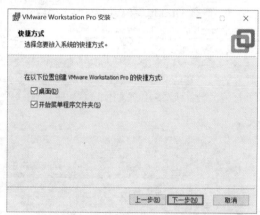

图 1-34　用户体验设置界面　　　　　　　图 1-35　快捷方式创建界面

（7）在快捷方式的界面中单击【下一步】按钮，将出现如图 1-36 所示的已准备好安装 VMware Workstation Pro 的界面，此时单击【安装】按钮。

（8）在已准备好安装 VMware Workstation Pro 的界面中单击【安装】按钮之后，将出现如图 1-37 所示的界面，此时安装程序显示复制文件的进度。

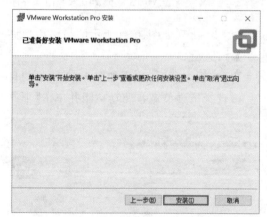

图 1-36　已准备好安装 VMware Workstation 界面　　图 1-37　VMware Workstation 安装时文件复制过程

（9）在文件复制完毕后将出现如图 1-38 所示的 VMware Workstation Pro 安装向导已完成的界面，此时单击【完成】按钮，结束虚拟机的安装。

（10）虚拟机安装完毕后将出现如图 1-39 所示的提示界面，单击【是】按钮，完成重新启动系统。

（11）重启系统后，在桌面单击如图 1-40 所示的 VMware Workstation 的快捷方式图标，启动并运行该软件。

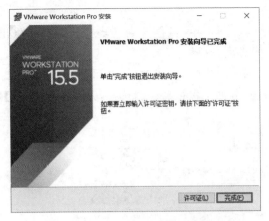

图 1-38 VMware Workstation 安装完成界面

图 1-39 重启系统提示界面

图 1-40 VMware Workstation 的快捷方式图标

（12）VMware Workstation 启动后的界面如图 1-41 所示，该界面中有 3 个按钮，分别为【创建新的虚拟机】【打开虚拟机】和【连接远程服务器】。

图 1-41 VMware Workstation 初始界面

3. 创建虚拟机

（1）在 VMware Workstation 启动后的界面中单击【创建新的虚拟机】按钮，将出现如图 1-42 所示的欢迎使用新建虚拟机向导的界面，选择自定义，并单击【下一步】按钮。

（2）在欢迎使用新建虚拟机向导的界面中单击【下一步】按钮之后，将出现如图 1-43 所示的选择虚拟机硬件兼容性的界面。在这一界面中保持默认的选择，并单击【下一步】按钮。

图 1-42　虚拟机创建向导

图 1-43　选择虚拟机硬件兼容性界面

（3）在选择虚拟机硬件兼容性的界面中单击【下一步】按钮，将出现如图 1-44 所示的安装客户机操作系统的界面。在该界面选择"稍后安装操作系统(S)"，并单击【下一步】按钮。

（4）在安装客户机操作系统的界面中单击【下一步】按钮，将出现如图 1-45 所示的选择客户机操作系统的界面。其中，客户机操作系统选择"Linux(L)"，版本选择"Ubuntu 64 位"，然后单击【下一步】按钮。

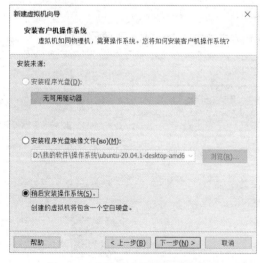

图 1-44　安装客户机操作系统界面

图 1-45　选择客户机操作系统界面

（5）在选择客户机操作系统的界面中单击【下一步】按钮之后，将出现如图1-46所示的命名虚拟机的界面。给虚拟机命名为"Ubuntu 64 位"，并可通过【浏览】选择该虚拟机的位置（如本例中为"D:\VM\Ubuntu64"），然后单击【下一步】按钮。

（6）在命名虚拟机的界面中单击【下一步】按钮，将出现如图1-47所示的处理器配置的界面。在此界面可以选择处理器数量和每个处理器的内核数量，并单击【下一步】按钮。

图 1-46　命名虚拟机界面

图 1-47　处理器配置界面

（7）在处理器配置的界面中单击【下一步】按钮，将出现如图1-48所示的此虚拟机的内存的界面。在该界面可以设置此虚拟机的内存，并单击【下一步】按钮。

（8）在此虚拟机的内存的界面中单击【下一步】按钮，将出现如图1-49所示的网络类型的界面。在该界面中的网络连接处选择第二项"使用网络地址转换（NAT）（E）"，并单击【下一步】按钮。

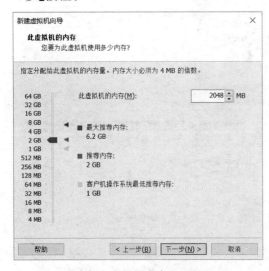

图 1-48　虚拟机内存配置界面

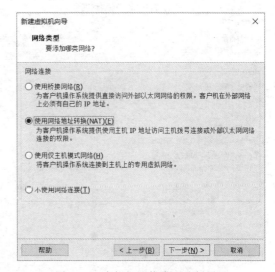

图 1-49　虚拟机网络类型选择界面

（9）在网络类型的界面中单击【下一步】按钮，将出现如图1-50所示的选择I/O控制器类型的界面。在该界面中可以选择 I/O 控制器类型，SCSI 控制器选择"LSI Logic（L）（推荐）"，并单击【下一步】按钮。

　　（10）在选择 I/O 控制器类型的界面中单击【下一步】按钮，将出现如图 1-51 所示的选择磁盘类型的界面。在该界面中将虚拟磁盘类型选择为"SCSI（S）（推荐）"，并单击【下一步】按钮。

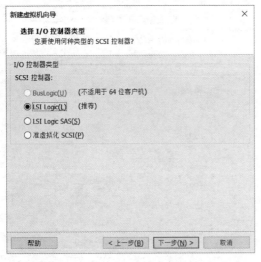

　　　　图 1-50　虚拟机 I/O 控制器类型选择界面　　　　　　　图 1-51　虚拟机磁盘类型选择界面

　　（11）在选择磁盘类型的界面中单击【下一步】按钮，将出现如图 1-52 所示的选择磁盘的界面，选择"创建新虚拟磁盘（V）"，并单击【下一步】按钮。

　　（12）在选择磁盘的界面中单击【下一步】按钮，将出现如图 1-53 所示的指定磁盘容量的界面。在此界面中最大磁盘大小指定为 20GB，其他选择保持不变，然后单击【下一步】按钮。

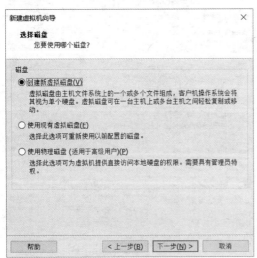

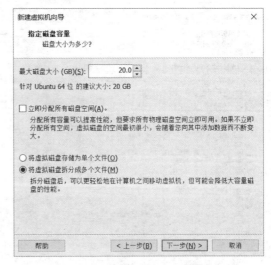

　　　　图 1-52　虚拟机磁盘选择界面　　　　　　　　　图 1-53　虚拟机磁盘容量配置界面

　　（13）在指定磁盘容量的界面中单击【下一步】按钮，将出现如图 1-54 所示的指定磁盘文件的界面。在该界面中通过使用浏览按钮指定磁盘文件的存储位置(本例中为"D:\VM\Ubuntu64位.vmdk"),并单击【下一步】按钮。

(14) 至此,程序已经收集到虚拟机的所有配置信息,并以列表的形式显示给用户,以便用户再次核对和确认,图1-55为已准备好创建虚拟机的界面。

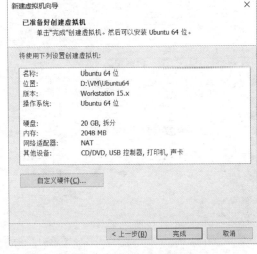

图 1-54　虚拟机磁盘文件存储位置选择界面　　　　图 1-55　虚拟机配置完成界面

若用户核对后确认无误,可单击【完成】按钮。若用户还需要修改某一设置,可通过单击【上一步】按钮返回对应页面进行修改。

(15) 在已准备好创建虚拟机的界面中单击【完成】按钮,将出现如图1-56所示的界面。至此,虚拟机创建完毕。

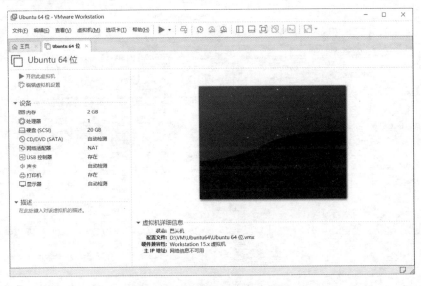

图 1-56　虚拟机创建成功界面

4. 安装 Ubuntu

(1) 单击【编辑虚拟机设置】,在弹出的【虚拟机设置】对话框中单击【选项】标签,然后依

次设置虚拟机名称、客户机操作系统、版本和工作目录，并单击【确定】按钮，具体如图 1-57
所示。

图 1-57　虚拟机选项配置界面

（2）在弹出的【虚拟机设置】对话框中单击【硬件】标签，然后选择"CD/DVD（SATA）"，
在【连接】栏中"使用 ISO 映像文件"处单击【浏览】按钮来选择 Ubuntu 操作系统映像的存放
位置，最后单击【确定】按钮，具体情况如图 1-58 所示。

图 1-58　虚拟机系统硬件配置界面

（3）虚拟机相关的属性配置完成后，单击控制面板中的【开启此虚拟机】按钮，将显示 Checking disks，如图 1-59 所示。

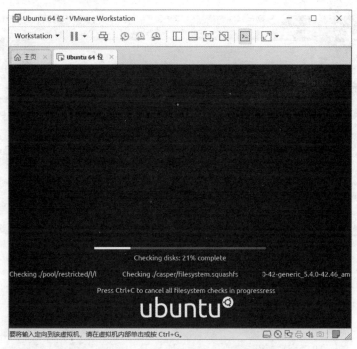

图 1-59　VMware Workstation 启动界面

（4）完成磁盘的检查之后，将出现如图 1-60 所示的界面。

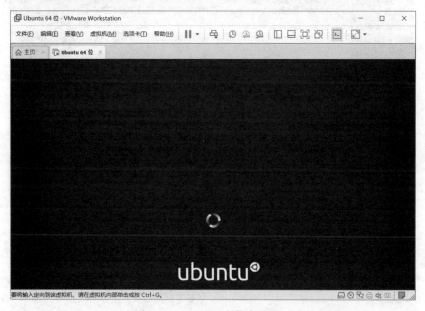

图 1-60　Ubuntu 安装启动界面

（5）数秒后将出现如图 1-61 所示的 Ubuntu 系统安装欢迎界面，在左侧选择安装语言，并单击 Install Ubuntu 按钮开始 Ubuntu 系统的安装。

图 1-61　Ubuntu 安装欢迎界面

（6）单击 Install Ubuntu 按钮，将出现如图 1-62 所示的界面，选择默认的键盘布局，并单击 Continue 按钮。

图 1-62　键盘布局选择界面

注意：建议英文薄弱的同学此处选择简体中文，当然也可以在安装并启动该系统之后自行修改键盘布局。

（7）在键盘布局的界面中单击 Continue 按钮，将显示 Updates and other software 界面。在默认的界面中，Other options 的 Download updates while installing Ubuntu 复选框被选中，为了避免在安装过程中下载更新耗费更多的时间，请将其修改为不选中的状态，然后直接单击 Continue 按钮，如图 1-63 所示。

（8）在 Updates and other software 的界面中单击 Continue 按钮，将显示如图 1-64 所

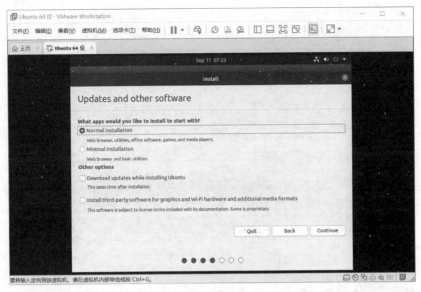

图 1-63 Ubuntu 安装准备界面

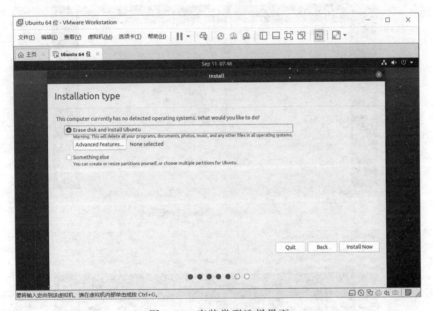

图 1-64 安装类型选择界面

示的 Installation type 界面。在该界面里选择 Erase disk and install Ubuntu,然后单击 Install Now 按钮。

(9) 在 Installation type 的界面中单击 Continue 按钮,将出现如图 1-65 所示的"Write the changes to disks?"的提示,此时直接单击 Continue 按钮。

在随后弹出的界面中选择正确的地理位置,然后单击 Continue 按钮。

(10) 在选择地理位置并单击 Continue 按钮之后,将出现如图 1-66 所示的配置系统用户信息界面。在输入用户名与密码后,单击 Continue 按钮。

(11) 在系统用户信息配置界面中单击 Continue 按钮之后,Ubuntu 开始自动安装,如图 1-67 所示。

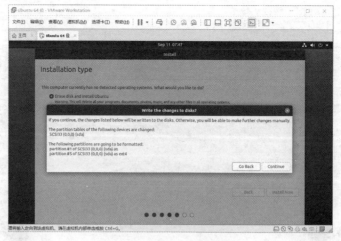

图 1-65　改动写入磁盘界面

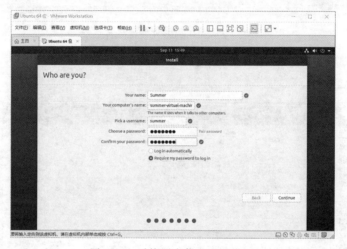

图 1-66　系统用户信息配置界面

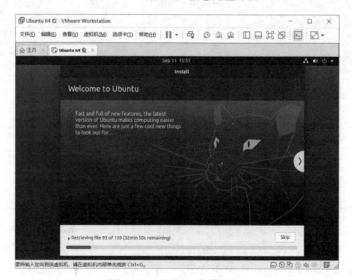

图 1-67　Ubuntu 安装界面

（12）Ubuntu 安装完成后出现 Installation Complete 对话框，如图 1-68 所示。此时单击 Restart Now 按钮，虚拟机将重新启动。

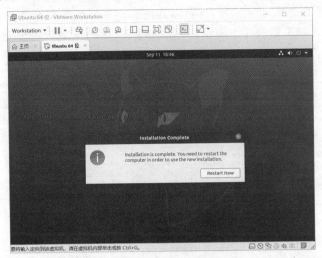

图 1-68　Ubuntu 安装完成后提示

（13）系统重启后，将显示 Ubuntu 登录界面，如图 1-69 所示。

（14）输入默认用户名对应的正确密码后按 Enter 键，将进入 Ubuntu 系统，成功登录后的效果如图 1-70 所示。

图 1-69　Ubuntu 系统登录界面

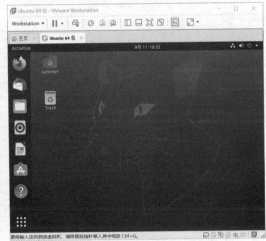

图 1-70　Ubuntu 系统界面

1.3　Ubuntu 简介

考虑到系统的稳定性，Ubuntu 的开发者与 Debian 和 GNOME 开源社区相互合作，提供只使用自由软件的操作系统。首个版本 Ubuntu 4.10 发布于 2004 年 10 月 20 日，它的桌面环境采用了 GNOME 的最新版，并与 GNOME 项目同步发布。但与 Debian 稳健的升级策略不同，Ubuntu 每 6 个月便会发布 1 个新版，以便用户能在第一时间体验许多新硬件的特性。

到目前为止，Ubuntu 共有 8 个长期支持版本(Long Term Support，LTS)，版本号分别是 6.06、8.04、10.04、12.04、14.04、16.04、18.04、20.04。其中，Ubuntu 12.04 和 14.04 的桌面版与服务器版的支持周期都为 5 年，而其他长期支持版本对桌面版的支持周期仅为 3 年，对服务器版为 5 年。如表 1-1 所示，一开始每个 Ubuntu 的代号都是按照"形容词＋动物"的格式命名的，而不是按照字母顺序。

表 1-1   Ubuntu 各版本代号

序号	发 布 时 间	版本号	代 号	备注
1	2004 年 10 月 20 日	4.10	Warty Warthog	
2	2005 年 04 月 08 日	5.04	Hoary Hedgehog	
3	2005 年 10 月 13 日	5.10	Breezy Badger	
4	2006 年 06 月 01 日	6.06	Dapper Drake	LTS
5	2006 年 10 月 26 日	6.10	Edgy Eft	
6	2007 年 04 月 19 日	7.04	Feisty Fawn	
7	2007 年 10 月 18 日	7.10	Gutsy Gibbon	
8	2008 年 04 月 24 日	8.04	Hardy Heron	LTS
9	2008 年 10 月 30 日	8.10	Intrepid Ibex	
10	2009 年 04 月 23 日	9.04	Jaunty Jackalope	
11	2009 年 10 月 29 日	9.10	Karmic Koala	
12	2010 年 04 月 29 日	10.04	Lucid Lynx	LTS
13	2010 年 10 月 10 日	10.10	Maverick Meerkat	
14	2011 年 04 月 28 日	11.04	Natty Narwhal	
15	2011 年 10 月 13 日	11.10	Oneiric Ocelot	
16	2012 年 04 月 26 日	12.04	Precise Pangolin	LTS
17	2012 年 10 月 18 日	12.10	Quantal Quetzal	
18	2013 年 04 月 25 日	13.04	Raring Ringtail	
19	2013 年 10 月 17 日	13.10	Saucy Salamander	
20	2014 年 04 月 18 日	14.04	Trusty Tahr	LTS
21	2014 年 10 月 23 日	14.10	Utopic Unicorn	
22	2015 年 04 月 22 日	15.04	Vivid Vervet	
23	2015 年 10 月 23 日	15.10	Wily Werewolf	
24	2016 年 04 月 21 日	16.04	Xenial Xerus	LTS
25	2016 年 10 月 20 日	16.10	Yakkety Yak	
26	2017 年 04 月 13 日	17.04	Zesty Zapus	
27	2017 年 10 月 21 日	17.10	Artful Aardvark	
28	2018 年 04 月 26 日	18.04	Bionic Beaver	LTS
29	2018 年 10 月 18 日	18.10	Cosmic Cuttlefish	
30	2019 年 04 月 19 日	19.04	Disco Dingo	
31	2019 年 10 月 17 日	19.10	Eoan Ermine	
32	2020 年 04 月 23 日	20.04	Focal Fossa	LTS
33	2020 年 10 月 22 日	20.10	Groovy Gorilla	

从 6.06 的 Drapper Drake 开始按字母顺序，到目前为止，字母"Z"已经使用。版本号则是代表发布的"年＋月"，如 12.04 表示这一版本是 2012 年 04 月发布的。

Ubuntu 十分注重系统的安全性和可用性。与登录系统管理员账号进行管理的方式相比，Ubuntu 所有系统相关的任务均采用 Sudo 工具，并需要输入密码，因此安全性更高。当然，Ubuntu 也十分注重系统的可用性，通常用户在安装完成后即可以投入使用。

Ubuntu 正式的衍生版本很多,最为常用的有 Kubuntu、Edubuntu、Xubuntu 和 Ubuntu Server Edition。

Kubuntu 使用和 Ubuntu 一样的软件库,但不采用 GNOME,而采用另一个非常普遍的 KDE 为其默认的桌面环境,包含了精致、美观而实用的 Plasma 工作空间和一系列经过细心选择而具有实用价值的 KDE 程序。Kubuntu 仍采用 dpkg 进行软件管理,对系统要求比较高,并对所有使用者免费。

Edubuntu 是 Ubuntu 的教育发行版,它可以使教育工作者在一小时内完成电脑教室的设计,或者在网上搭建学习平台,从而使学习变得更加容易。因此,Edubuntu 被称为"年轻人的 Linux"(Linux for Young Human Beings)。Edubuntu 包含一种 Linux 终端服务器开发计划(Linux Terminal Server Project,LTSP)的技术,该技术支持教师的服务器将其包含的免费自由的"教育软件"共享给所有学生使用,这一解决方案对学校教学而言,可谓既省钱又省力。

Xubuntu 属于轻量级的 Ubuntu 发行版,使用 Xfce4 作为其默认桌面环境,并采用与 Ubuntu 相同的软件库。这一版本面向旧式电脑用户和寻求更快捷的桌面环境的用户,主要运行基于 GTK+的程序,与 Kubuntu 相比,Xubuntu 对系统的要求较低,并针对低端机器做了特别优化。

Ubuntu Server Edition 自 Ubuntu 5.10 版起与桌面版同步发行,它提供了服务器的应用程序,如电子邮件服务器、LAMP(Linux,Apache,MSQL,and PHP)网页服务器平台、档案服务器与数据库管理等。与桌面版本相比较,服务器版的安装文件要小得多,对硬件的要求更低。若要运行服务器版,只需要有 500MB 的硬盘和 64MB 的内存。只是它没有提供任何图形化的桌面环境,使用者在默认操作环境里只可使用字符界面。

Ubuntu 非正式的衍生版本也有很多,如专注于安全工具的 nUbuntu、为旧电脑而设计的 Ubuntu Lite、为 IBM zSeries 主机移植的 zUbuntu 和基于 Fluxbox 桌面环境的修改版 Fluxbuntu 等。

Ubuntu 像 Debian 一样采用了 dpkg 进行软件包管理,它将软件分为 4 类: main 组件、restricted 组件、universe 组件和 multiverse 组件。这与 Debian 将软件分为 main(自由软件)、non-free(非自由软件)和 contrib(依赖非自由软件)3 类是不一样的。

main 组件只包含符合 Ubuntu 许可证要求,并可以从 Ubuntu 团队中获得支持的软件包,它试图将日常使用 Linux 系统时所需的任何东西包括在内。在这个组件内的包可以确保得到必要的技术支持和安全升级,其内的软件必定是符合 Ubuntu 版权要求(Ubuntu License Requirements)的自由软件。

restricted 组件包含了被 Ubuntu 开发者支持的软件,这些软件不具有合适的自由许可证,因此不能列入 main,如仅能以二进制形式获得的显卡驱动程序。因为 Ubuntu 开发者无法获得源代码,其支持水平无法与 main 相比。

universe 组件("社区维护")里包含的软件范围广泛,他们或许是因受限于许可证,或许是出自其他原因,但是都不为 Ubuntu 团队所支持,此时用户可以使用 Ubuntu 的软件包管理系统安装各式各样的程序,同时又与 main 和 restricted 中被支持的软件包相隔离。

multiverse 组件("非自由")包括了不符合自由软件要求且不被 Ubuntu 团队支持的软件包。

Ubuntu 是基于 GNU/Linux 平台的操作系统,适用于笔记本电脑、桌面电脑和服务器,它分为桌面版本和服务器版本,下面将简要介绍下两类版本的特点。

桌面版本的特点如下：

（1）安装完毕启动后桌面十分简洁。首次启动时是一个干净简洁的桌面，默认主题没有桌面图标。

（2）系统安装完毕后便可以立即投入使用。

（3）默认含有用户所需的应用程序。Ubuntu 系统含有默认的用户界面和特性设置，并包括用户需要的所有主要桌面应用程序。

（4）可编辑和共享其他格式的文件。使用 Office 套件可以便利地公开、编辑和共享文件。

（5）系统升级快速简单。由于 Ubuntu 是一个开源的系统，因此可以随时更新。用户只需在终端执行一条命令，就可以自动检测系统和相应软件的可用更新，用户确认后即可立即更新。

（6）强大的自由软件仓库。因特网上有丰富的为 Ubuntu 提供的免费自由软件，只要不是用于商业用途，用户就可以随意使用，并能得到相应的技术支持。

（7）触手可及的帮助和支持。只要连接了因特网，用户便可以使用浏览器或查找在线帮助来解决自己使用 Ubuntu 时遇到的问题。

服务器版本的特点如下：

（1）拥有集成安全的平台。服务器版的 Ubuntu 极大地简化了普通 Linux 的服务器部署过程，提供良好的集成平台。

（2）总体拥有成本较低。和桌面版不同的是，服务器版的 Ubuntu 默认自动安装 LAMP，但不安装图形化界面。因此它占用的资源更少，启动更快，并且由于自动安装集成 LAMP，作为服务器使用时安全性更高。

（3）消除更新个人工作站的成本。Ubuntu 服务版包含了 Linux 终端服务器开发计划，可以高效地将资源分享给工作站用户。

在 Ubuntu 中，用户使用磁盘文件系统和网络文件系统时，几乎感觉不到这两者的差异。Ubuntu 中所有的文件都是以目录的形式存储的，"/"是一切目录的起点。Ubuntu 的系统目录结构如图 1-71 所示。

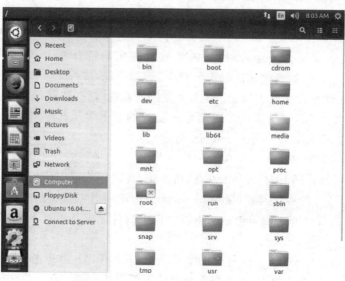

图 1-71　Ubuntu 的系统目录结构图

表 1-2 中展示了 Ubuntu 中各目录结构。

表 1-2　Ubuntu 中目录结构

序号	默认目录名	备　注
1	/	Linux 系统根目录
2	/bin	放置可执行文件
3	/boot	存放开机所需要的文件,如 Linux 内核和系统启动文件
4	/cdrom	挂载光驱文件系统
5	/dev	存放所有设备文件,包括硬盘、分区、键盘、鼠标、USB、TTY 等
6	/etc	存放系统所有配置文件
7	/home	用户主目录的默认位置
8	/lib	存放开机时需要的函数库
9	/lost＋found	存放由 fsck 放置的零散文件
10	/media	存放可删除的设备,包括软盘、光盘、DVD 等
11	/mnt	存放暂时挂载额外的设备
12	/opt	可选文件和程序的存放目录
13	/proc	虚拟文件系统,系统内存的映射,可获取系统信息
14	/root	root 用户的主目录
15	/run	存放进程的 ID
16	/sbin	设置系统的可执行命令
17	/selinux	伪文件系统,Kernel 子系统通常使用的命令
18	/srv	存放网络服务启动后的数据目录
19	/sys	虚拟文件系统,记录与内核相关的信息
20	/tmp	存放临时文件
21	/usr	包含所有的命令、说明文件、程序库等
22	/var	包含日志文件、计划任务和邮件等

最后,简要介绍 Ubuntu 的启动过程。Ubuntu 的启动采用全新的 init 系统:UpStart。UpStart 基于事件机制,在感知到该事件之后触发相对应的等待任务,该机制加快了系统的启动时间。采用该种事件的驱动模式,UpStart 完美地解决了即插即用设备所带来的问题。Ubuntu 的所有初始化都是串行执行的,具体步骤如表 1-3 所示。

表 1-3　Ubuntu 系统初始化步骤

步骤	系 统 动 作
1	系统通电后运行 GRUB 载入内核。内核执行硬件的初始化和内核自身的初始化。在内核初始化的最后,内核将启动 pid＝1 的 init 进程,即 UpStart 进程
2	UpStart 进程在执行了自身的初始化之后,立即发出 startup 事件
3	所有依赖于 startup 事件的工作被触发,其中最重要的是 mountall。mountall 任务负责挂载系统中需要使用的文件系统,完成相应的工作后,mountall 任务会发出以下事件:local-filesystem,virtual-filesystem
4	virtual-filesystem 触发 udev 任务开始工作
5	任务 udev 触发 upstart-udev-bridge 的工作
6	upstart-udev-bridge 发出 net-device-up IFACE＝lo 事件,表示本地回环 IP 网络已经准备就绪,同时任务 mountall 继续执行,最终发出 filesystem 事件
7	任务 rc-sysinit 被触发
8	任务 rc-sysinit 调用 telinit
9	telinit 任务发出 runlevel 事件,触发执行/etc/init/rc.conf

续表

步骤	系 统 动 作
10	rc.conf 执行/etc/rc$.d/目录下的所有脚本
11	Ubuntu 启动任务完成

本章小结

本章主要向读者介绍 Linux 的基本情况；首先简要说明了 Linux 的由来、组成和特点；然后介绍了 Linux 系统的历史以及一些特性；由于本书的实例教程是建立在 Ubuntu 20.04 LTS 系统之上的，所以接下来详细地介绍了 Ubuntu Linux 版本的情况；最后图文并茂地介绍了如何安装 Ubuntu 20.04 LTS 系统。希望读者在学习完本章后能够清楚地了解 Linux，了解 Ubuntu 以及能在学习之前搭建好 Ubuntu 环境，为后续章节的学习做好充分的准备。

习题 1

1. 选择题

(1)（   ）不是常用的 Linux 发行版。

    A. Centos   B. Debian   C. UNIX   D. Red Hat Linux

(2)（   ）不属于 Linux 内核中最重要的部分。

    A. 进程调度   B. 设备驱动   C. 内存管理   D. 虚拟文件系统

(3)（   ）不属于 Ubuntu 正式的衍生版本。

    A. Fluxbuntu   B. Kubuntu   C. Edubuntu   D. Xubuntu

(4)（   ）组件包括了不符合自由软件要求而且不被支持的软件包。

    A. main   B. restricted   C. universe   D. multiverse

(5)（   ）不属于 Ubuntu 非正式的衍生版本。

    A. nUbuntu   B. Ubuntu Server Edition

    C. zUbuntu   D. Fluxbuntu

2. 填空题

(1) Ubuntu 的网络接口可以分为网络协议和_____。

(2) Ubuntu 的硬件相关部分为内存管理硬件提供了_____。

(3)_____是一切目录的起点。

(4) Ubuntu 中的_____目录用来存放开机所需要的文件。

(5)_____年 Linux 诞生。

3. 简答题

(1) 简述 Linux 内核中最为重要的几个部分。

(2) Linux 有哪些特点？

(3) Ubuntu 的桌面版本有哪些特点？

(4) Ubuntu 的服务器版本有哪些特点？

(5) 列举任意 3 个 Ubuntu 的系统目录。

第2章

Ubuntu图形界面

尽管 Ubuntu 一直以高效而强大的字符界面闻名于世,但其提供的图形界面也十分友好。本章将介绍在 Ubuntu 的图形界面下,如何完成登录、注销和关机等基本操作;如何修改显示、桌面背景和网络设置等;如何操作应用软件完成因特网访问、文字处理、图像处理、即时通信和音视频播放等;如何进行程序的安装和删除。本章的主要目的是使读者能够在 Ubuntu 图形界面下进行日常操作。

本章学习目标

* 熟练掌握图形界面下的基本操作,如登录、注销、关机和重启等;
* 熟练掌握图形界面下的系统设置,如显示设置、桌面背景修改、时间和时期设置、磁盘管理和网络设置等;
* 熟练使用图形界面下的应用软件,如访问因特网、办公应用、图像处理和即时通信等方面的软件;
* 熟练掌握图形界面下的程序安装操作,如添加和删除程序、安装和卸载软件包及管理器等。

2.1 基本操作

本节将详细地介绍 Ubuntu 图形界面下最为基本的 4 个操作,包括登录、注销、关机和重启。

2.1.1 登录

Ubuntu 是一个多用户的网络操作系统,Ubuntu 系统安装完毕后,每次使用 Ubuntu 之前用户都必须登录才能使用系统。开机启动 Ubuntu 20.04 LTS,系统启动后默认进入到图形化登录界面,此时系统要求输入用户名和密码,如图 2-1 所示。

输入正确的用户名和对应的密码后,即可进入 Ubuntu 桌面环境,如图 2-2 所示。

单击右上角最右边的图标,弹出如图 2-3 所

图 2-1　图形化登录界面

示的菜单。若此时单击【锁定】，则会转到当前用户登录界面（在锁屏界面单击后进入该界面）。

图 2-2　Ubuntu 桌面环境

图 2-3　用户登录状态

系统启动默认进入图形界面，如果用户修改了系统的配置文件，可使其启动后直接进入字符界面。下面将介绍如何修改这一配置文件，使用户可以自行决定系统启动后进入图形界面或字符界面。

在键盘上按下 Ctrl＋Alt＋T，进入如图 2-4 所示的终端界面。

图 2-4　终端界面

进入/etc/default/目录，查看该目录下所有文件，如图 2-5 所示。

执行命令 sudo gedit grub，并按要求输入用户密码，如图 2-6 所示。

图 2-5　进入目录并查看

图 2-6　打开 grub 文件

注意：在不关闭终端的前提下，仅需要输入一次超级用户的密码即可完成身份认证。

打开并编辑 grub 文件，如图 2-7 所示。

由于在安装 Ubuntu 20.04 LTS 时，已经选择 Ubuntu 启动后默认是图形界面，所以可以看见 GRUB_CMDLINE_LINUX_DEFAULT 的值为"quiet splash"，表示系统启动后默认进入图形界面。

欲使 Ubuntu 20.04 LTS 启动后进入字符界面，可将 GRUB_CMDLINE_LINUX_DEFAULT 的值修改为"text splash"。用户可根据需要进行修改，保存并退出，然后在终端中分别执行 sudo update-grub 和 sudo systemctl set-default multi-user.target，最后重启系统即可进入相应的界面。

在 Ubuntu 20.04 LTS 中，切换启动时默认的界面（即字符界面或图形界面）还可以按以下操作进行。

（1）若启动是默认为图形界面，则可以通过在终端执行以下命令实现启动时自动进入

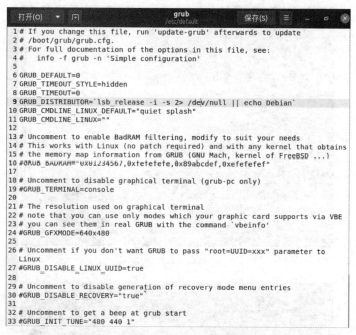

图 2-7　编辑 grub 文件

字符界面(即关闭图形界面,开机时默认进入字符界面)。

```
sudo systemctl set – default multi – user. target
sudo reboot
```

(2) 若启动时默认为字符界面,想要回到启动时默认为图形界面(开机时默认进入图形界面),则可执行以下命令。

```
sudo systemctl set – default graphical. target
sudo reboot
```

(3) 若在字符界面下想立刻切换到图形界面,则可以执行以下命令。

```
sudo systemctl start lightdm
```

注意：若执行该命令时提示"Failed to start lightdm. service：unit lightdm. service not found. ",则需要先安装 lightdm。

2.1.2　注销

若需要结束当前用户的运行,或使用另一用户账号和密码登录系统,则可使用【注销】操作。当前用户可单击右上角最右边的图标,选择【注销】,如图 2-8 所示。

单击后系统并没有立即注销,而是弹出一个如图 2-9 所示的对话框。

在图 2-9 所示界面中单击【注销】按钮,选择注销当前用户,将出现如图 2-10 所示的登录界面。

2.1.3　关机

关机是我们最为常用的操作之一。桌面最右侧的菜单栏中有【Power Off...】选项,如

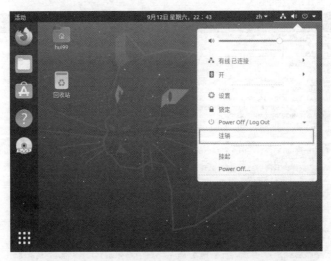

图 2-8　用户注销

图 2-9　注销用户

图 2-10　用户注销后回到登录界面

图 2-11 所示。在执行关机操作时,系统管理员会通知所有登录的用户"系统将会关闭",此时的 login 命令会被冻结,即新的用户不能再登录。

单击【Power Off...】后会弹出如图 2-12 所示的对话框,可选择关机或重启。

<table>
<tr><td>图 2-11　菜单栏</td><td>图 2-12　关机或重启选择对话框</td></tr>
</table>

单击【关机】按钮,正常情况下系统将会被关闭。

注意:如果当前系统有多个用户登录并使用,在某个普通用户执行关机操作时,系统将会自动弹出"认证"对话框,提示选择系统中具有管理员权限的用户,正确输入密码后才能正常单击【关机】按钮操作。

2.1.4　重启

和关机操作一样,重启也是我们最为常用的操作之一。例如:用户修改系统配置文件之后,通常需要执行重启操作才能生效。该操作可通过在如图 2-11 所示的菜单栏中单击【Power Off...】来实现。

用户若单击【Power Off...】,将会弹出如图 2-13 所示的对话框,用户可选择重启或关机操作。

图 2-13　重启或关机选择对话框

在图中所示的重启或关机选择对话框中，用户若单击【重启】按钮，系统将会重新启动。重新启动之后的系统将显示登录界面，如图 2-14 所示。

图 2-14　重启后的登录界面

2.2　系统设置

本节将介绍在图形界面下如何修改系统设置，包括显示设置、桌面背景修改、时间和日期设置、磁盘管理和网络设置。

2.2.1　显示设置

在图形界面下进行显示设置非常直观，本小节将分别介绍如何进行字体设置、语言设置和屏幕分辨率设置。

（1）字体设置

若已经安装 Tweak Tool，则可以直接打开如图 2-15 所示的界面。

图 2-15　Ubuntu 字体设置

在左侧菜单中选择【字体】,然后在右侧设置相关属性。图 2-16 演示了在字体设置时如何选择某一种字体及相应的字号。

如果读者在自己的 Ubuntu 系统中没有找到 Tweak Tool,则说明没有安装这一软件,需要安装 gnome-tweak-tool。在键盘上按下 Ctrl+Alt+T 打开一个终端,输入并执行下列命令:

```
sudo apt-get install gnome-tweak-tool
```

如图 2-17 所示,系统将提示输入超级用户密码,然后要求用户确认安装这一软件。用户按下"Y"确认后,系统将自动完成安装。

图 2-16 选择字体和字号

图 2-17 安装 gnome-tweak-tool

(2) 语言设置

如图 2-18 所示,在右侧菜单栏中选择【设置】。

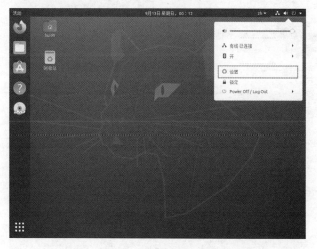

图 2-18 系统设置菜单

单击【区域与语言】，打开如图 2-19 所示的界面。

图 2-19   系统设置界面

在图 2-20 中单击【语言(L)】，将出现如图 2-20 所示的界面，当前语言默认为英语（美国）。若此时将想要更换的语言选择为汉语，则先单击汉语（中国），如图 2-21 所示。

图 2-20   语言设置界面

图 2-21   语言设置界面

在图 2-21 中单击【选择(S)】，将出现如图 2-22 所示的界面，再单击【重启...】。

图 2-22   系统设置界面

此时将出现如图 2-23 所示的注销提示确认对话框，该对话框的【取消】按钮默认获得焦点。若确实需要修改语言，则单击【注销】按钮。

此时将回到登录界面（见图 2-1），输入正确的密码后，回车进入系统，语言修改完成。

（3）屏幕分辨率设置

在【设置】中，找到【显示器】，如图 2-24 所示。

图 2-23　注销确认对话框

图 2-24　分辨率选择页面

若需修改分辨率，则在右侧【分辨率】选项处选择合适的分辨率即可，如图 2-25 所示。

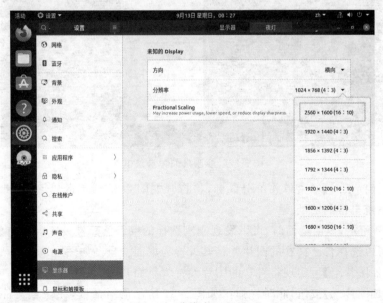

图 2-25　分辨率调整界面

在选择了相应的分辨率之后，将会出现"应用更改?"的提示，并在右上角出现【应用（A）】按钮，如图 2-26 所示。单击右上角的【应用（A）】按钮即可完成对分辨率的修改。

图 2-26　单击【应用】的界面

2.2.2　桌面背景修改

接下来将介绍如何修改桌面的背景（即壁纸），在 Ubuntu 桌面空白处右击，将弹出如图 2-27 所示的快捷菜单。

图 2-27　修改桌面背景菜单

选中【更换壁纸…】子菜单并单击鼠标，将打开如图 2-28 所示的界面，在此界面中可以单击下方由系统自带的壁纸。

如图 2-29 所示，返回桌面时，可以发现刚刚选择的壁纸已经被设置成当前桌面的背景。

当然也可以选择自己喜欢的图片并将其设置为桌面背景。如图 2-30 所示，在该图右侧上方单击【添加图片…】可实现将喜欢的图片设置为桌面背景。

单击【添加图片…】按钮，此时将弹出如图 2-31 所示的对话框，在任意文件夹中选中一张图片，并单击右侧上方【打开（O）】按钮。

图 2-28　桌面背景修改界面

图 2-29　壁纸修改后的效果图

图 2-30　添加图片界面

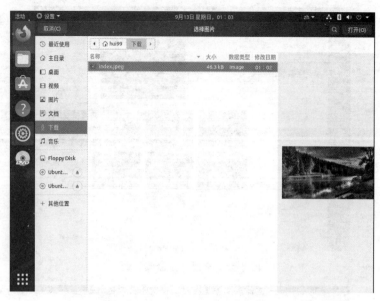

图 2-31　在某一文件夹中选择图片

在图 2-32 中可以看到被选中的图片出现在系统提供的壁纸上方，若此时单击该图片，则将在屏幕中央的显示器上以预览的方式展示该图片，这张图片同时被设置为背景。

图 2-32　自定义壁纸界面

当返回桌面时可以看到，刚选择的图片已经被设置为桌面背景，如图 2-33 所示。

除此之外，还可以从桌面的主文件夹中直接选中某一张图片，然后右击，在弹出的快捷菜单中选择【设为壁纸】选项从而实现桌面背景的更换。在图 2-34 中，我们以选择【图片】文件夹中的某一图片来演示这一过程。

在选择【设为壁纸】选项之后，返回桌面时可以看到该图片已经被自动设置为桌面背景，如图 2-35 所示。

图 2-33　自定义桌面背景

图 2-34　直接将某一图片设置为桌面背景

图 2-35　从桌面主文件夹中直接选中某一图片作为桌面背景

2.2.3　时间和日期设置

我们使用 Ubuntu 时若需要修改时间或日期，可按以下方式进行。在【设置】中找到【日期和时间】，如图 2-36 所示。

图 2-36　日期和时间设置界面

【自动设置日期和时间(D)】默认为打开状态，若需手动更改时间，则须先将其关闭，如图 2-37 所示。

图 2-37　关闭【自动设置日期和时间(D)】

在图 2-37 中单击【日期和时间(T)】，将出现如图 2-38 所示的界面。

分别单击【＋】或【－】调整时间和日期，其中月份的选择是通过使用下拉菜单来实现的（即单击下拉框中向下的三角形，然后在弹出的月份中选择相应的月份）。

在图 2-37 中还可以对【时间格式(F)】进行设置，如图 2-39 所示，可以将时间格式设置成“24 小时”或“12 小时”。

图 2-38 日期和时间设置   图 2-39 时钟格式设置

2.2.4 磁盘管理

操作系统将硬盘、光盘和 U 盘等均视为磁盘进行管理。本小节将介绍在 Ubuntu 图形界面下如何查看磁盘信息,包括硬盘驱动器、软盘驱动器、光盘驱动器和 U 盘的基本信息,以及如何对 U 盘进行分区和格式化。

(1) 查看磁盘信息

首先,在输入框中输入 disks,搜索磁盘工具,如图 2-40 所示。

图 2-40 查找磁盘

单击【磁盘】图标,将打开如图 2-41 所示的界面。在该界面中可看到磁盘硬件的相关信息,包括硬盘驱动器(21GB Hard Disk),软盘驱动器(Floppy Drive),光盘驱动器(CD/DVD Drive)和 U 盘(2.0 GB Thumb Drive)的大小、分区类型、内容和挂载点等信息。默认显示为当前硬盘的信息,在左侧单击软盘、光盘或 U 盘,右侧将会显示对应设备的相关信息。

(2) 对 U 盘进行分区和格式化

如图 2-42 所示,在左侧选中 U 盘,将鼠标指针移至【+】处,此时会出现"在未分配空间创建分区"的提示。

单击【+】,将弹出如图 2-43 所示的"创建分区"界面,【分区大小(S)】值设置为"1000"。

单击右上角的【下一个(E)】按钮,将弹出如图 2-44 所示的界面。

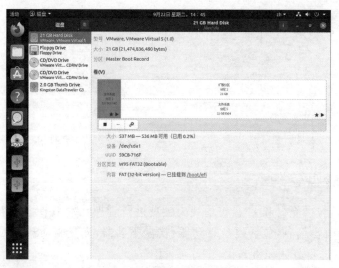

图 2-41　磁盘信息示意图

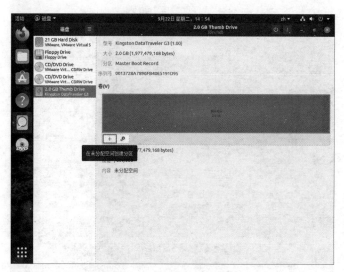

图 2-42　U 盘分区界面

图 2-43　创建分区界面

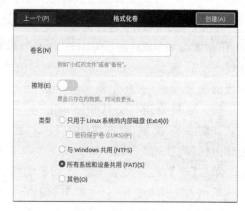

图 2-44　格式化卷界面

　　在【卷名(N)】处用户可以填入卷名,【擦除】选项默认关闭,【类型】选择默认的"所有系统和设备共用(FAT)(S)",然后单击右上角的【创建(A)】按钮,系统将按设置值开始对U盘进行分区。

　　分区完成后的界面如图2-45所示。

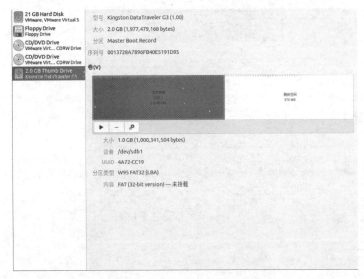

图2-45　在U盘上创建了一个分区

　　如图2-46所示,在U盘上创建的分区其内容显示为"未挂载",若将鼠标移至中部三角形图标按钮处,将弹出"挂载所选的分区"的提示。

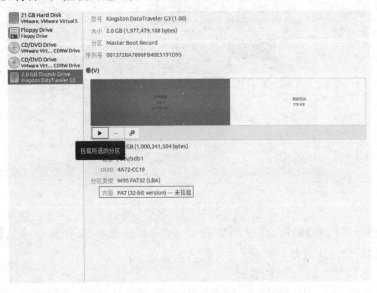

图2-46　鼠标指针停在【挂载所选的分区】按钮上的效果

　　单击三角形按钮,它将变为正方形按钮,并开始挂载该分区,挂载后的效果如图2-47所示。

　　若将鼠标指针移至齿轮按钮处,将显示"其他分区选项"的提示,如图2-48所示。

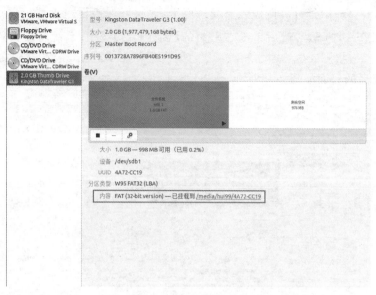

图 2-47　挂载所选分区后的效果

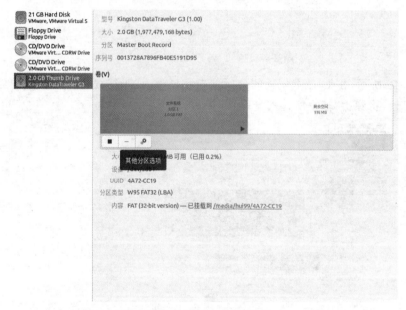

图 2-48　鼠标停在【其他分区选项】按钮上的效果

单击【其他分区选项】按钮，将弹出如图 2-49 所示的菜单，选择菜单中的【格式化分区(P)…】对 U 盘的分区 1 进行格式化。

此时将弹出如图 2-50 所示的界面。

单击右上方【下一个(E)】按钮，将显示如图 2-51 所示的界面。

单击右上方【格式化(A)】按钮，将出现如图 2-52 所示的正在格式化卷的界面。

在对该分区完成格式化的操作之后，将显示图 2-53，即为格式化分区后的界面。

将鼠标指针移至中部横线图标按钮处，将弹出"删除所选分区"的提示，如图 2-54 所示。

单击该按钮后，将弹出如图 2-55 所示的对话框。

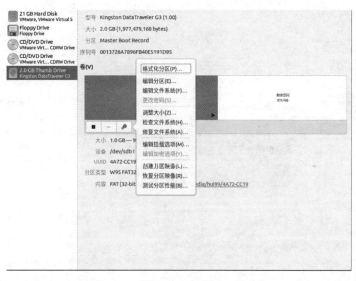

图 2-49　准备对 U 盘分区 1 格式化

图 2-50　"格式化卷"界面

图 2-51　"确认细节"界面

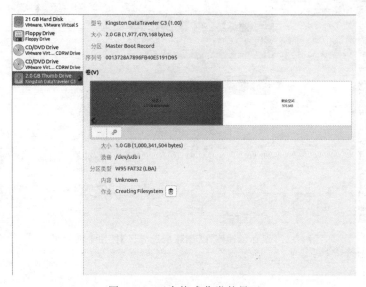

图 2-52　正在格式化卷的界面

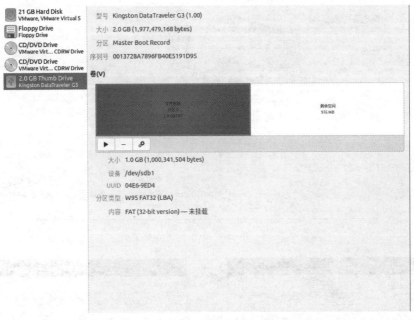

图 2-53　U 盘分区 1 格式化完毕

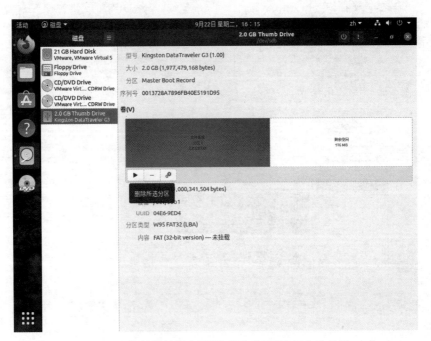

图 2-54　鼠标指针停在【删除所选分区】按钮上的效果

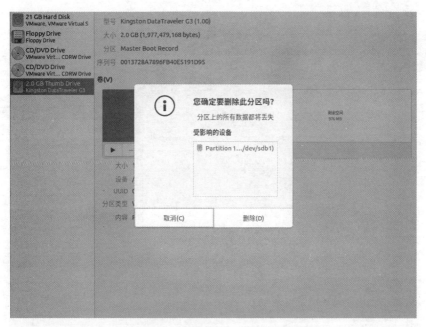

图 2-55 删除分区的对话框

单击【删除】按钮，系统将处理这一事件。删除操作完成后效果如图 2-56 所示。

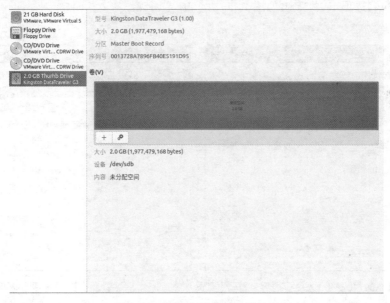

图 2-56 删除分区完成后的界面

2.2.5 网络设置

本小节将介绍如何查看和设置网络，在【设置】中有【网络】选项，单击该选项，效果如图 2-57 所示。

单击【有线】选项处末端齿轮图标后，将弹出如图 2-58 示的界面。该界面包含【详细信息】【身份】【IPv4】【IPv6】和【安全】选项卡。在【详细信息】中可以查看当前网络的链路速度、

IPv4 地址、IPv6 地址、硬件地址、默认路由和 DNS。

图 2-57　网络选项　　　　　　　　　　　图 2-58　【详细信息】选项卡内容

　　单击【身份】选项卡，将显示如图 2-59 所示的界面。在这一界面中包括名称、MAC 地址、克隆的地址和 MTU 的设置。

　　单击【IPv4】选项卡，将弹出如图 2-60 所示的界面，在这一界面中包括 IPv4 方式、DNS 和路由的设置。

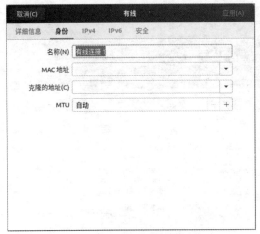

图 2-59　【身份】选项卡内容　　　　　　　图 2-60　【IPv4】选项卡内容

　　单击【IPv6】选项卡，将弹出如图 2-61 所示的界面，在这一界面中包括 IPv6 方式、DNS 和路由的设置。

　　单击【安全】选项卡，将弹出如图 2-62 所示的界面，在该界面中可设置 802.1X 安全性，其中包含认证、用户名和密码的设置。默认密码以 * 显示，若用户在输入密码时需要查看明文，可勾选【显示密码（W）】。

图 2-61 【IPv6】选项卡内容　　　　　　图 2-62 【安全】选项卡内容

2.3 应用软件

本节将向读者介绍在 Ubuntu 的图形界面中如何访问因特网、使用办公应用和进行图像处理、即时通信、音频播放和视频播放。

2.3.1 访问因特网

在 Ubuntu 20.04 LTS 的操作系统中默认安装的是 Mozilla Firefox Web 浏览器,读者可以使用这一默认的浏览器访问因特网。

（1）浏览网页

单击左侧第一个 Firefox 图标,打开如图 2-63 所示的 Firefox 浏览器。

图 2-63　Mozilla Firefox 图标

用户也可以在终端输入 firefox 并按下 Enter 键,待命令执行完毕后即可进入火狐浏览器,如图 2-64 所示。

打开 Mozilla Firefox 应用程序,在地址栏中输入"cn.bing.com"并按 Enter 键,在网络连接可用的情况下,将显示如图 2-65 所示的 Bing 主页。

图 2-64　在终端输入 firefox 后等待进入 Mozilla Firefox 应用程序

图 2-65　Mozilla Firefox 访问网页效果图

（2）书签的创建和使用

前面已经介绍了如何使用 Firefox 浏览器访问网页，如果在浏览网页时遇到有价值或者有趣的网站，我们就可以使用书签将这些网址保存下来以便后续使用。如图 2-66 所示，单击 Done 按钮将 Bing 主页保存为书签。

当我们需要打开该网页时，直接找到相对应的书签即可。图 2-67 为刚收藏的 Bing 标签。

当我们不需要该书签时也可将其删除，如图 2-68 所示，在导航栏中找到 Bookmarks 选项，选择 Other Bookmarks。此时可以看到我们保存的全部书签，在 Bing 书签上右击，然后在弹出的快捷菜单中选择 Delete，即可完成对这一书签的删除操作。

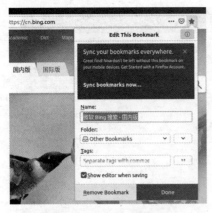

图 2-66 保存书签示意图

图 2-67 打开书签效果图

图 2-68 删除书签

2.3.2 办公应用

Ubuntu 20.04 LTS 默认安装时包含了办公套件 LibreOffice,包括文字处理软件、电子表格软件和文稿演示软件等。

（1）文字处理软件

LibreOffice Writer 是一个文字处理器,功能非常强大,在桌面导航栏中找到 LibreOffice Writer,单击打开该软件,启动界面一闪而过。该软件的主界面如图 2-69 所示。

（2）电了表格软件

LibreOffice Calc 是一个功能强大的表格处理工具,图 2-70 所示为该软件启动后的主界面。

（3）文稿演示软件

LibreOffice Impress 是一款十分好用的文稿演示软件,启动该软件的主界面如图 2-71 所示。

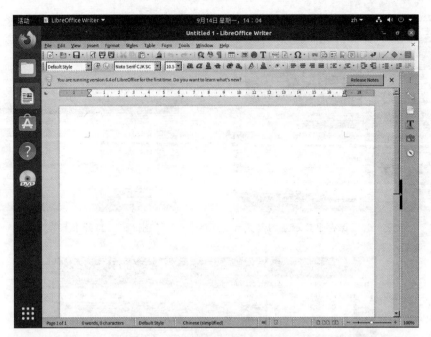

图 2-69　LibreOffice Writer 主界面

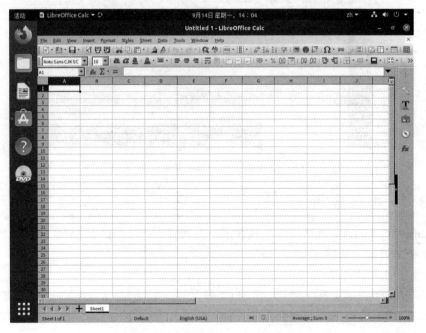

图 2-70　LibreOffice Calc 主界面

2.3.3　图像处理

　　GIMP(GNU Image Manipulation Program)是一款基于 GPL 的图像处理软件，下面简单介绍 GIMP。GIMP 软件默认并未安装，此时通常使用图像查看器查看图片，如图 2-72 所示。

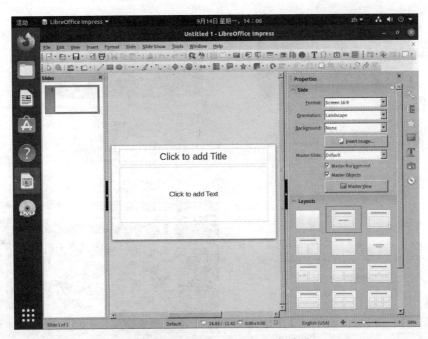

图 2-71　LibreOffice Impress 主界面

单击【图像查看器】可以打开该程序查看名为 index.jpeg 的图片,如图 2-73 所示。

图 2-72　在搜索栏中查找图像查看器　　　图 2-73　用图像查看器查看图片

若需使用 GIMP 对图片进行处理,则必须安装 GIMP,具体步骤如下。

(1) 安装 aptitude

打开终端,输入命令 sudo apt-get install aptitude 并按 Enter 键执行,如图 2-74 所示。

(2) 安装 GIMP

执行命令 sudo aptitude install gimp,如图 2-75 所示。

```
hui99@hui99-virtual-machine:~$ sudo apt-get install aptitude
```

```
hui99@hui99-virtual-machine:~$ sudo aptitude install gimp
```

图 2-74　安装 aptitude　　　　　　　　　　图 2-75　安装 GIMP

执行上述命令后将弹出如图 2-76 所示的提示信息。

我们选择"n",即不接受该解决方案,此时将弹出如图 2-77 所示的软件包是否安装的询问。

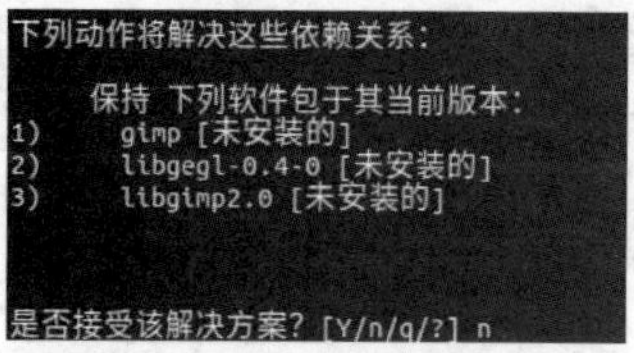

下列动作将解决这些依赖关系：
保持 下列软件包于其当前版本：
1) gimp [未安装的]
2) libgegl-0.4-0 [未安装的]
3) libgimp2.0 [未安装的]
是否接受该解决方案？[Y/n/q/?] n

图 2-76 提示信息

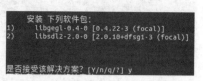

安装 下列软件包：
1) libgegl-0.4-0 [0.4.22-3 (focal)]
2) libsdl2-2.0-0 [2.0.10+dfsg1-3 (focal)]
是否接受该解决方案？[Y/n/q/?] y

图 2-77 软件包是否安装

此时选择“y”，将出现如图 2-78 所示的软件下载提示。

下载并完成 GIMP 的安装后，在搜索栏中搜索这一软件，便出现 GNU 图像处理程序的应用程序图标，如图 2-79 所示。

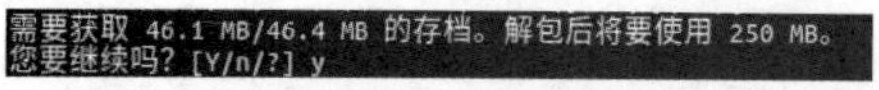

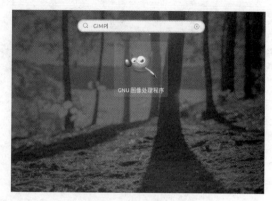

需要获取 46.1 MB/46.4 MB 的存档。解包后将要使用 250 MB。
您要继续吗？[Y/n/?] y

图 2-78 GIMP 安装询问

GIMP
GNU 图像处理程序

图 2-79 搜索 GIMP

单击打开 GIMP 应用程序，图 2-80 所示为该软件的主界面，用户可以根据自己的需要对图片进行处理。

活动
GNU 图像处理程序
9月14日 星期一，14：07
[index]（已导入）-1.0 (RGB 颜色 8 位伽马整数, GIMP built-in sRGB, 1 个图层) 533x300 – GIMP
文件(F) 编辑(E) 选择(S) 视图(V) 图像(I) 图层(L) 颜色(C) 工具(T) 滤镜(R) 窗口(W) 帮助(H)
index.jpeg (1.5 MB)
index.jpeg

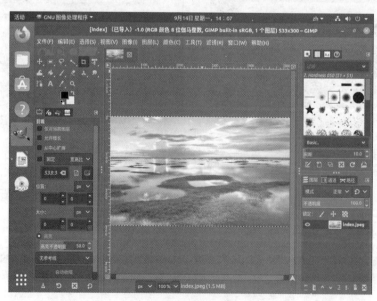

图 2-80 GIMP 主界面

2.3.4　即时通信

Pidgin 原名 Gaim,是一款开源并使用 GNU 通用公共许可证 GPL 的客户端软件,它可在 Linux、Windows、BSD 以及 UNIX 下运行,通过使用 Pidgin 可以实现对其支持的 IM 即时通信软件的一次登录,无须另外下载客户端。Pidgin 支持的即时通信协议有 AOL Instant Messager、MSN Messenger、Novell GroupWise 和 Google Talk 等。

若选择了以默认方式安装 Ubuntu 20.04 LTS,则并未安装 Pidgin。打开 Ubuntu 软件中心,搜索 Pidgin,如图 2-81 所示。

图 2-81　搜索 Pidgin

可以看出 Pidgin 并未安装,单击【安装】按钮安装该软件,弹出如图 2-82 所示的认证界面,输入超级用户密码完成验证。

安装 Pidgin 成功后,打开 Pidgin 即时通信工具,单击【添加】按钮,弹出如图 2-83 所示的界面。

图 2-82　Pidgin 安装验证界面

图 2-83　Pidgin 面板示意图

在图中我们选择用 Google Talk 账号登录验证,输入用户名和密码,其他设置选择默认,单击【添加(A)】按钮即可登录 Google Talk。

2.3.5　音频播放

Rhythmbox 是 Ubuntu 20.04 LTS 中默认安装的一款音乐播放和管理软件，可以播放各种音频格式的音乐。首先在搜索栏搜索 rhythmbox 中找到 Rhythmbox 应用，如图 2-84 所示。

单击进入 Rhythmbox，打开【库】目录下【音乐】文件夹中的某一音频文件，该文件播放界面如图 2-85 所示。

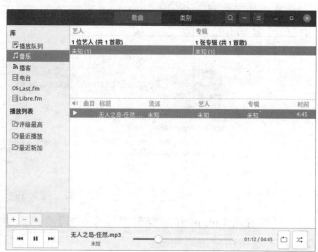

图 2-84　查找 Rhythmbox

图 2-85　播放音频文件

2.3.6　视频播放

Totem，全名为 Totem Movie Player，是一款基于 GNOME 桌面环境的 Ubuntu 自带的媒体播放器。首先在搜索栏中查找该软件，然后单击打开 Totem 播放器，其默认显示界面如图 2-86 所示。

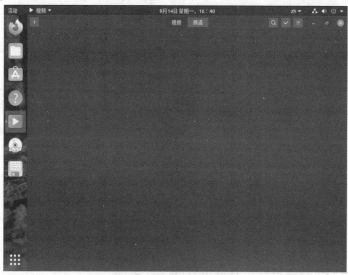

图 2-86　Totem 默认界面

在软件菜单中选择【＋】选项，并选择【添加本地视频(L)...】，如图 2-87 所示。

图 2-87　选择【添加本地视频(L)...】菜单

单击【添加本地视频(L)...】，在如图 2-88 所示的界面找到某一视频文件，即可将文件添加到当前界面中，单击文件即可开始播放。

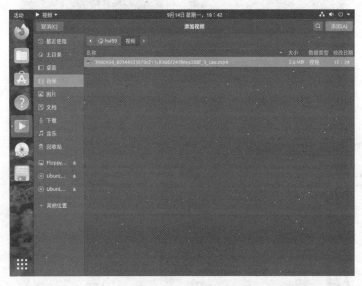

图 2-88　打开某一视频界面

单击【添加网络视频(W)...】，弹出如图 2-89 所示的界面，输入视频的网址，再单击【添加(A)】按钮即可。

图 2-89　添加视频的网址

注意：如果播放某一视频时提示对应的解码器未安装，那么可以安装相应的解码器解决这一问题。

2.4　程序安装

本节将介绍在 Ubuntu 20.04 LTS 系统下应用程序的安装、删除和管理。

2.4.1　添加和删除程序

在 Ubuntu 系统中，默认使用 Ubuntu Software 管理软件。首先在菜单栏中找到 Ubuntu Software 管理软件，如图 2-90 所示。

图 2-90　Ubuntu Software 图标

单击打开 Ubuntu Software，进入默认软件管理界面包括【Explore】【已安装】和【更新 (U)】3 个选项卡，如图 2-91 所示。

图 2-91　Ubuntu Software 面板示意图

下面以 PDF Mod 应用程序为例，介绍在 Ubuntu Software 中如何对该程序进行添加和删除。

（1）在 Ubuntu Software 中添加 PDF Mod 程序

首先，在 Ubuntu Software 中找到 PDF Mod 应用程序，单击进入详情页面，如图 2-92 所示。然后，单击【安装】进行安装，安装过程中需要输入超级用户的密码进行身份验证。

PDF Mod 的安装需要少许时间，安装成功后将显示在【已安装】类中，如图 2-93 所示。

打开该应用程序，如图 2-94 所示。

（2）在 Ubuntu Software 中删除 PDF Mod 程序

首先，在 Ubuntu Software 中找到 PDF Mod 应用程序，进入详情页面，如图 2-95 所示。

单击【移除(R)】按钮，弹出如图 2-96 所示的界面，需要用户单击【移除】按钮确认移除 PDF Mod。

图 2-92　PDF Mod 详情页面

图 2-93　PDF Mod 安装成功界面

图 2-94　PDF Mod 主界面

图 2-95　PDF Mod 程序详情页面　　　　图 2-96　确认移除 PDF Mod 界面

单击【移除】按钮，确认删除后弹出认证界面，输入超级用户密码后完成认证，如图 2-97 所示，PDF Mod 正在被移除。

图 2-97　PDF Mod 程序移除中

2.4.2　软件包及管理器

Ubuntu 采用的是 Debian 的软件包管理机制。Ubuntu 中的软件包类型有两种：二进制软件包（deb）和源码包（deb-src）。二进制软件包（Binary Packages）由可执行文件、库文件、配置文件、man/info 页面、版权声明和其他文档组成；源码包（Source Packages）由软件源码、版本修改说明、构建指令以及编译工具等组成。

Ubuntu 为每个软件包指定了一个优先级，作为软件包管理器选择安装和卸载的一个重要依据。在 Ubuntu 系统中，任何高优先级的软件包都不依赖于低优先级的软件包，这样就可以按照优先级一层一层冻结系统。详细的优先级由高到低如表 2-1 所示。

表 2-1　Ubuntu 软件包优先级

序号	级别	说　　　明
1	Required	该级别的软件包不能满足整个系统的服务，但至少能够保证系统正常启动。如果删除其中一个软件包，系统将受到损坏而无法恢复
2	Important	该级别的软件包提供系统级服务
3	Standard	该级别的软件包支撑命令行控制台系统运行，通常作为默认安装选项
4	Optional	该级别的软件包用于满足用户特定的需求，它们不会影响系统的正常运行
5	Extra	这一级别的软件包用于满足用户其他需求

在使用 Ubuntu 系统时，用户会不断安装和卸载软件包。为了记录用户的安装行为，Ubuntu 对软件包定义了两种状态：期望状态和当前状态。前者指用户希望某个软件包处于的状态；后者是用户操作该软件包后的最终状态。具体如表 2-2 所示。

表 2-2　Ubuntu 软件包状态

类别	状　　　态	标识	描　　　述
期望状态	未知（unknown）	u	用户并没描述他想对软件包进行什么操作
	已安装（install）	i	该软件包已安装或升级
	删除（remove）	r	软件包已删除，但不想删除任何配置文件
	清除（purge）	p	用户希望完全删除软件包，包括配置文件
	保持（hold）	h	用户希望软件包保持现状

续表

类别	状　态	标识	描　　述
当前状态	未安装(Not)	n	该软件包描述信息已知,但仍未在系统中安装
	已安装(installed)	i	已完全安装和配置了该软件包
	仅存配置(config-file)	c	软件包已删除,但配置文件仍保留在系统中
	仅解压缩(unpacked)	U	已将软件包中的所有文件释放,但尚未执行安装和配置
	配置失败(failed-config)	F	曾尝试安装该软件包,但由于错误没有完成安装
	不完全安装(half-installed)	H	已开始进行提取后的配置工作,但由于错误没有完成安装

从与用户的交互方式来看,软件包管理工具可大致分为 3 类,即命令行、文本窗口和图形界面。接下来介绍 Ubuntu 中字符界面下最为常用的软件包管理工具 dpkg(Debian Package)和 apt(Advanced Packaging Tool),它们均为命令行工具。

（1）dpkg

dpkg 是最早的 deb 包管理工具,基本语法为 dpkg ＋ 选项 ＋ 参数,其用法如表 2-3 所示,参数为指定要操作的".deb"软件包。

表 2-3　dpkg 用法

序号	选　项	含　义
1	-i	安装软件
2	-R	安装一个目录下面所有的软件包
3	-unpack	释放软件包,但不进行配置
4	-configure	重新配置和释放软件包
5	-r	删除软件包,但保存其配置信息
6	-update-avail	替代软件包的信息
7	-merge-avail	合并软件包信息
8	-A	从软件包里面读取软件的信息
9	-P	删除一个软件包,包括其配置信息
10	-forget-old-unavail	丢失所有 Uninstall 的软件包信息
11	-clear-avail	删除软件包的 Avaliable 信息
12	-C	查找只有部分安装的软件包信息
13	-compare-versions	比较同一个包不同版本之间的差别
14	-help	显示帮助信息
15	-licence 或-license	显示 dpkg 的许可证
16	-version	显示 dpkg 的版本号
17	-b	建立一个 deb 文件
18	-c	显示一个 deb 文件的目录
19	-I	显示一个 deb 的说明
20	-l	搜索 deb 包
21	-s	报告指定包的状态信息
22	-L	显示一个包安装到系统中的文件目录信息
23	-S	搜索指定包中的文件
24	-p	显示包的具体信息

（2）apt

常用的 apt 实用工具有 apt-get、apt-cache 和 apt-cdrom 等。基本用法如表 2-4 所示。

表 2-4　apt 基本用法

序号	命　令	含　义
1	apt-cache search	搜索包
2	apt-cache show	获取包的相关信息
3	apt-cache depends	了解使用依赖
4	apt-cache rdepends	了解某个具体的依赖
5	apt-get install	安装包
6	apt-get reinstall	重新安装包
7	apt-get -f install	修复安装
8	apt-get remove	删除包
9	apt-get autoremove	删除包及其依赖的软件包配置文件等
10	apt-get update	更新源
11	apt-get upgrade	更新已安装的包
12	apt-get dist-upgrade	升级系统
13	apt-get dselect-upgrade	使用 dselect 升级
14	apt-get build-dep	安装相关的编译环境
15	apt-get source	下载该包的源代码
16	apt-get clean	清理下载文件的存档
17	apt-get autoclean	只清理过时的包
18	apt-get check	检查是否有损坏的依赖

2.4.3　命令行软件包安装

本节我们将以安装 Synaptic(新立得)这一图形化软件包管理工具为例向读者介绍命令行软件包的安装。

首先，打开终端输入命令 sudo apt-get install synaptic，此操作需要输入超级用户的密码，如图 2-98 所示。

图 2-98　安装 Synaptic

按照系统提示输入"Y"确认这一安装，如图 2-99 所示。

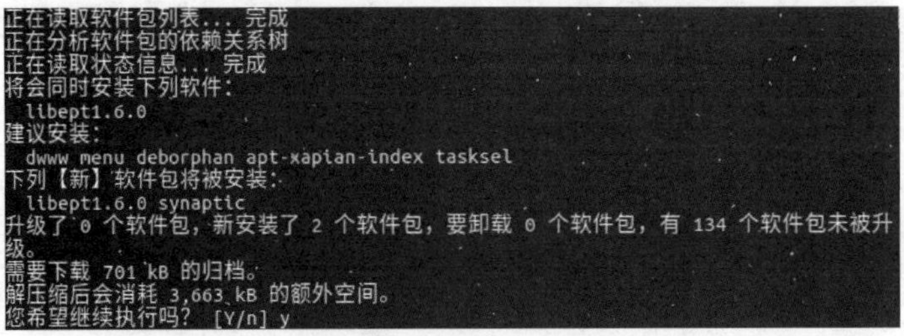

图 2-99　确认安装

回车后开始自动安装，安装结束后出现新的命令行，如图 2-100 所示。

```
获取:1 http://cn.archive.ubuntu.com/ubuntu focal/universe amd64 libept1.6.0 amd6
4 1.1+nmu3ubuntu3 [79.6 kB]
获取:2 http://cn.archive.ubuntu.com/ubuntu focal/universe amd64 synaptic amd64 0
.84.6ubuntu5 [622 kB]
已下载 701 kB，耗时 5秒 (146 kB/s)
正在选中未选择的软件包 libept1.6.0:amd64。
(正在读取数据库 ... 系统当前共安装有 173877 个文件和目录。)
准备解压 .../libept1.6.0_1.1+nmu3ubuntu3_amd64.deb ...
正在解压 libept1.6.0:amd64 (1.1+nmu3ubuntu3) ...
正在选中未选择的软件包 synaptic。
准备解压 .../synaptic_0.84.6ubuntu5_amd64.deb ...
正在解压 synaptic (0.84.6ubuntu5) ...
正在设置 libept1.6.0:amd64 (1.1+nmu3ubuntu3) ...
正在设置 synaptic (0.84.6ubuntu5) ...
正在处理用于 mime-support (3.64ubuntu1) 的触发器 ...
正在处理用于 hicolor-icon-theme (0.17-2) 的触发器 ...
正在处理用于 gnome-menus (3.36.0-1ubuntu1) 的触发器 ...
正在处理用于 libc-bin (2.31-0ubuntu9) 的触发器 ...
正在处理用于 man-db (2.9.1-1) 的触发器 ...
正在处理用于 desktop-file-utils (0.24-1ubuntu3) 的触发器 ...
```

图 2-100　Synaptic 安装完成

Synaptic 安装完成后，我们在搜索栏中搜索 synaptic，找到新立得软件包管理器 ，如图 2-101 所示。

单击该软件后弹出用户认证对话框，如图 2-102 所示，要求输入超级用户的密码验证身份。

图 2-101　搜索 Synaptic　　　　　图 2-102　Synaptic 执行时验证身份

单击【认证】后弹出关于 Synaptic 的快速介绍（Quick Introduction），单击【关闭】后即可查看新立得包管理器的主界面，如图 2-103 所示。用户可以根据自己的需要使用这一软件来管理软件包。

图 2-103　Synaptic 主界面

2.4.4　Ubuntu 软件库

Ubuntu 软件库非常强大，几乎可以满足所有人对软件的安装需求，我们可以在终端输入命令完成各种操作。

（1）查看软件库

在终端输入命令，打开当前软件库中已经安装的 sources.list 资源文件，如图 2-104 所示。

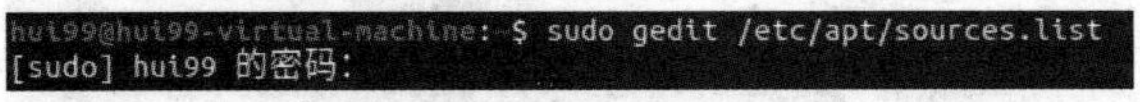

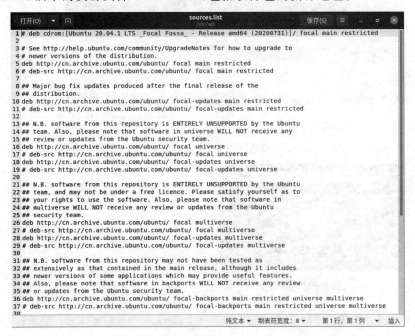

图 2-104　命令查看软件库示意图

如图 2-105 所示的资源文件 sources.list，包括软件包的资源地址。

图 2-105　软件包资源

（2）软件安装

在终端执行命令"sudo apt-get install ＋ 软件名称"，可实现相应软件的安装。

（3）软件卸载

在终端执行命令"sudo apt-get remove ＋ 软件名称"，可实现软件的卸载。

（4）添加软件源

打开 sources.list 文件，在最后一行加入某一软件的源地址，然后保存，这样我们就在 Ubuntu 软件库中添加了一个软件源，以后就可以很方便快捷地进行命令行的软件安装。

（5）更新操作

在终端执行命令 sudo apt-get update，可实现软件列表的更新。

本章小结

本章介绍了如何使用 Ubuntu 20.04 LTS 的图形界面，包括在图形界面下执行登录、注销和关机操作；修改桌面背景、设置日期和时间、管理磁盘和设置网络；访问因特网、使用办公软件、进行图像处理、播放音频和视频；添加、删除和管理软件包。

普通用户如果掌握了本章介绍的内容,完全可以选择 Ubuntu 系统作为首选的桌面操作系统。

习题 2

1. 选择题

(1) 在使用 Ubuntu 之前,需要(   )。

    A. 关机   B. 登录   C. 重启   D. 注销

(2) 若需要从当前账户切换至另一账户,应使用(   )操作。

    A. 登录   B. 关机   C. 重启   D. 注销

(3) 可使用(   )进行字体设置。

    A. apt-get   B. dselect   C. aptitude   D. Tweak Tool

(4) (   )软件属于 Ubuntu 中默认安装的办公软件。

    A. Microsoft Office Word   B. Latex

    C. OpenOffice Calc   D. Microsoft Office PowerPoint

(5) 在 Ubuntu 中可以使用(   )软件对图像进行处理。

    A. GIMP   B. OpenOffice Impress

    C. Rhythmbox   D. Mozilla Firefox Web

(6) Rhythmbox 可以播放(   )格式的音乐文件。

    A. MP3   B. WAV   C. Ogg   D. MP4

(7) (   )级别的软件包优先级最高。

    A. Important   B. Required   C. Optional   D. Standard

(8) (   )属于 Ubuntu 中命令行类的软件包管理工具。

    A. aptitude   B. synaptic   C. dselect   D. dpkg

(9) 我们可以使用 dpkg 的(   )选项来安装某个包。

    A. -i   B. -R   C. -I   D. -r

(10) 在执行关机操作时,系统管理员会通知(   )用户系统将关闭。

    A. root 用户   B. 所有登录的

    C. 所有的   D. 除 root 用户以外的所有

2. 填空题

(1) 如果想要使 Ubuntu 启动后进入字符界面,可将 GRUB_CMDLINE_LINUX_DEFAULT 的值修改为_____。

(2) 如果当前系统有多个用户登录并使用,那么在某个普通用户执行关机操作时,系统将自动弹出"认证"对话框,提示选择系统中具有_____权限的用户,在正确输入密码后才能正常执行关机操作。

(3) 在 Ubuntu 系统中,任何高优先级的软件包都_____低优先级的软件包。

(4) 为了记录用户的安装行为,Ubuntu 对软件包定义了两种状态:_____和当前状态。

(5) 在 Ubuntu 软件包的期望状态中,未知(unknown)状态的标识为_____。

（6）在 Ubuntu 软件包的当前状态中，＿＿＿＿＿＿＿＿＿＿状态的标识为 n。

（7）软件包管理工具大致可分为 3 类，即命令行、文本窗口和＿＿＿＿＿＿＿＿＿＿。

（8）在终端中执行命令"sudo apt-get ＿＿＿＿＿＿＿＿＿＿ ＋ 软件名称"，可实现相应软件的安装。

（9）在终端中执行命令"sudo apt-get remove ＋ 软件名称"，可实现软件的＿＿＿＿＿＿＿＿。

（10）在终端中执行命令"sudo apt-get ＿＿＿＿＿＿＿＿＿＿"，可实现软件列表的更新。

3．简答题

（1）简要描述如何使用图形化界面重启 Ubuntu 系统。

（2）列举至少 3 个 Ubuntu 系统中的应用软件。

（3）简要描述如何使用图形化界面手动锁定屏幕。

（4）列举 3 个 Ubuntu 系统中的软件包管理工具。

（5）分别解释期望状态和当前状态的含义。

第3章 Ubuntu字符界面

Ubuntu 不但为用户提供了友好的图形界面,而且提供了功能强大的字符界面。在第 2 章中,读者学习了在图形界面下使用 Ubuntu 进行日常操作,本章将在 Ubuntu 的字符界面下介绍各种基本命令。具体包括用户的登录和注销、文件和目录的操作,以及如何进行磁盘管理、如何获取帮助及其他常用命令。

本章学习目标

- 熟练掌握字符界面常用的登录和注销命令,如 login、logout、halt 和 shutdown 等;
- 熟练掌握字符界面常用的目录与文件命令,如 ls、cd、rm 和 mv 等;
- 熟练掌握字符界面常用的文件内容显示命令,如 cat、more、less、head 和 tail 等;
- 熟练掌握字符界面常用的文件内容处理命令,如 sort、grep、diff、wc 和 cut 等;
- 掌握字符界面常用的文件查找命令,如 find、locate、whereis 和 which 等;
- 掌握字符界面常用的磁盘管理命令,如 df、du、mount 和 unmount 等;
- 掌握字符界面常用的备份压缩命令,如 zip、unzip、gzip、gunzip 和 bzip2 等;
- 了解字符界面常用的获得帮助命令,如 man、whatis、help 和 info 等;
- 了解字符界面常用的其他命令,如 clear、echo、date 和 history 等。

3.1 Ubuntu 命令简介

Ubuntu 的命令可根据不同的分类标准进行分类,若从其与 Shell 程序的关系这一标准来分类,可分为内部命令和外部命令。内部命令常驻内存,它们是 Shell 程序的一部分,这些命令由 Shell 程序识别并可在其内部完成运行;外部命令是 Ubuntu 系统中的实用程序,它通常不被包含在 Shell 中,和内部命令相比,其使用频率较低,因此仅在用户需要使用时才将其调入内存,而不像内部命令那样常驻内存。

本章将日常使用的 Ubuntu 命令按功能粗略地分为以下八大类:

(1) 登录与注销:本功能包含的典型命令有用户登录、用户注销、用户登录口令的修改、系统启动与关闭。

(2) 目录与文件:对工作目录的操作主要包括创建、移动、复制、删除和显示当前工作目录,对文件的操作则包括移动、复制与删除。

(3) 文件内容显示:Ubuntu 可提供多种方式显示文件内容,包括分页往后显示文件,分页自由显示文件,指定显示文件的前、后若干行。

（4）文件内容处理：对文件内容进行处理是 Ubuntu 十分重要的功能之一，大致包括文件内容的排序、查重，不同文件的比较，以及对文件内容进行剪切、粘贴和统计。

（5）文件查找：文件查找功能是 Ubuntu 日常使用时最为频繁的操作之一，分别包括在硬盘和数据库中查找文件或目录。

（6）磁盘管理：对磁盘进行高效管理是 Ubuntu 日常使用中必不可少的功能之一，具体包括检查、统计磁盘空间的占用情况，检查和关闭磁盘的使用空间限制、挂载与卸载文件系统。

（7）备份压缩实用程序：备份压缩是 Ubuntu 中十分重要的功能之一，典型的实用程序有 zip、unzip 和 zipinfo，gzip、gunzip 和 gzexe，bzip2、bunzip2 和 bzip2recover，compress 和 uncompress，uuencode 和 undecode，dump 和 jar。

（8）其他命令：无法纳入上述 7 项，但日常使用较为频繁的命令主要包括显示文本、显示日期和时间、查看和终止进程、显示最近登录系统的用户信息和历史命令（或称指令）等。

接下来，我们将按上述分类对 Ubuntu 命令进行介绍。

3.2   登录与注销

本节将介绍在 Ubuntu 字符界面下如何登录系统、注销用户、退出当前 Shell、修改登录口令、关闭及重启系统。

3.2.1   用户登录

在上一章中我们学习了如何在 Ubuntu 图形界面下通过输入用户名和密码登录系统，若用户名和密码正确无误，则用户在图形化界面成功登录系统后默认将显示如图 3-1 所示。

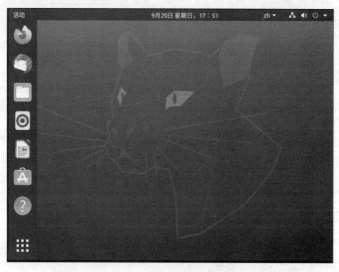

图 3-1   用户成功登录 Ubuntu 系统后的桌面

此时，用户同时按下"Ctrl＋Alt＋F1"将打开 Ubuntu 字符界面，提示输入用户名和密码，如图 3-2 所示。

接下来，输入用户名（默认使用安装系统时的用户名）并按 Enter 键，系统提示输入密码

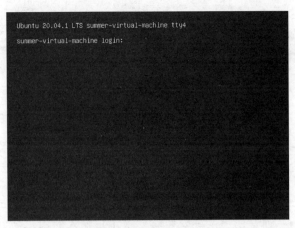

图 3-2　Ubuntu 字符界面下的登录窗口

（默认使用系统安装时设定的密码），输入密码时默认不显示所输入的字符（此时用户只需键入与当前用户名对应的密码即可，请注意这是 Ubuntu 系统的一大特色，而非 bug。此举可有效应对当前用户输入密码时旁人偷窥而导致的密码泄露问题）。无论是输入的用户名错误还是密码错误，系统均提示"Login incorrect"，如图 3-3 所示。

　　仅当用户名存在且和输入的密码对应并正确时，才会进入如图 3-4 所示的成功登录系统的界面。系统将显示当前用户最后一次登录的时间、当前 Ubuntu 的版本号以及可用的更新等相关信息。

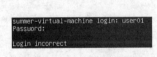

图 3-3　登录失败界面　　　　　　　　　图 3-4　登录成功界面

　　注意：在 Ubuntu 系统中默认是不允许 root 登录的，因为它具有最高权限，默认不被用来登录系统。

　　我们在使用时通常仅能以普通用户和访客的身份登录系统，如果希望以 root 身份登录系统，那么需要按以下步骤进行操作：

　　（1）普通用户登录后，按下"Ctrl＋Alt＋F1"打开新窗口或者"Ctrl＋Alt＋T"打开一个新终端。

　　（2）如果用户在安装 Ubuntu 系统时没有设置 root 用户的密码，则须执行以下命令设置 root 用户的密码。

```
sudo passwd root
```

　　在用户两次输入相同的为 root 用户设置的密码后，将会提示"passwd：password updated successfully"，这表明 root 用户密码设置成功。

　　（3）在新窗口或者新终端输入 su，再输入 root 用户登录的密码，按 Enter 键即可进入

root 用户权限模式。

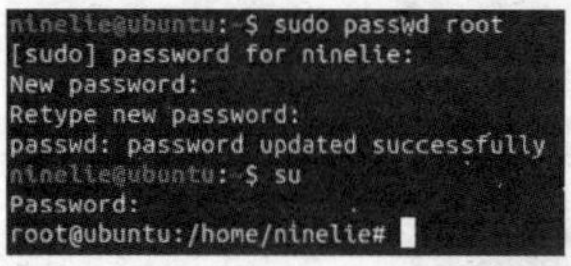

图 3-5　设置 root 用户密码并进入
root 模式

上述为 root 用户设置密码并登录的过程如图 3-5 所示。

从图中可以看到，当前用户由普通用户变成 root 用户。

无论是通过打开新窗口还是新终端登录 Ubuntu 系统，用户都只有成功登录之后，才可以在字符界面下使用该系统。由于 root 具有系统操作的最高权限，为了避免使用 root 进行操作时可能导致的系统文件被修改或者删除，甚至对系统造成不可恢复的影响，如修改配置文件导致系统无法启动、删除分区信息导致系统崩溃。我们强烈建议用户在日常使用 Ubuntu 系统时只要有可能，均不使用 root 账户，而是使用系统安装时要求用户输入的用户名（默认用户）和密码来进行操作。

通常除了使用默认用户进行日常操作以外，我们还需要为其他有可能临时使用该系统的用户创建一些账户，并使用这些账户登录系统进行各种操作，具体如下。

（1）使用 useradd 命令创建临时账户

root 用户可以通过执行以下命令来创建临时账户 useraddtest，效果如图 3-6 所示。

useradd useraddtest

（2）使用 adduser 命令创建临时账户

root 用户可以通过执行以下命令来创建临时账户 addusertest，效果如图 3-7 所示。

adduser addusertest

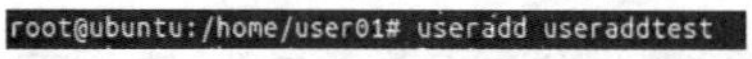

图-6　使用 useradd 命令创建临时账户

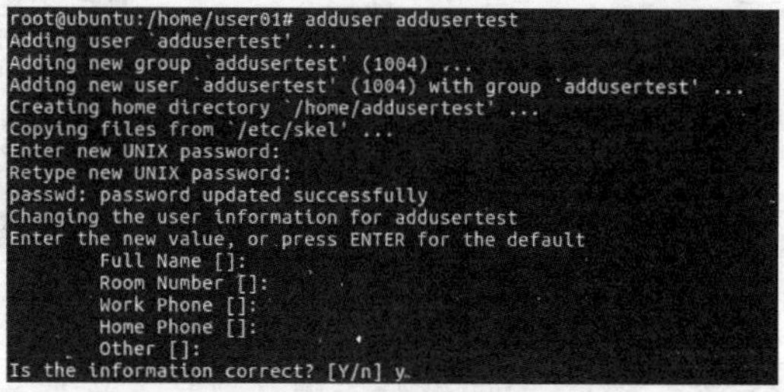

图 3-7　使用 adduser 命令创建临时账户

根据系统提示输入新用户的信息，包括密码、全名、电话号码等，最后系统提示是否输入正确，输入 Y 则代表确认无误，n 则代表重新输入。

注意：useradd 和 adduser 命令都可以创建账户，但是两者是有区别的。

① 在使用 useradd 创建用户时不会在/home 下自动创建与该账户的用户名同名的用户目录，而且不会自动选择 Shell 版本，也不会设置密码，因此这个账户创建和默认是不能被立即使用的，而是需要使用 passwd（后续我们将介绍此命令）修改密码后才可使用。

② 在使用 adduser 创建账户时则不存在上述问题，即账户创建后可以立即使用。需要特别留意的是，一般用户不具有创建账户的权限，需要使用 root 账户才能完成上述创建账户的操作。创建账户完成后，即可使用这个账户的用户名和密码进行登录。

（3）使用 login 实现登录和不同账户间的切换

执行以下命令：

```
login
```

效果如图 3-8 所示。

如果要由 root 切换至该用户，使用 login 命令即可进入登录界面，正确输入用户名和密码后即可对对应的账户进行操作。

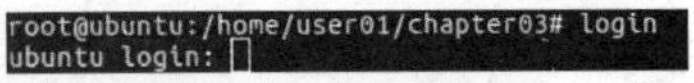

图 3-8　login 命令切换账户

3.2.2　用户注销

在 Ubuntu 系统中注销命令是 logout。登录系统后，若要离开系统，用户只要直接下达 logout 命令即可，注销后重新返回登录命令行。

用户可执行以下注销命令。

```
logout
```

该命令执行后的效果如图 3-9 所示。

注意：logout 命令只在命令行界面使用，如果在 Shell 中使用该命令，那么系统会出现如图 3-10 所示的提示信息。

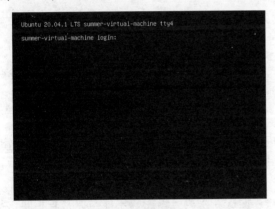

图 3-9　用户注销

图 3-10　Shell 下执行 logout 命令的提示

3.2.3　退出当前 Shell

使用 login 登录系统，在退出系统时我们可以选择 exit 或者 logout，这两者之间有区别吗？对于大部分系统来说这两者之间是没有区别的，但其实 logout 命令的主要功能是注销用户，而 exit 命令则是退出控制台。

（1）按下"Ctrl＋Alt＋T"打开一个 Shell 窗口，效果如图 3-11 所示。

图 3-11　退出当前 Shell

（2）打开该 Shell 窗口之后，我们输入以下命令并按 Enter 键执行之。

exit

在 Shell 窗口执行 exit 命令后的效果如图 3-12 所示。

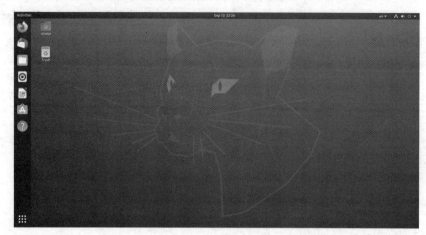

图 3-12　退出 Shell

可以看到，执行 exit 命令后，系统退出并关闭了当前 Shell 窗口，返回到图形界面的桌面，而当前账户并没有发生任何改变。

3.2.4　修改登录口令

在实际使用 Ubuntu 系统时，如果用户需要修改登录的口令，可以使用 passwd 命令。执行以下命令：

passwd user01

效果如图 3-13 所示，系统要求用户输入当前密码，如果该密码正确则会提示用户输入新密码，否则会出现如图 3-13 所示的"Authentication token manipulation error"的提示，此时用户修改密码失败。

若用户输入原密码正确，则要求重复输入两次新密码且新密码不能与原密码相同，否则如图 3-14 所示。此时系统提示原密码未被修改（Password unchanged），并要求用户再次输入新密码。

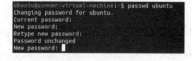

图 3-13　输入错误原密码的提示　　图 3-14　新密码与旧密码相同时出现的提示

如果两次输入的新密码不一致，那么会出现如图 3-15 所示的情况。此时系统提示"password do not match"，此时用户修改密码失败。

正确完成所有输入后，如果出现如图 3-16 所示的"password updated successfully"的提示，那么表示用户成功修改密码。

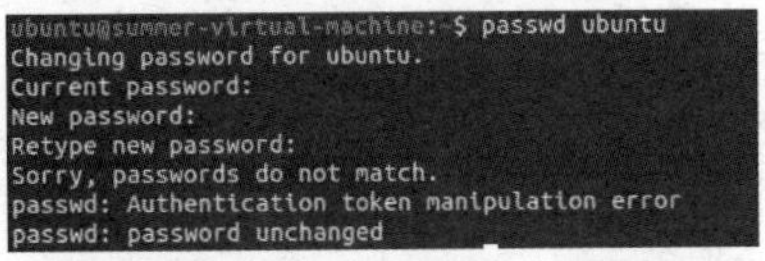

图 3-15　因两次输入的新密码不一致而出现的提示　　图 3-16　成功修改密码

3.2.5　关闭系统

有些用户会使用直接关掉电源的方式来关闭 Ubuntu 系统，这是十分危险的。因为 Ubuntu 后台运行着许多进程，所以强制关机可能会导致这些进程中的数据丢失，进而使系统处于不稳定的状态，甚至在有的系统中会损坏硬件设备。

Ubuntu 系统中有一些常用的关机命令如 shutdown(-h)、halt 及 poweroff，它们都可以关闭系统。执行上述关机命令后，系统将自动关闭所有进程并关机，接下来我们来学习这些关机命令。

（1）首先执行以下命令。

halt

halt 命令执行后，系统并没有如我们所想的那样自动关闭，而是出现了如图 3-17 所示的提示。这是因为 halt 命令只有 root 用户才可以执行，普通用户无权使用该命令。此时我们只需使用前面介绍过的 su 命令切换至 root 用户即可。

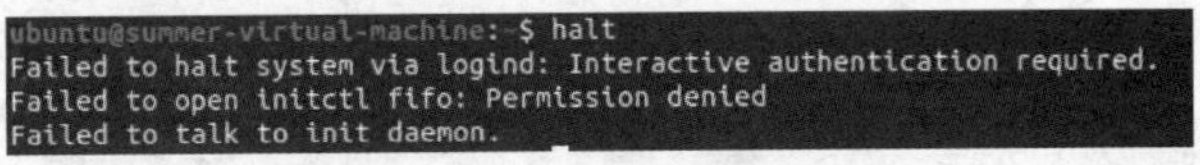

图 3-17　halt 命令执行后的提示

注意：使用普通用户执行该命令时，会弹出认证对话框，若输入相应的密码，则会自动关闭系统。

（2）切换至 root 用户后再次执行以下命令。

halt

命令成功执行后，系统将会在关闭所有进程后自动关机。

（3）开机后登录系统并打开新终端，同时执行以下命令。

shutdown – h 10

系统将在 10 分钟后自动关机，如图 3-18 所示。如果想取消自动关机，则在关机前输入 shutdown -c 即可。

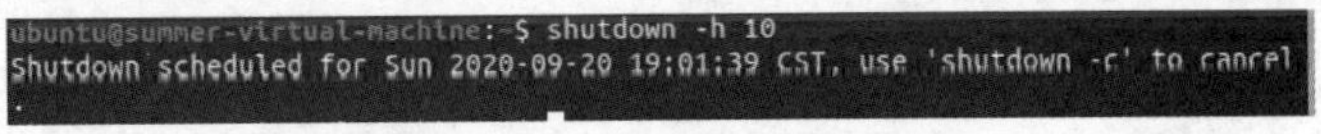

图 3-18　设置 10 分钟后自动关机

（4）最后，我们尝试输入 poweroff 命令以实现系统的关闭。

poweroff

该命令执行后，将会得到与以 root 用户去执行 halt 命令的相同结果，即系统将会自动关闭。

3.2.6　重启系统

当需要对系统进行重启的时候可以使用重启命令 shutdown(-r)、init 和 reboot。

（1）首先执行以下命令。

shutdown − r 10

该命令执行后的效果如图 3-19 所示。

图 3-19　设置 10 分钟后自动重启

这条命令的意思是系统将在 10 分钟后自动重启。如果想取消自动重启，那么在重启前输入 shutdown -c 命令即可。

（2）继续输入 init 命令实现重启。

init 6

该命令执行完成后，系统将自动重启。

init 命令除了加上参数 6 可以实现重启以外，还有如表 3-1 所示的几个级别，它们具有不同的功能。

表 3-1　init 命令参数及其对应的功能

参数	功　能	参数	功　能
0	停机	4	图形化
1	单用户模式	5	安全模式
2	多用户，不能使用 net file system	6	重启
3	完全多用户		

（3）最后，使用 reboot 命令对系统进行重启，执行以下命令。

reboot

该命令执行后，会得到与 init 6 命令相同的结果，即系统将自动重启。

3.3　目录与文件

在完成上一节的学习之后，用户可以在 Ubuntu 字符界面下登录系统。在用户使用该系统时，会频繁地对目录与文件进行操作，本节将介绍目录与文件相关的 Shell 命令，包括显示、更改、创建和删除工作目录，移动、复制、删除、创建目录或文件等。

3.3.1　显示当前工作目录

用户在字符界面下进行操作时，通常无法知道当前所在的目录，此时可以使用 pwd 命令来显示当前工作目录的完整路径。

请执行以下命令。

pwd

该命令没有任何选项和参数，执行后将显示完整路径，效果如图
3-20 所示。

```
user01@ubuntu:~$ pwd
/home/user01
```

图 3-20　显示当前目录

可以看到，系统显示完整路径为"/home/user01"。

3.3.2　更改工作目录

cd 命令是 Ubuntu 中较为基本的目录操作命令之一，用户可以使用此命令改变当前工作目录，即从当前工作目录切换至 cd 命令中参数指定的目录。

（1）首先执行以下命令。

cd chapter03

该命令执行后的效果如图 3-21 所示。

（2）cd 命令执行完毕后，系统已切换至指定目录，输入以下命令可以查看。

```
user01@ubuntu:~$ cd chapter03
user01@ubuntu:~/chapter03$
```

图 3-21　更改工作目录

pwd

效果如图 3-22 所示，可以看到，刚刚执行的 cd 命令成功地将当前目录由"/home/user01"更改为"/home/user01/chapter03"。

（3）如图 3-23 所示，如果用户想要从当前目录切换至一个并不存在的目录 chapter033，那么命令将无法正确执行，并出现"No such file or directory"的提示。

```
user01@ubuntu:~/chapter03$ pwd
/home/user01/chapter03
```

图 3-22　查看当前目录

```
user01@ubuntu:~$ cd chapter033
-bash: cd: chapter033: No such file or directory
```

图 3-23　切换至不存在的目录出现的系统提示

3.3.3　创建工作目录

在 Ubuntu 下，我们可以使用 mkdir 命令创建目录，若执行成功，它会在当前目录下创建新的目录。

（1）首先执行以下命令。

mkdir chapter03

该命令执行后的效果如图 3-24 所示。

如果在当前目录下用户想要创建的目录已经存在，那么将无法成功执行该命令，并且会出现如图 3-25 所示的系统提示。

```
user01@ubuntu:~$ mkdir chapter03
```

图 3-24　创建目录

```
user01@ubuntu:~$ mkdir chapter03
mkdir: cannot create directory 'chapter03': File exists
```

图 3-25　创建的文件夹已存在的提示

若用户想创建的目录在当前目录下不存在，那么在创建目录命令成功执行后，系统并不会出现任何提示。

（2）我们可以在当前目录下使用 mkdir 命令，并使用相对路径创建目录。请执行以下命令。

mkdir ./chapter03/chapter030303 或 mkdir chapter03/chapter030303

执行后出现如图 3-26 所示的提示，这是因为普通用户没有权限，需要使用 root 账户进

行操作。

```
user01@ubuntu:~$ mkdir ./chapter03/chapter030303
mkdir: cannot create directory '/chapter03/chapter030303': Permission denied
```

图 3-26 相对路径创建目录

（3）使用 su 命令切换至 root 用户后，再次执行以下命令。

mkdir ./chapter03/chapter030303 或 mkdir chapter03/chapter030303

效果如图 3-27 所示，我们成功地在 chapter03 目录下创建了目录 chapter030303。

```
root@ubuntu:/home/user01# mkdir ./chapter03/chapter030303
```

图 3-27 以相对路径方式创建目录

使用相对路径后，我们不用转换目录就可以在任何具有读写权限的文件夹里创建目录。

（4）我们也可以同时创建多个目录，比如我们要创建的目录 chapter030301、chapter030302 和 chapter030303，请执行以下命令。

mkdir chapter030301 chapter030302 chapter030303

从图 3-28 可以看到，这 3 个目录将同时被创建。

```
user01@ubuntu:~$ mkdir chapter030301 chapter030302 chapter030303
```

图 3-28 同时创建多个目录

注意：使用 mkdir 命令操作时，若硬盘空间已满，则无法正确执行此操作，系统会给出相应提示。

3.3.4 删除工作目录

在 Ubuntu 系统中，我们可以使用 rmdir 命令删除一个空目录。

（1）首先在当前目录下执行 ls 命令查看所有目录和文件，效果如图 3-29 所示。

```
user01@ubuntu:~$ ls
chapter03      chapter3.1  Desktop    examples.desktop  Public
chapter030301  chapter3.2  Documents  Music             Templates
chapter030302  chapter3.3  Downloads  Pictures          Videos
```

图 3-29 显示当前目录下所有目录和文件

（2）然后执行以下命令删除目录。

rmdir chapter03

该命令执行后的效果如图 3-30 所示。

（3）再次执行 ls 命令列出所有文件和目录。

ls

该命令执行后的效果如图 3-31 所示，可以看到，chapter03 这个目录已经被删除，说明命令执行成功。

```
user01@ubuntu:~$ rmdir chapter03
```

图 3-30 删除工作目录

```
user01@ubuntu:~$ ls
chapter04      chapter3.3  Downloads         Pictures   Videos
chapter3.1     Desktop     examples.desktop  Public
chapter3.2     Documents   Music             Templates
```

图 3-31 显示当前目录下所有目录和文件

（4）需要注意的是，若用户想要删除的目录不存在时，则不能成功执行 rmdir 命令，而是会出现如图 3-32 所示的"No such file or directory"的提示。

图 3-32　删除不存在的目录出现的系统提示

3.3.5　移动目录或文件

如果在 Ubuntu 系统中想让一个目录向另一个目录移动文件，或对某一文件进行重命名操作，可以使用 mv 命令。该命令的功能是把文件移动到指定的目录或对文件进行重命名。

（1）首先使用 mkdir 命令创建一个名为 chapter030305 的目录，然后使用 touch 命令（该命令在后续章节将会进行介绍）创建一个名为 ex030305 的文件，命令如下。

```
mkdir chapter030305
touch ex030305
```

（2）然后执行 ls 命令列出所有文件和目录，如图 3-33 所示。

图 3-33　显示当前目录下所有目录和文件

（3）接下来执行以下命令。

```
mv ex030305 chapter030305
```

（4）我们可以使用 ls 命令查看当前目录，再使用 cd 命令切换至 chapter030305 目录，最后执行 ls 命令查看 chapter030305 目录中的文件，具体如下。

```
ls
cd chapter030305
ls
```

从图 3-33 中可以看到当前工作目录下存在名为 ex030305 的文件，执行 ls 和 mv 命令后，效果如图 3-34 所示，这也就是说我们成功地将当前工作目录下的 ex030305 文件移动到了当前工作目录的子目录 chapter030305 中。

图 3-34　查看文件原目录和新目录下的文件

（5）需要注意的是，若用户想要将 ex030305 移动至不存在的目录 chapter030306 中时，该操作并不能成功执行，而是会出现如图 3-35 所示的"Not a directory"的提示。

图 3-35　移动文件至不存在的目录时出现的提示

注意：mv 命令也可用于文件的重命名操作，读者可自行尝试。

3.3.6　复制目录或文件

在 Ubuntu 系统中复制是十分重要的操作之一，使用 cp 命令可以实现目录或文件的复制，请读者按以下步骤进行。

（1）首先在当前目录下执行 ls 命令查看所有目录和文件，效果如图 3-36 所示。

图 3-36　显示当前目录下的所有目录和文件

（2）然后使用 mkdir 命令创建一个名为 chapter030306 的目录，再使用 touch 命令创建一个名为 ex030306 的文件，具体如前所述。

（3）创建 chapter030306 目录和 ex030306 文件后，在当前目录下执行以下命令。

```
cp ex030306 ./chapter030306
```

或

```
cp ex030306 chapter030306
```

此命令执行后，并没有复制文件到 chapter030306 目录中，而是出现如图 3-37 所示的提示。

图 3-37　执行 cp 命令时系统提示无权限

（4）切换至 root 用户后再次执行上述命令。

```
cp ex030306 ./chapter030306
```

或

```
cp ex030306 chapter030306
```

（5）在当前目录中使用 ls 命令查看目录中的所有文件，再切换至 chapter030306 目录下执行 ls 命令查看所有文件，执行如下命令。

```
ls
cd chapter030306
ls
```

上述命令执行后的效果如图 3-38 所示。

图 3-38　查看 cp 命令执行情况

命令执行后，我们可以发现 chapter03 目录下的 ex030306 文件依然存在，而 chapter030306 目录下多了一个内容和 ex030306 完全相同的文件，说明复制命令执行成功。

（6）cp 命令还可以复制一个文件后并重命名，那么当前目录下就存在原文件和重命名后的原文件，命令如下。

```
cp ex030306 ex030306_01
```

```
ls
```

该命令执行后的效果如图 3-39 所示。

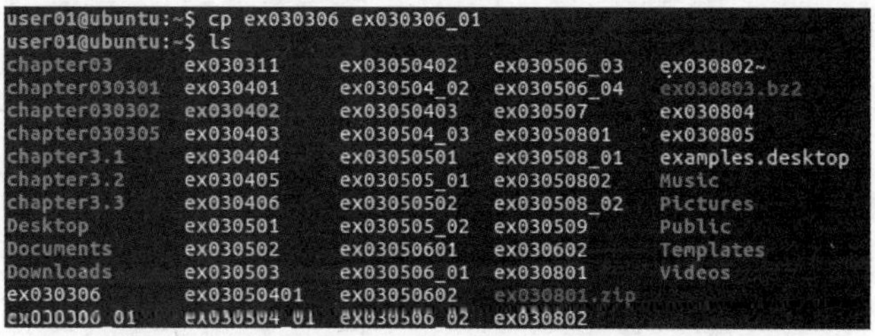

图 3-39 使用 cp 命令复制并重命名新文件

可以看到,命令执行后,ex030306 依然存在,而它的复制文件也被在当前目录创建,并被重命名为"ex030306_01"。

3.3.7 删除目录或文件

在 Ubuntu 中很多人仍然习惯用 rmdir 执行删除目录这一任务,但是 rmdir 命令只能删除空目录(即目录下不包含任何文件和子目录),如果被删除的目录不是空目录,那么将无法使用该命令完成这一操作。

(1) 首先使用 ls 命令查看 chapter030305 目录下的文件和子目录,发现该目录下有一名为 ex030305 的文件,如图 3-40 所示。

(2) 然后执行 rmdir 命令试图删除 chapter030305 文件夹,会发现系统出现如图 3-41 所示的提示,即"Directory not empty"。我们只需清空该目录内的所有文件(包括子目录及子目录下的所有文件),即可正确执行该命令。

图 3-40 显示 chapter030305 文件夹内的文件和子目录

图 3-41 使用 rmdir 命令删除含有文件的目录时出现的提示

(3) 若一个目录中既含有文件又含有子目录,那么如果想删除该目录,就得删除该目录下所有文件和子目录(此时子目录必须为空),若子目录不为空,则需递归删除之,会耗费大量的时间和精力。使用 rm -rf 命令则可跳过这一步骤直接删除目录。首先,执行以下命令查看当前目录和 chapter03 目录下的文件及目录,效果如图 3-42 所示。

```
ls
cd chapter03
ls
```

图 3-42 查看当前目录和 chapter03 目录下的文件及目录

(4) 再执行 cd .. 命令回到前一目录下。

```
cd ..
```

（5）然后，执行 rm -rf 命令删除 chapter03 目录及其目录下所有文件和目录。

rm – rf chapter03

（6）最后，执行 ls 命令，查看文件和目录，如图 3-43 所示。

ls

```
user01@ubuntu:~$ ls
chapter030301   chapter3.2   Documents   examples.desktop   Public
chapter030302   chapter3.3   Downloads   Music              Templates
chapter3.1      Desktop      ex030305    Pictures           Videos
```
图 3-43　删除指定目录

可以发现 chapter03 目录已经不存在了，并且文件夹内的文件和文件夹都被删除了，说明命令执行成功。

注意：使用 rm -rf 命令的时候一定要格外小心，因为使用该命令删除的文件是不放入 Ubuntu 系统的回收站的，因此若想恢复这些被删除的文件有些困难。

3.3.8　创建文件或修改时间

在 Ubuntu 中我们经常使用 touch 命令创建一个文件，此命令也可更改文档或目录的日期时间。

（1）首先执行 ls 命令查看当前工作目录下的所有文件，具体如下。

ls

效果如图 3-44 所示。

```
user01@ubuntu:~$ ls
chapter03       chapter030305   chapter3.3   Downloads          Music      Templates
chapter030301   chapter3.1      Desktop      ex030311           Pictures   Videos
chapter030302   chapter3.2      Documents    examples.desktop   Public
```
图 3-44　查看当前工作目录下的所有文件

命令执行后，可以看到当前工作目录下不存在名为 ex030308 的文件。

（2）然后执行 touch 命令创建一个名为 ex030308 的文件，并查看当前工作目录下的所有文件，具体如下。

touch ex030308
ls

命令执行后可以看到文件创建成功，效果如图 3-45 所示。

```
user01@ubuntu:~$ touch ex030308
user01@ubuntu:~$ ls
chapter03       chapter3.1   Desktop     ex030305           Music      Templates
chapter030301   chapter3.2   Documents   ex030308           Pictures   Videos
chapter030302   chapter3.3   Downloads   examples.desktop   Public
```
图 3-45　touch 命令创建文件

（3）若想使用 touch 命令修改文件最后被编辑的时间，那么就得加上-at 参数。在修改前先查看一下该文件最后被编辑的时间和访问的时间。

可执行如下命令用来查看 ex030308 这一文件最后被编辑的时间和访问的时间，效果如图 3-46 所示。

ls – l ex030308
ls – lu ex030308

```
user01@ubuntu:~$ ls -l ex030308
-rw-rw-r-- 1 user01 user01 0 May  8 22:19 ex030308
user01@ubuntu:~$ ls -lu ex030308
-rw-rw-r-- 1 user01 user01 0 May  8 22:19 ex030308
```

图 3-46　查看文件被编辑的时间和访问的时间

（4）接着，可执行如下命令将文件的最后访问时间修改为 4 月 1 日 10 点 11 分。

touch － at 04011011 ex030308

（5）执行如下命令可查看更新后的文件的最后被编辑时间和访问时间。

ls － l ex030308
ls － lu ex030308

该命令执行后的效果如图 3-47 所示。

```
user01@ubuntu:~$ touch -at 04011011 ex030308
user01@ubuntu:~$ ls -l ex030308
-rw-rw-r-- 1 user01 user01 0 May  8 22:19 ex030308
user01@ubuntu:~$ ls -lu ex030308
-rw-rw-r-- 1 user01 user01 0 Apr  1 10:11 ex030308
```

图 3-47　修改最后访问时间并显示最后被编辑的时间和访问的时间

从图中可以看到，上述文件最后被编辑的时间没有变动，但是最后访问的时间通过执行上述命令已被修改。

3.3.9　查看目录和文件

查看目录和文件的命令是 ls，它在 Ubuntu 中是使用频率较高的命令。ls 命令的输出信息可以进行彩色加亮显示，以区分不同类型的文件，下面介绍几种常见的用法。

（1）执行以下命令查看目录和文件。

ls

该命令执行后的效果如图 3-48 所示。

```
user01@ubuntu:~$ ls
chapter03      chapter3.1  Desktop    ex030305         Music     Templates
chapter030301  chapter3.2  Documents  ex030308         Pictures  Videos
chapter030302  chapter3.3  Downloads  examples.desktop Public
```

图 3-48　查看目录和文件

（2）执行以下命令可以查看所有文件（包括以“.”开头的隐藏文件）。

ls － a

该命令执行后的效果如图 3-49 所示。

```
user01@ubuntu:~$ ls -a
               chapter030301  .config    examples.desktop  .profile
.              chapter030302  Desktop    .gconf            Public
.bash_history  chapter030303  .dmrc      .gnupg            Templates
.bash_logout   chapter3.1     Documents  .ICEauthority     Videos
.bashrc        chapter3.2     Downloads  .local            .Xauthority
.cache         chapter3.3     ex030311   Music             .xsession-errors
chapter03      .compiz        ex030401   Pictures          .xsession-errors.old
```

图 3-49　查看所有文件（包括隐藏文件）

（3）执行以下命令可以显示文件索引节点号。

ls － i

该命令执行后的效果如图 3-50 所示。

（4）执行以下命令可以列出文件的详细信息，如创建者、创建时间、文件的读写权限列表等。

```
ls - l
```

该命令执行后的效果如图 3-51 所示。

图 3-50　显示文件索引节点号

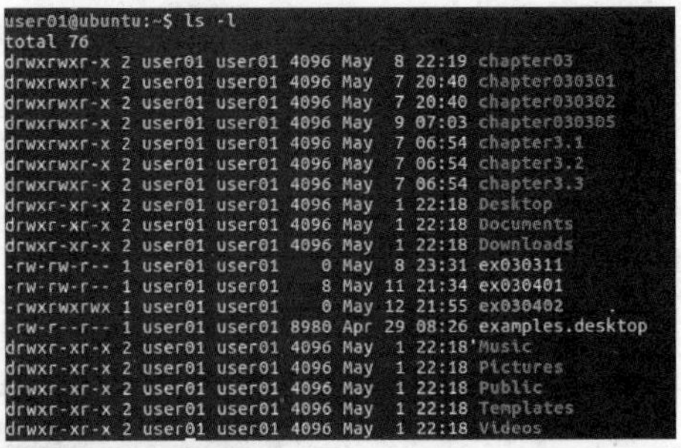

图 3-51　列出文件的详细信息

（5）执行以下命令可以用"，"号区隔每个文件和目录的名称。

```
ls - m
```

该命令执行后的效果如图 3-52 所示。

图 3-52　用"，"号区隔每个文件和目录的名称

（6）执行以下命令可以列出当前工作目录下的所有文件和子目录。

```
ls - R
```

该命令执行后的效果如图 3-53 所示。

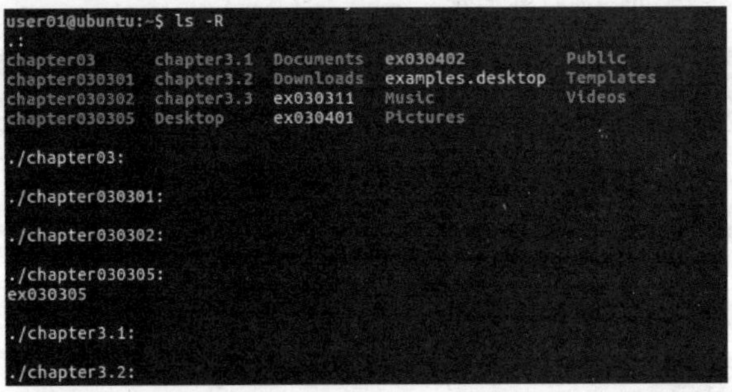

图 3-53　列出当前工作目录下的所有文件和子目录

3.3.10　以树状图列出目录内容

使用 tree 命令可以列出目录内容，但以默认方式安装的 Ubuntu 系统并不包含这个命令，所以需要按以下步骤安装后才能使用。

（1）使用 root 账户执行如下命令。

```
sudo apt - get install tree
```

该命令执行后，系统将自动进行安装，出现如图 3-54 所示的提示信息说明安装成功。

图 3-54　安装 tree 命令

注意：执行该安装命令时若提示"dpkg was interrupted, you must manually run 'sudo dpkg --configure -a' to correct the problem"，则请按该提示在命令窗口执行"sudo dpkg --configure -a"，然后再重新执行上述安装命令"sudo apt-get install tree"。

（2）tree 命令安装成功后，当前用户默认为 root，需使用 login 命令切换至普通用户，并在当前工作目录中执行以下命令。

```
tree - l
```

该命令执行后的效果如图 3-55 所示。

（3）执行以下命令可以查看所有文件（包括以"."开头的隐藏文件）。

```
tree - a
```

该命令执行后的效果如图 3-56 所示。

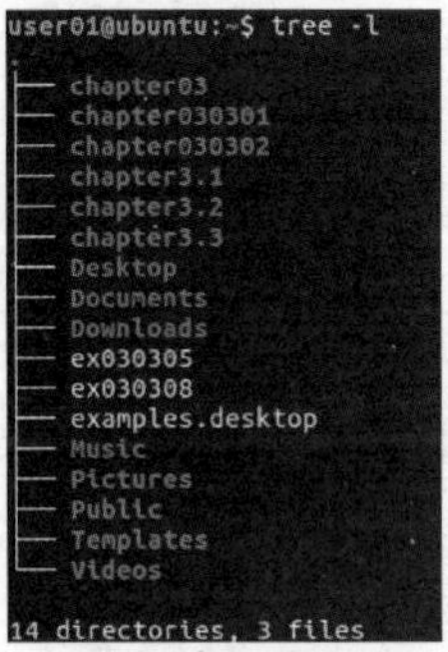

图 3-55　生成目录树结构 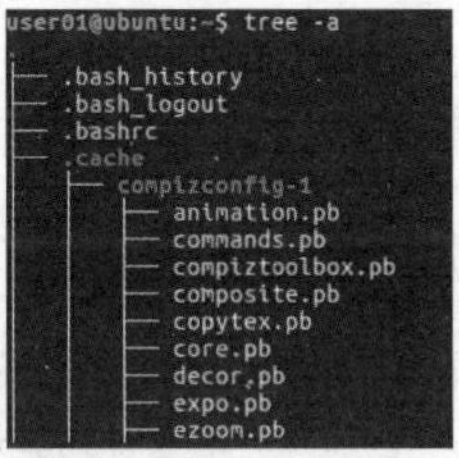　　图 3-56　查看所有文件（包括以"."开头的隐藏文件）

（4）执行以下命令将不以阶梯状列出文件或目录名称。

```
tree - i
```

该命令执行后的效果如图 3-57 所示。

（5）执行以下命令可以列出文件或目录大小。

```
tree - s
```

该命令执行后的效果如图 3-58 所示。

（6）执行以下命令可以按文件和目录的更改时间排序。

```
tree - t
```

该命令执行后的效果如图 3-59 所示。

```
user01@ubuntu:~$ tree -i
chapter03
chapter030301
chapter030302
chapter030305
ex030305
chapter3.1
chapter3.2
chapter3.3
Desktop
Documents
Downloads
ex030311
ex030401
examples.desktop
Music
Pictures
Public
Templates
Videos

15 directories, 4 files
```

图 3-57　不以阶梯状列出文件
或目录名称

```
user01@ubuntu:~$ tree -s
[    4096]  chapter03
[    4096]  chapter030301
[    4096]  chapter030302
[    4096]  chapter030305
[       0]  ex030305
[    4096]  chapter3.1
[    4096]  chapter3.2
[    4096]  chapter3.3
[    4096]  Desktop
[    4096]  Documents
[    4096]  Downloads
[       0]  ex030311
[       8]  ex030401
[    8980]  examples.desktop
[    4096]  Music
[    4096]  Pictures
[    4096]  Public
[    4096]  Templates
[    4096]  Videos

15 directories, 4 files
```

图 3-58　列出文件或
目录大小

```
user01@ubuntu:~$ tree -t
examples.desktop
Desktop
Documents
Downloads
Music
Pictures
Public
Templates
Videos
chapter3.1
chapter3.2
chapter3.3
chapter030301
chapter030302
chapter03
ex030311
chapter030305
    ex030305
ex030401

15 directories, 4 files
```

图 3-59　按文件和目录的
更改时间排序

3.3.11　显示文件或文件系统的详细信息

如果想要查看文件或者文件系统的详细信息，可以使用 file 命令，它用于检验文件的类型。请读者按以下步骤来操作。

（1）首先，执行 touch 命令，创建一个名为 ex030311 的文件。

touch ex030311

该命令执行后，文件创建成功。

（2）然后，执行以下命令查看文件的信息。

file – b ex030311

该命令执行后的效果如图 3-60 所示，显示 ex030311 为空文件。

（3）最后，在 Ubuntu 系统中，每一个文件都存有 3 组日期和时间，它们包括最后编辑时间（即使用 ls -l 命令时显示的日期和时间）、最近状态改变时间（包括对文件重命名）和最后访问时间，而用于显示文件详细信息的命令是 stat。

我们执行 stat ex030311 命令，得到如图 3-61 所示的结果。

图 3-60　显示文件类型

图 3-61　显示文件各种信息

通过 stat 命令，我们可以清楚地看到这个文件的详细信息，具体如表 3-2 所示。

表 3-2　文件的详细信息

名　称	含　义	名　称	含　义
File	文件名	IO Block	IO 模块
Size	文件大小	Device	设备
Blocks	分区的容量	Inode	索引节点

续表

名称	含　义	名称	含　义
Links	连接数	Access	最后一次访问的时间
Access	权限	Modify	最后一次修改数据的时间
Uid	用户身份唯一标识	Change	最后一次修改元数据的时间
Gid	用户组身份唯一标识	Birth	创建时间

3.4 文件内容显示

在字符界面下使用 Ubuntu 系统时,需要以各种方式显示文件内容,接下来将介绍这一方面的知识。

3.4.1 创建和显示文件

如果想在系统中创建和显示文件,可以使用 cat 命令。

(1) 使用 ls 命令查看当前工作目录,效果如图 3-62 所示。

ls

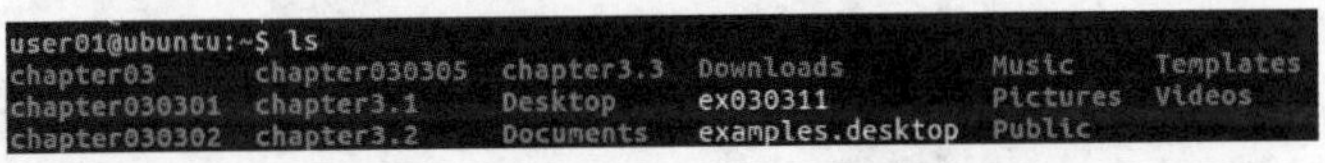

图 3-62　查看当前工作目录下的所有文件

可以看到,当前工作目录下不存在名为 ex030401 的文件。

(2) 使用 cat 命令创建文件 ex030401,执行如下命令。

cat > ex030401

(3) 如图 3-63 所示,命令执行成功后,系统无任何提示,此时用户可以自由地向 ex030401 文件内输入相应内容。

图 3-63　使用 cat 命令创建并向文件内写入内容

abc
defg

输入完成后,用户按下 Ctrl+D 快捷键结束编辑并退出。

(4) 我们再次使用 ls 命令查看当前工作目录,发现已存在名为 ex030401 的文件,效果如图 3-64 所示。

(5) cat 命令还可以用于查看文件,执行 cat -n ex030401 命令,可对输出的内容以行为单位进行编号,效果如图 3-65 所示。

图 3-64　查看当前工作目录下的所有文件

图 3-65　cat 命令查看文件

注意:如果当前目录下已存在 ex030401 这一文件,那么输入的新内容将自动覆盖原文件中的内容。

3.4.2　改变文件权限

Ubuntu 中 chmod 命令的语法为：chmod【u/g/o/a】【＋/－/＝】【r/w/x】。其中：

① u 表示用户（user，指文件或目录所有人）；g 表示同组用户（group，与文件或目录所有人组 ID 相同的用户）；o 表示其他用户（others）；a 表示所有用户（all），包括 u、g 和 o。

② ＋表示添加权限；－表示移除权限；＝表示重置权限。

③ r 表示读取文件或目录的权限（read）；w 表示写入文件或目录的权限（write），x 表示执行的权限（execute）。

通过使用 1（执行）、2（写入）和 4（读取）3 种数值及其任意形式组合来确定权限，其中 1 代表执行权限，2 代表写入权限，4 代表读取权限。例如，5（5＝4＋1）代表有读取和执行权限，6（6＝4＋2）代表有读取和写入权限，7（7＝4＋2＋1）代表有读取、写入和执行权限。我们以文件所有人 u 的权限为例，解释数值与对应权限的关系，具体如表 3-3 所示。

表 3-3　数值及对应的权限

独 立 权 限			组 合 权 限		
数值	权限	备注	数值	权限	备注
0	无	无动作	3	wx	执行和写入
1	x	执行	5	rx	读取和执行
2	w	写入	6	rw	读取和写入
4	r	读取	7	rwx	读取、写入和执行

注意：指定组 g 和其他用户 o 的权限与本表相同。

用户可以按以下步骤学习 chmod 命令的用法。

（1）首先，使用 touch 创建一个名为 ex030402 的文件，并使用 ls -l 命令查看其权限，具体如下。

```
touch ex030402
ls － l ex030402
```

执行效果如图 3-66 所示。

可以看到，该文件对文件所有人和组用户具有读取和写入权限，而对其他用户只有读取权限。

（2）然后，使用 chmod 命令为 ex030402 更改权限。执行如下命令。

```
chmod 777 ex030402
```

上述命令执行完毕后，所有人均具有对 ex030402 文件的读取、写入和执行权限。

此时，可以使用 ls -l ex030402 命令查看 ex030402 文件的权限，如图 3-67 所示。

图 3-66　创建文件并查看权限　　　　图 3-67　更改并查看文件权限

注意：执行命令 chmod a＝rwx ex030402 和 chmod 777 ex030402 的效果相同，即表示所有人（a 表示 all）均对 ex030402 文件具有读取、写入和执行的权限。

3.4.3　分页往后显示文件

如果想分页显示文件内容,可以使用 more 命令。

(1) 首先,使用 cat 命令创建一个名为 ex030403 的文件,并向文件内写入以下数据,具体如下。

```
cat > ex030403
the
be
of
and
a
to
in
he
have
it
that
for
they
he
with
as
not
on
she
at
by
this
we
you
do
but
from
or
which
onewould
all
will
there
say
who
make
when
can
more
if
no
man
out
other
so
what
time
up
```

```
go
about
than
into
could
state
only
new
year
some
take
come
```

该命令执行后的效果如图 3-68 所示。

（2）然后，使用 more 命令分页显示 ex030403 文件的内容，命令如下。

```
more ex030403
```

该命令执行后的效果如图 3-69 所示。

（3）最后，当前文档的内容并没有被全部显示出来，而是如图 3-69 底部所示，只显示了文档的部分内容。这时我们想查看下一页的内容，可以按下 Space（空格）键进行翻页，效果如图 3-70 所示。

图 3-68　创建并向文件内
　　　　写入内容

图 3-69　使用 more 命令分页
　　　　显示文件内容

图 3-70　使用 more 命令分页并
　　　　翻页显示文件内容

3.4.4　分页自由显示文件

在 Ubuntu 系统中分页显示文件内容除了可以使用 more 命令之外还可以使用 less 命令，现介绍如下。

（1）首先，执行以下命令创建 ex030404 文件，并在当前目录下执行 ls 命令查看文件是否被创建成功。

```
cp ex030403 ex030404
ls
```

该命令执行后的效果如图 3-71 所示。

```
user01@ubuntu:~$  cp ex030403 ex030404
user01@ubuntu:~$ ls
chapter03       chapter3.2   ex030311   ex030501    examples.desktop  Videos
chapter030301   chapter3.3   ex030401   ex030502    Music
chapter030302   Desktop      ex030402   ex03050401  Pictures
chapter030305   Documents    ex030403   ex03050402  Public
chapter3.1      Downloads    ex030404   ex03050403  Templates
```

图 3-71　复制 ex030403 文件并更名为 ex030404

（2）然后，使用 less 命令进行分页显示，命令如下。

less ex030404

该命令执行后的效果如图 3-72 所示。

注意：在使用 more 命令和 less 命令显示文件内容时，有以下区别。

① 使用 more 命令显示文件内容时，只能通过按下 Space（空格）键向后翻页。

② 使用 less 命令时，除了可以像使用 more 命令那样通过按下 Space（空格）键向后翻页，还可以通过按下 Page Up 键和 Page Down 键进行前后翻页。

再次执行 less 命令。

less ex030404

先按下 Page Down 键后，效果如图 3-73 所示。

再按下 Page Up 键后，效果如图 3-74 所示。

图 3-72　使用 less 命令分页　　图 3-73　按下 Page Down 键　　图 3-74　按下 Page Up 键
　　　　　显示文件

若被显示的文件太长，用户可以在任意时刻直接在键盘上按下 Q 键退出当前文件的显示。用 more 命令查看文件时也可以如此操作（即按 Q 键退出当前文件的显示）。

3.4.5　指定显示文件前若干行

若我们需要指定显示文件的前若干行，使用 more 命令则无法实现，而使用 less 命令时，操作较为烦琐。这时我们可以使用 head 命令来实现，具体操作如下。

（1）使用 cp 命令复制 ex030403 文件并更名为 ex030405，再执行如下命令，查看文件 ex030405 开头的几行内容，该命令默认显示前 10 行内容。

head ex030405

该命令执行后的效果如图 3-75 所示。

（2）如果想查看 ex030405 文件中更多的内容，可以通过一个数字选项来设置需要显示的行数，具体命令如下。

```
head - 13 ex030405
```

通过以上命令可查看 ex030405 文件中前 13 行的内容，该命令执行后的效果如图 3-76 所示。

图 3-75　查看 ex030405 文件开头的几行内容　　图 3-76　查看 ex030405 文件中前 13 行的内容

3.4.6　指定显示文件后若干行

学习了如何使用 head 命令查看文件开头指定的若干行内容后，接下来我们将介绍查看文件末尾指定若干行内容的命令 tail。

（1）首先，使用 cp 命令复制 ex030403 文件并更名为 ex030406，再执行如下命令，查看文件 ex030406 的最后几行内容，该命令默认是后 10 行的内容。

```
tail ex030406
```

该命令执行后的效果如图 3-77 所示。

（2）其次，如果想查看 ex030406 文件后面更多内容，可通过设置一个数字选项来更改所需显示的行数，具体命令如下。

```
tail - 13 ex030406
```

通过执行上面的命令，可以查看 ex030406 文件后 13 行的内容，其效果如图 3-78 所示。

图 3-77　查看 ex030406 文件的最后几行内容　　图 3-78　查看 ex030406 文件后 13 行的内容

3.5　文件内容处理

我们已经学习了显示文件内容的一系列命令，接下来继续学习如何处理文件内容。例如，对文件内容进行排序，在文件中查找指定内容，对文件内容进行剪切、粘贴和统计等。其中,某些命令更高级的用法将会在后续章节中介绍。

3.5.1　对文件内容进行排序

在 Ubuntu 系统中,可以使用 sort 命令对文件内容进行排序,它可以将排序结果显示出来。请按以下步骤进行操作。

(1) 使用 cat 命令创建一个名为 ex030501 的文件并写入数据,具体如下。

```
cat > ex030501
1
4
3
5
2
```

该命令执行后的效果如图 3-79 所示。

(2) 文件创建成功之后,我们可以使用 sort 命令对此文件的内容进行排序并显示,具体如下。

```
sort ex030501
```

该命令执行后的效果如图 3-80 所示。

从图 3-80 可以看到,原来是乱序的文件 ex030501 已被成功排序。

(3) 如果想改成以逆序(与已被排顺序相反)的形式显示,那么只需加上"-r"参数即可,命令如下。

```
sort - r ex030501
```

效果如图 3-81 所示。

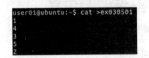
图 3-79　创建 ex030501 文件并
　　　　　写入数据

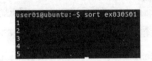
图 3-80　将文件的内容排序后
　　　　　显示出来

图 3-81　将文件的内容以逆序
　　　　　形式显示

3.5.2　检查文件中重复内容

uniq 命令用于检查文件中的重复内容,它可以报告或删除文件中重复的行。

(1) 首先,使用 cat 命令创建一个名为 ex030502 的文件并写入数据,具体如下。

```
cat > ex030502
a
a
b
b
```

该命令执行后的效果如图 3-82 所示。

如图所示,文件内有 4 行内容,其中第 2 行与第 1 行内容相同,第 4 行与第 3 行相同。

(2) 然后,执行 uniq 命令,具体如下。

uniq ex030502

该命令执行后的效果如图 3-83 所示。

图 3-82　创建 ex030502 文件并写入数据　　图 3-83　使用 uniq 命令显示去除重复行后的文件内容

可以看到，仅输出了 2 行，其中第 1 行为"a"，第 2 行为"b"，而原文件中共有 4 行，其中前两行为"a"，后两行为"b"。这也就是说，使用 uniq 命令显示文件内容时，重复的内容仅显示一次。

3.5.3　在文件中查找指定内容

用户若需在文件中搜索某一关键字，可通过 grep 命令实现。具体如下。

（1）我们复制 ex030502 文件并重命名为 ex030503，若想使用 grep 命令显示该文件中所有包含字母"a"的行，则命令具体如下。

grep 'a' ex030503

该命令执行后的效果如图 3-84 所示。

可以看到，上述命令执行成功后，grep 命令筛选出 ex030502 文件中所有包含字母"a"的行并显示出来。

（2）如果只想显示 ex030503 文件中包含字母"a"的行数，只需执行以下命令即可。

grep － c 'a' ex030503

该命令执行后的效果如图 3-85 所示。

图 3-84　显示 ex030503 文件中所有包含"a"的行 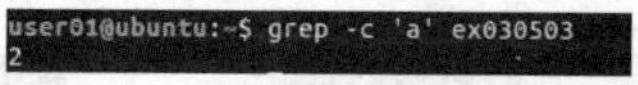　　图 3-85　显示包含字母"a"的行数

3.5.4　逐行对不同文件进行比较

在 Ubuntu 系统中，对不同文件进行比较的命令有 diff、diff3 和 sdiff 等。

（1）使用 cat 命令创建 3 个文件，分别命名为 ex030504_01、ex030504_02 和 ex030504_03，执行的具体情况如图 3-86 所示。

（2）如果想对 2 个文件进行比较，那么可以使用 diff 命令，请输入如下命令。

diff ex030504_01 ex030504_02

该命令执行后的效果如图 3-87 所示。

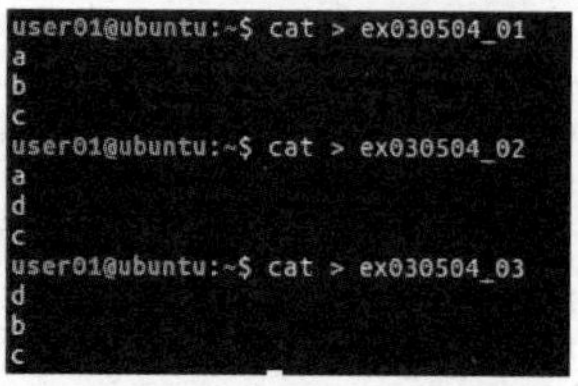

图 3-86　创建 3 个文件并分别写入内容　　图 3-87　使用 diff 命令对 2 个文件进行比较

我们可以看到上述结果可分为2部分：第1部分为"2c2"，它的含义是指第1个文件中的第2行需要做出修改才能与第2个文件中的第2行内容相同；剩余部分均为第2部分，它告诉我们2个文件的不同之处：

① "＜b"表示左边文件的第2行内容为"b"；

② "＞d"表示右边文件的第2行内容为"d"；

③ "---"则是2个文件内容的分隔符号。

（3）如果想对3个文件进行比较，那么我们可以使用diff3命令，具体如下。

```
diff3 ex030504_01 ex030504_02 ex030504_03
```

该命令执行后的效果如图3-88所示。

我们可以看到上述结果可分为3个部分：第1部分为"1:1,2c"，它的含义是第1个文件中的第1行和第2行内容与其他2个文件不匹配，分别为"a"和"b"；第2部分为"2:1,2c"，它的含义是第2个文件中的第1行和第2行与其他2个文件不匹配，分别为"a"和"d"；第3部分为"3:1,2c"，它的含义是第3个文件中的第1行和第2行与其他2个文件不匹配，分别为"d"和"b"。这3部分内容中的字符"c"表示需要修改的意思。

（4）sdiff命令的主要作用是合并2个文件，并以交互方式输出结果，请执行如下命令。

```
sdiff ex030504_01 ex030504_02
```

该命令执行后的效果如图3-89所示。

图 3-88　使用 diff3 命令对 3 个文件进行比较　　　　图 3-89　使用 sdiff 命令对 2 个文件进行比较

可以看到，sdiff命令将2个文件全部显示出来，左侧是ex030504_01的内容，右侧是ex030504_02的内容。其中，第2行有"|"符号标识，这是因为2个文件在此处内容不同。

3.5.5　逐字节对不同文件进行比较

如果需要逐字节对不同文件进行比较，那么可以使用cmp命令。

（1）使用cp命令复制上一节创建的文件ex030504_01、ex030504_02并分别重命名为ex030505_01、ex030505_02，具体如下。

```
cp ex030504_01 ex030505_01
cp ex030504_02 ex030505_02
```

（2）然后使用cmp命令对这两个文件进行比较，命令如下。

```
cmp ex030505_01 ex030505_02
```

该命令执行后的结果如图3-90所示。

图中提示"ex030505_01 ex030505_02 differ：byte3,line2"表示2个文件的第2行内容有差异。

注意：使用cmp命令时，如果2个文件相同，比较完成后不显示任何提示；如果文件不同，则将 2 个文件在逐字节比较过程中第 1 次出现不同时的行号及内容显示出来；如果想列出 2 个文件所有不一样的地方，那么只需加上"-l"参数即可，命令如下。

```
cmp -l ex030505_01 ex030505_01
```

该命令执行后的效果如图 3-91 所示。

图 3-90 使用 cmp 命令逐字节对不同文件进行比较   图 3-91 使用 cmp 命令标示出所有不一样的地方

图中第 1 个 3 的含义是 2 个文件的第 3 个字节有区别。在 ex030505_01 中是八进制 142（即字符 b），在 ex030505_02 中是八进制 144（即字符 d）。

3.5.6 对有序文件进行比较

如果需要对 2 个有序文件进行比较，那么可以使用 comm 命令。

（1）首先，使用 cat 命令分别创建 ex030506_01 和 ex030506_02 文件，并输入内容，具体如下。

```
cat > ex030506_01
aaa
bbb
ccc
ddd
```

按下 Ctrl+D 键结束编辑，继续创建 ex03050602 文件。

```
cat > ex030506_02
bbb
ccc
eee
```

输入完毕后按下 Ctrl+D 键结束编辑，效果如图 3-92 所示。

（2）然后，使用 comm 命令对 2 个文件进行比较，命令如下。

```
comm ex030506_01 ex030506_02
```

该命令执行后的效果如图 3-93 所示。

图 3-92 创建 ex030506_01 和   图 3-93 使用 comm 命令对 ex030506_01 和
ex030506_02 文件   ex030506_02 文件进行比较

可以看到，命令执行后的结果被分为了 3 列。第 1 列只显示在 ex030506_01 文件中出现的行，第 2 列只显示在 ex030506_02 文件中出现的行，第 3 列显示 ex030506_01 和 ex030506_02 文件中相同的行。

请执行以下复制文件的命令。

```
cp ex030502 ex030506_03
```

```
cp ex030501 ex030506_04
```

上述文件复制完毕后,再执行以下命令。

```
comm ex030506_03 ex030506_04
```

执行该命令后的效果如图 3-94 所示。

注意：comm 命令只适合对 2 个有序的文件进行比较,若待比较的文件无序,则会给出相应提示；如图 3-94 所示,ex030506_04 文件无序,因此提示"comm:file 2 is not in sorted order"。

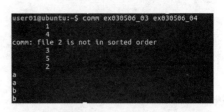

图 3-94 使用 comm 命令对无序文件进行比较

3.5.7 对文件内容进行剪切

cut 是 Ubuntu 下常用的命令之一,它负责剪切数据,其用法如下。

(1) 首先,使用 cat 创建一个名为 ex030507 的文件,该文件的内容如下。

```
cat > ex030507
abc
abc
abc
```

(2) 然后,使用以下命令截取文件中每行的第 2 个字符,命令如下。

```
cut - b 2 ex030507
```

该命令执行后的效果如图 3-95 所示。

从图中可以看到,ex030507 文件中的每一行的第 2 个字符"b"被筛选出来。

(3) 接着,使用以下命令截取每行的第 3 个字符,命令如下。

```
cut - c 3 ex030507
```

该命令执行后的效果如图 3-96 所示。

图 3-95 截取每行的第 2 个字符

图 3-96 截取每行的第 3 个字符

注意：从上面我们可以看到,似乎 cut -b 与 cut -c 并没什么区别,其实不然,cut -b 命令在处理中文文档时会出现乱码,而 cut -c 命令则可以正常输出。

(4) 最后,使用下述命令截取以字母"b"为分割的第 2 个域,命令如下。

```
cut - d 'b' - f 2 ex030507
```

该命令执行后的效果如图 3-97 所示。

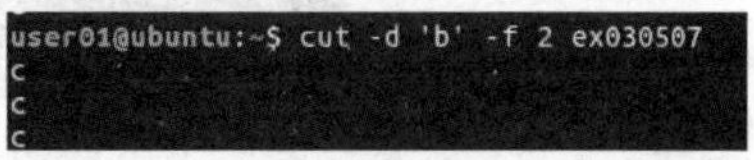

图 3-97 截取以字母"b"为分割的第 2 个域

注意：-d 参数用于以字符"b"分割,-f 参数用于截取以字母"b"为分割的第 2 个域。

3.5.8 对文件内容进行粘贴

若需对多个文件的内容进行合并,可以使用 paste 命令。

(1) 首先,使用 cat 命令分别创建 ex030508_01 和 ex030508_02 文件,具体如下。

```
cat > ex030508_01
abc
123
cat > ex030508_01
def
456
```

该命令执行后的效果如图 3-98 所示。

（2）然后，使用 paste 命令将 ex030508_02 文件的内容粘贴到 ex030508_01 文件中去，请执行以下命令。

paste ex030508_01 ex030508_02

该命令执行后的效果如图 3-99 所示。

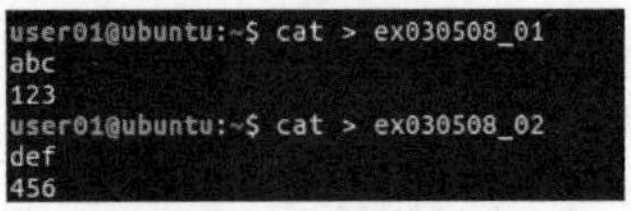

图 3-98　创建 ex030508_01 和 ex030508_02 文件并输入内容	图 3-99　使用 paste 命令将 ex030508_02 的内容 粘贴到 ex030508_01 中

3.5.9　对文件内容进行统计

Ubuntu 系统中 wc 命令的功能为统计指定文件中的字符数、单词数和行数，并将统计结果显示输出。

（1）首先，执行以下命令创建 ex030509 文件。

cp ex030508_01 ex030509

然后，在当前目录执行 ls 命令查看文件是否创建成功。

ls

该命令执行后的效果如图 3-100 所示。

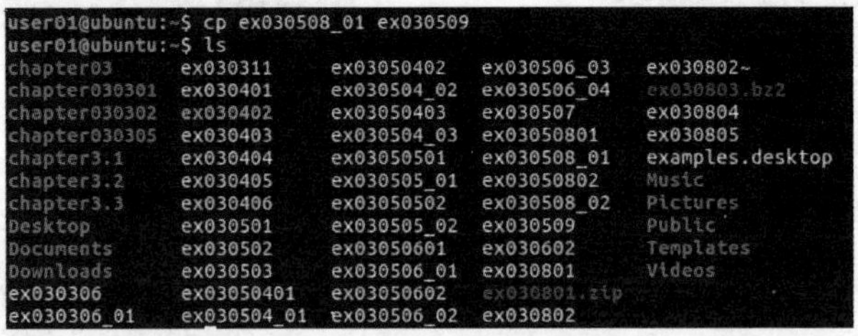

图 3-100　创建 ex030509 文件

（2）使用 wc 命令统计文件中的字符数、单词数和行数，命令如下。

wc ex030509

该命令执行后的效果如图 3-101 所示。

其中，前 3 个数字分别表示 ex030509 文件的行数、单词数，以及该文件的字符数。可以看到，ex030509 文件中的内容共有 2 行，包括 2 个单词及 8 个字符。

（3）如果只想查看文件中的字符数，执行如下命令即可。

```
wc - c ex030509
```

该命令执行后的效果如图 3-102 所示。

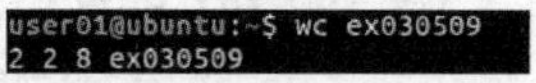

```
user01@ubuntu:~$ wc ex030509
2 2 8 ex030509
```

```
user01@ubuntu:~$ wc -c ex030509
8 ex030509
```

图 3-101　统计文件中的字符数、单词数和行数 　　　图 3-102　统计文件中的字符数

（4）如果只想查看文件中单词数，执行如下命令即可。

```
wc - w ex030509
```

该命令执行后的效果如图 3-103 所示。

（5）如果只想查看文件中行数，执行如下命令即可。

```
wc - l ex030509
```

该命令执行后的效果如图 3-104 所示。

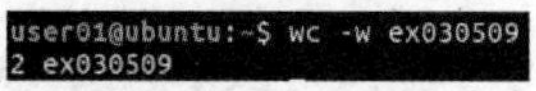

```
user01@ubuntu:~$ wc -w ex030509
2 ex030509
```

```
user01@ubuntu:~$ wc -l ex030509
2 ex030509
```

图 3-103　统计文件中的单词数 　　　　　　　　图 3-104　统计文件中的行数

3.6　文件查找

本节将学习文件查找的相关知识。Ubuntu 系统由成千上万个文件组成，我们在日常使用 Ubuntu 时必须熟练掌握文件查找的功能，包括在硬盘上和数据库中查找文件或目录及其位置等。

3.6.1　在硬盘上查找文件或目录

如果想要在本地硬盘中搜索文件或者目录，可以使用 find 命令完成这一操作。

（1）使用模糊查询搜索当前工作目录下所有以 ex 开头的文件，命令如下。

```
find - name "ex * "
```

该命令执行后的效果如图 3-105 所示。

可以看到，当前工作目录下所有以 ex 开头的文件都被列了出来。

（2）使用 find 命令搜索一天之内被存取过的文件，命令如下。

```
find - atime - 1
```

该命令执行后的效果如图 3-106 所示。

命令执行完成后，一天之内被存取过的文件都被列了出来，其中大部分都是系统文件。

（3）也可以使用 find 命令查找系统中为空的文件或者文件夹，命令如下。

```
find / - empty
```

该命令执行后的效果如图 3-107 所示。

（4）还可以根据需要查找系统中属于用户 user01 的文件，命令如下。

```
find / - user user01
```

该命令执行后的效果如图 3-108 所示。

```
user01@ubuntu:~$ find -name "ex*"
./ex030402
./ex030406
./chapter030305/ex030305
./ex030601
./ex030311
./examples.desktop
./ex030501
./ex030403
./ex030802
./ex030509
./ex030503
./ex030306
./ex030404
./ex030502
./ex030401
./ex050402
./ex050401
./ex050601
./ex050801
./ex030501
```

图 3-105　搜索当前工作目录下所有以 ex
　　　　　开头的文件

```
user01@ubuntu:~$ find -atime -1
.
./.xsession-errors
./Pictures
./chapter030305
./.profile
./Videos
./chapter3.2
./ex050802
./ex030509
./chapter3.3
./.compiz
./.compiz/session
./chapter3.1
./chapter030302
./.bash_history
./.oracle_jre_usage
./Downloads
./.Xauthority
./.local
./.local/share
./.local/share/applications
./.local/share/gvfs-metadata
```

图 3-106　搜索一天之内被存取过的文件

```
/usr/src/linux-headers-4.8.0-36-generic/include/config/afe4404.h
/usr/src/linux-headers-4.8.0-36-generic/include/config/ib700/wdt.h
/usr/src/linux-headers-4.8.0-36-generic/include/config/nax30100.h
/usr/src/linux-headers-4.8.0-36-generic/include/config/mmu.h
/usr/src/linux-headers-4.8.0-36-generic/include/config/pantherlord/ff.h
/usr/src/linux-headers-4.8.0-36-generic/include/config/alienware/wmi.h
/usr/src/linux-headers-4.8.0-36-generic/include/config/pptp.h
/usr/src/linux-headers-4.8.0-36-generic/include/config/bpf/events.h
/usr/src/linux-headers-4.8.0-36-generic/include/config/bpf/jit.h
/usr/src/linux-headers-4.8.0-36-generic/include/config/bpf/syscall.h
/usr/src/linux-headers-4.8.0-36-generic/include/config/6lowpan/nhc.h
/usr/src/linux-headers-4.8.0-36-generic/include/config/6lowpan/nhc/dest.h
/usr/src/linux-headers-4.8.0-36-generic/include/config/6lowpan/nhc/ipv6.h
/usr/src/linux-headers-4.8.0-36-generic/include/config/6lowpan/nhc/udp.h
/usr/src/linux-headers-4.8.0-36-generic/include/config/6lowpan/nhc/routing.h
/usr/src/linux-headers-4.8.0-36-generic/include/config/6lowpan/nhc/fragment.h
/usr/src/linux-headers-4.8.0-36-generic/include/config/6lowpan/nhc/hop.h
/usr/src/linux-headers-4.8.0-36-generic/include/config/6lowpan/nhc/mobility.h
/usr/src/linux-headers-4.8.0-36-generic/include/config/pccard.h
/usr/src/linux-headers-4.8.0-36-generic/include/config/vt6655.h
/usr/src/linux-headers-4.8.0-36-generic/include/config/ibmasr.h
/usr/src/linux-headers-4.8.0-36-generic/include/config/it8712f/wdt.h
/usr/src/linux-headers-4.8.0-36-generic/include/config/ad7476.h
```

图 3-107　查找系统中为空的文件或者文件夹

```
/proc/1972/task/1980/attr/prev
/proc/1972/task/1980/attr/exec
/proc/1972/task/1980/attr/fscreate
/proc/1972/task/1980/attr/keycreate
/proc/1972/task/1980/attr/sockcreate
/proc/1972/task/1980/wchan
/proc/1972/task/1980/stack
/proc/1972/task/1980/schedstat
/proc/1972/task/1980/cpuset
/proc/1972/task/1980/cgroup
/proc/1972/task/1980/oom_score
/proc/1972/task/1980/oom_adj
/proc/1972/task/1980/oom_score_adj
/proc/1972/task/1980/loginuid
/proc/1972/task/1980/sessionid
/proc/1972/task/1980/io
/proc/1972/task/1980/uid_map
/proc/1972/task/1980/gid_map
/proc/1972/task/1980/projid_map
/proc/1972/task/1980/setgroups
/proc/1972/task/1982
/proc/1972/task/1982/fd
/proc/1972/task/1982/fd/0
/proc/1972/task/1982/fd/1
```

图 3-108　查找系统中属于用户 user01
　　　　　的文件

3.6.2　在数据库中查找文件或目录

　　locate 命令用于查找文件，它比 find 命令搜索速度快，让使用者可以更加快速地搜寻指定文件。

```
user01@ubuntu:~$ locate /user01/ex
/home/user01/ex030306
/home/user01/ex030030601
/home/user01/ex030311
/home/user01/ex030401
/home/user01/ex030402
/home/user01/ex030403
/home/user01/ex030404
/home/user01/ex030405
/home/user01/ex030406
/home/user01/ex030501
/home/user01/ex030502
/home/user01/ex030503
/home/user01/ex03050401
/home/user01/ex03050402
/home/user01/ex03050403
/home/user01/ex03050501
/home/user01/ex03050502
/home/user01/ex03050601
/home/user01/ex03050602
/home/user01/ex030507
/home/user01/ex03050801
/home/user01/ex03050802
/home/user01/ex030509
/home/user01/examples.desktop
```

图 3-109　使用 locate 命令查找 user01 目
　　　　　录下所有以 ex 开头的文件

　　（1）首先，使用 locate 命令查找 user01 目录下所有以 ex 开头的文件，命令如下。

```
locate /user01/ex
```

　　该命令执行的效果如图 3-109 所示。

　　注意：locate 命令在后台数据库中按文件名搜索，搜索速度比 find 更快，但对于刚建立的文件，立即使用该命令进行查找会搜索不到所创建的文件；

　　若执行 locate 命令时出现"Command 'locate' not found，but can be installed with：sudo apt install mlocate"提示，请按提示安装。

　　接下来，我们使用 touch 命令创建 ex030602 文件并使用 locate 命令查找，效果如图 3-110 所示。

如果想使刚创建的文件被 locate 命令立即搜索到，必须以 root 用户登录执行 updatedb 命令，更新数据库。更新完毕之后再使用 locate 命令就能搜索到刚创建的文件，否则要等到第二天才能搜索到该文件，因为后台数据库默认一天更新一次。

该命令执行后的效果如图 3-111 所示。

图 3-110　使用 locate 命令搜索刚刚创建的文件 　　图 3-111　使用 updatedb 命令更新数据库
后搜索刚刚创建的文件

可以看到执行完 updatedb 命令后，刚刚创建的 ex030602 文件已经被成功查找了出来。

（2）然后，使用 locate -r 命令搜索所有以 02 结尾的文件，命令如下。

```
locate - r 02$
```

该命令执行后的效果如图 3-112 所示。

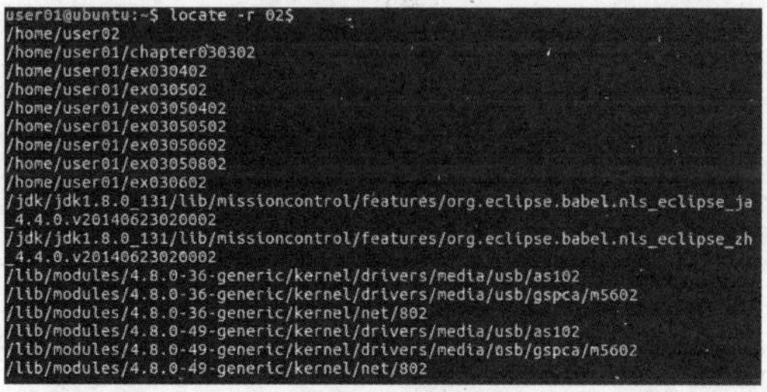

图 3-112　搜索所有以 02 结尾的文件

3.6.3　查找指定文件或目录的位置

查找文件的命令除了 find 和 locate 之外，还有 whereis 命令，该命令会在特定目录中查找符合条件的文件。这些文件只能是源代码、二进制文件，或是帮助文件。

使用 whereis 命令查看命令 ls 的位置，命令如下。

```
whereis ls
```

该命令执行后的效果如图 3-113 所示。

图 3-113　使用 whereis 命令查看命令 ls 的位置

3.6.4　查找可执行文件的位置

which 命令也用于查找文件，该命令会在环境变量 $PATH 设置的目录里查找符合条件的文件。

使用 which 命令查看命令 pwd 的路径，命令如下。

```
which pwd
```

该命令执行后的效果如图 3-114 所示。

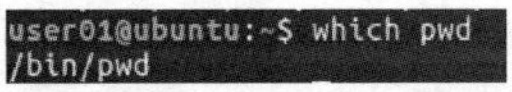
```
user01@ubuntu:~$ which pwd
/bin/pwd
```

图 3-114　使用 which 命令查看命令 pwd 的路径

3.7　磁盘管理

本节将学习在 Ubuntu 中如何进行磁盘管理，包括检查磁盘空间、挂载和卸载文件系统、显示和分配磁盘空间等。

3.7.1　检查磁盘空间占用情况

检查磁盘空间占用情况的命令是 df，它还可以显示文件系统的类型等信息。

(1) 首先，使用 df -h 命令显示磁盘空间，命令如下。

```
df -h
```

该命令执行后的效果如图 3-115 所示。

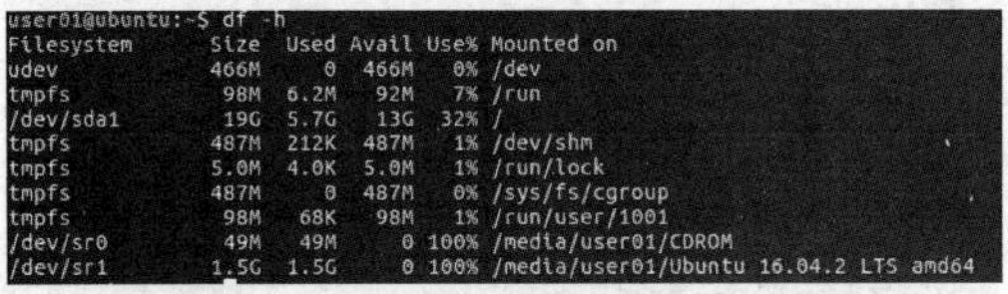
```
user01@ubuntu:~$ df -h
Filesystem      Size  Used Avail Use% Mounted on
udev            466M     0  466M   0% /dev
tmpfs            98M  6.2M   92M   7% /run
/dev/sda1        19G  5.7G   13G  32% /
tmpfs           487M  212K  487M   1% /dev/shm
tmpfs           5.0M  4.0K  5.0M   1% /run/lock
tmpfs           487M     0  487M   0% /sys/fs/cgroup
tmpfs            98M   68K   98M   1% /run/user/1001
/dev/sr0         49M   49M     0 100% /media/user01/CDROM
/dev/sr1        1.5G  1.5G     0 100% /media/user01/Ubuntu 16.04.2 LTS amd64
```

图 3-115　使用 df -h 命令显示磁盘空间

(2) 然后，使用 df -T 命令列出文件系统的类型，命令如下。

```
df -T
```

该命令执行后的效果如图 3-116 所示。

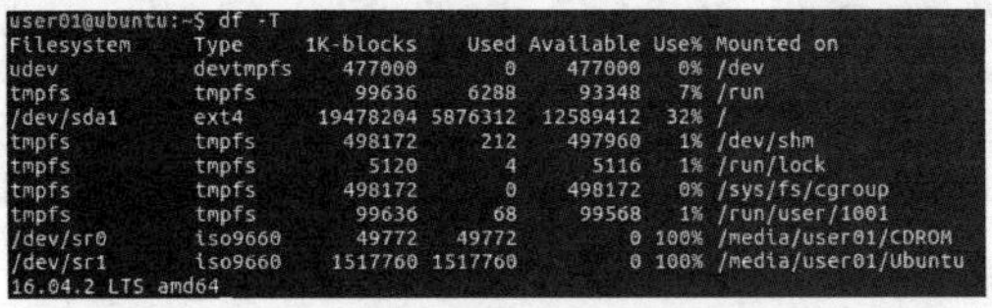
```
user01@ubuntu:~$ df -T
Filesystem     Type     1K-blocks    Used Available Use% Mounted on
udev           devtmpfs    477000       0    477000   0% /dev
tmpfs          tmpfs        99636    6288     93348   7% /run
/dev/sda1      ext4      19478204 5876312  12589412  32% /
tmpfs          tmpfs       498172     212    497960   1% /dev/shm
tmpfs          tmpfs         5120       4      5116   1% /run/lock
tmpfs          tmpfs       498172       0    498172   0% /sys/fs/cgroup
tmpfs          tmpfs        99636      68     99568   1% /run/user/1001
/dev/sr0       iso9660      49772   49772         0 100% /media/user01/CDROM
/dev/sr1       iso9660    1517760 1517760         0 100% /media/user01/Ubuntu
16.04.2 LTS amd64
```

图 3-116　使用 df -T 命令列出文件系统的类型

(3) 最后，可以使用 df -t 命令查看选定文件系统的磁盘信息，也可以使用 df -x 命令不显示选定的文件系统的磁盘信息，命令如下。

```
df -t ext4
df -x ext4
```

该命令执行后的效果如图 3-117 所示。

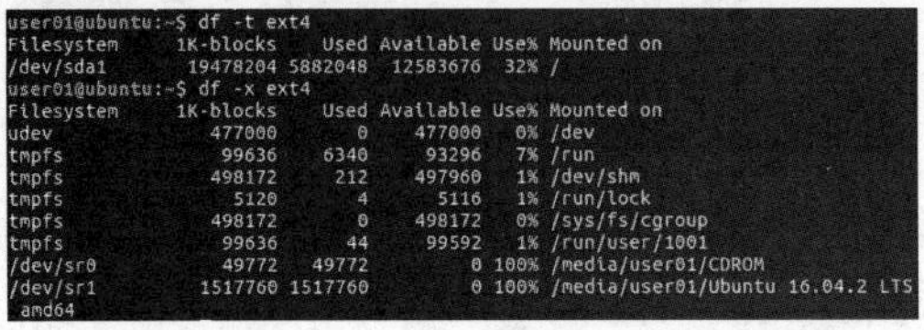
```
user01@ubuntu:~$ df -t ext4
Filesystem     1K-blocks    Used Available Use% Mounted on
/dev/sda1       19478204 5882048  12583676  32% /
user01@ubuntu:~$ df -x ext4
Filesystem     1K-blocks    Used Available Use% Mounted on
udev              477000       0    477000   0% /dev
tmpfs              99636    6340     93296   7% /run
tmpfs             498172     212    497960   1% /dev/shm
tmpfs               5120       4      5116   1% /run/lock
tmpfs             498172       0    498172   0% /sys/fs/cgroup
tmpfs              99636      44     99592   1% /run/user/1001
/dev/sr0           49772   49772         0 100% /media/user01/CDROM
/dev/sr1         1517760 1517760         0 100% /media/user01/Ubuntu 16.04.2 LTS
 amd64
```

图 3-117　查看选定文件系统的磁盘信息

3.7.2　统计目录或文件所占磁盘空间大小

在 Ubuntu 系统中查看目录或文件所占磁盘空间大小的命令是 du。

（1）首先，使用 du -h 命令查看 chapter03 目录占用的磁盘空间大小，命令如下。

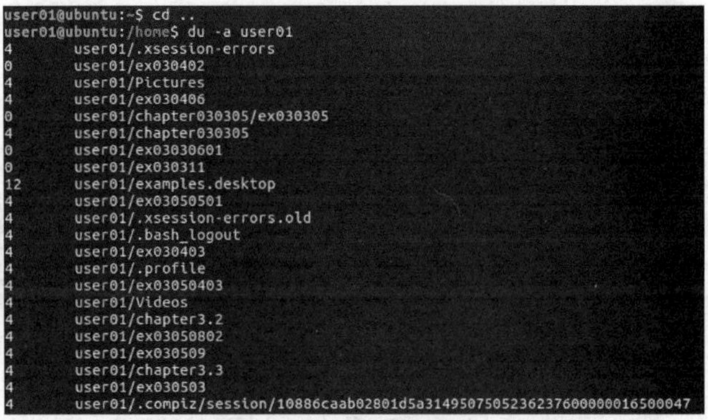

```
du - h chapter03
```

该命令执行后的效果如图 3-118 所示。

（2）然后，使用 cd 命令切换到上一级目录并使用 du -a 命令查看 user01 目录及其子目录和文件占用磁盘空间的大小，命令如下。

```
cd ..
du - a user01
```

该命令执行后的效果如图 3-119 所示。

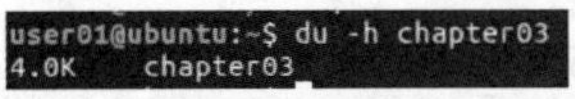

图 3-118　查看 chapter03 目录占用	图 3-119　查看 user01 目录及其子目录和文件
的磁盘空间大小	占用磁盘空间的大小

（3）最后，使用 du -s 命令查看某一文件夹所占用磁盘空间的大小，命令如下。

```
du - s chapter03
```

该命令执行后的效果如图 3-120 所示。

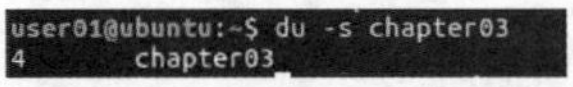

图 3-120　查看某一文件夹所占用磁盘空间的大小

3.7.3　挂载文件系统

mount 命令用于将文件系统挂载到指定的挂载点上，本小节将介绍这一命令的基本用法，请按照以下步骤执行。

（1）将 U 盘连接至系统后，按下 Ctrl＋Alt＋T 键打开终端，执行 df 命令可以看到系统显示其为/dev/sdb4。接下来执行以下命令对该 U 盘进行格式化。

```
mkfs.ext4 /dev/sdb4
```

（2）上述命令将 sdb4 分区格式化为 ext4 文件系统，接下来创建一个目录作为其挂载点，并使用 mount 命令进行挂载，具体如下。

```
mkdir /mnt/quotadir
mount /dev/sdb4 /mnt/quotadir
mount | grep sdb4
```

可以看到，出现了如图 3-121 中显示的"Permission denied"的提示，这时只需切换至 root 用户并再次执行上述所有命令即可，效果如图 3-122 所示。

图 3-121 创建文件夹时权限不足

图 3-122 挂载 U 盘至文件夹

（3）为此目录进行配额的权限分配，命令如下。

```
mount - o remount,usrquota,grpquota /mnt/quotadir/
mount | grep sdb4
```

该命令执行后的效果如图 3-123 所示。

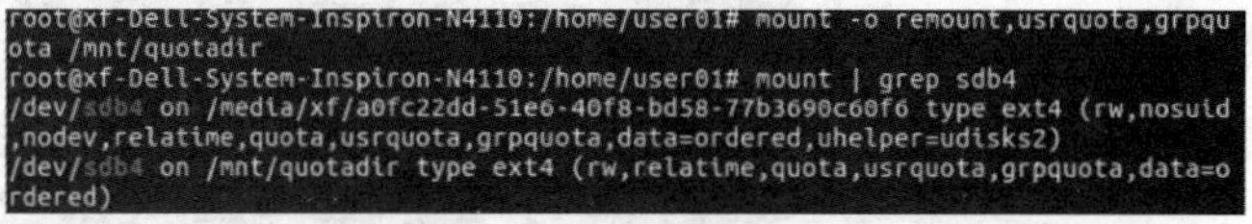

图 3-123 进行配额的权限分配

3.7.4 检查磁盘的使用空间与限制

因为 Ubuntu 是多用户多任务的操作系统，许多人共用磁盘空间，为了合理地分配磁盘空间，我们需要对其进行配额以便高效地使用磁盘空间。在 Ubuntu 中，通常使用 quota 命令来对磁盘进行配额，请按照以下步骤进行。

（1）若尚未安装 quota，则须使用 root 用户下载安装 quota，命令如下。

```
apt install quota
```

该命令执行后的效果如图 3-124 所示。

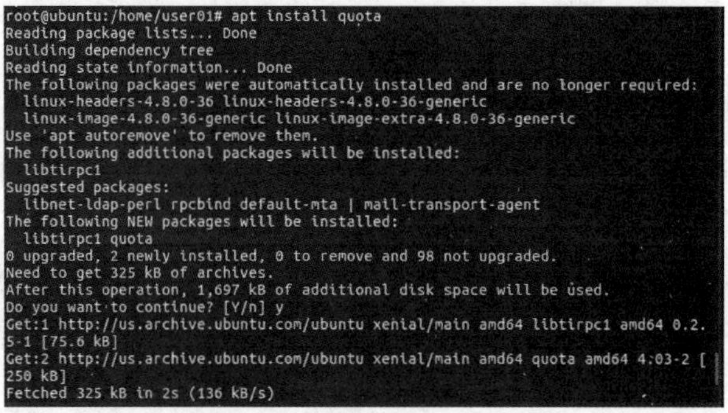

图 3-124 安装 quota 命令

（2）完成安装 quota 之后，在上一节的基础上使用 quotacheck 命令检查 U 盘空间配置,命令如下。

```
cd /mnt/quotadir
ll
quotacheck - avugn
ll
```

该命令执行后的效果如图 3-125 所示。

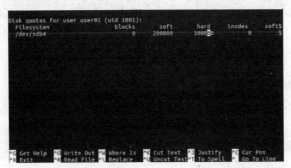

图 3-125　使用 quotacheck 扫描 U 盘并建立相应文件

注意：上述命令成功执行后,在当前目录下会产生 aquota. user 和 aquota. group 两个文件。

3.7.5　打开磁盘空间限制

接下来需要启动 quota 服务以完成配额操作,命令如下。

quotaon - vug /mnt/quotadir/

该命令执行后的效果如图 3-126 所示。

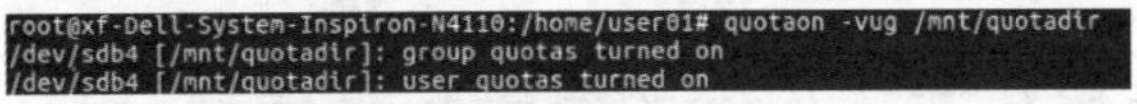

图 3-126　打开磁盘空间限制

3.7.6　为指定用户分配限额

在上一节的基础上,可以使用 edquota 命令为用户或工作组指定磁盘配额。
(1) 使用 edquota 为 user01 用户指定限额,命令如下。

edquota - u user01

该命令执行后的效果如图 3-127 所示。

图 3-127　为 user01 用户指定限额

（2）使用 edquota 为 user01 用户组指定限额，命令如下。

edquota – g user01

该命令执行后的效果如图 3-128 所示。

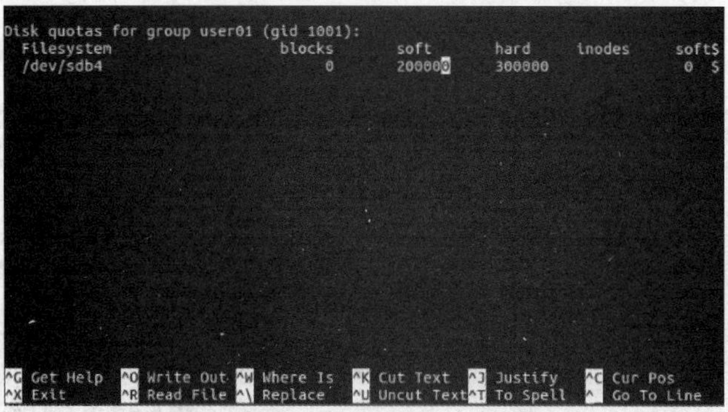

图 3-128　为 user01 用户组指定限额

（3）使用 edquota 命令为磁盘配额限定时间，命令如下。

edquota – t

该命令执行后的效果如图 3-129 所示。

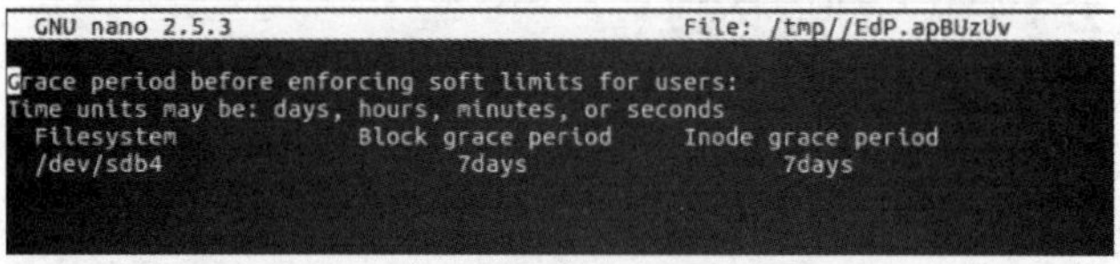

图 3-129　为磁盘配额限定时间

3.7.7　显示用户或工作组的磁盘配额信息

在 Ubuntu 系统中显示磁盘已使用的空间与限制的命令是 quota，它可以查询磁盘空间的限制，并显示已使用多少空间。

（1）首先，使用 quota 命令显示用户 user01 的配额信息，命令如下。

quota – vus user01

该命令执行后的效果如图 3-130 所示。

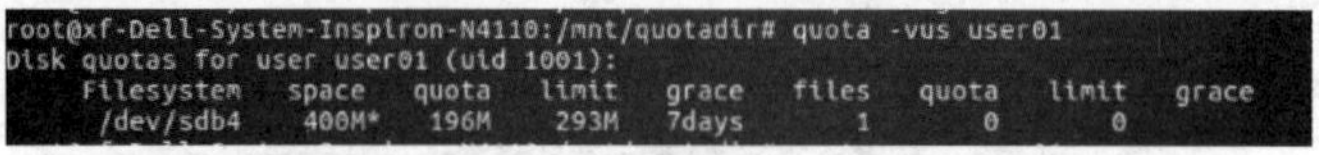

图 3-130　显示用户 user01 的配额信息

（2）然后，使用 quota 命令显示组 user01 的配额信息，命令如下。

quota – vgs user01

该命令执行后的效果如图 3-131 所示。

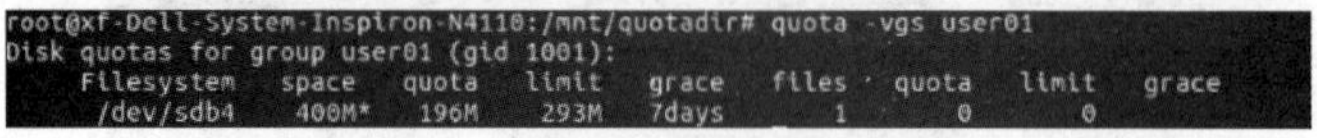

图 3-131　显示组 user01 的配额信息

3.7.8 显示文件系统的配额信息

在 Ubuntu 系统中,如果需要显示文件系统的配额信息,那么可以使用 repquota 命令。

(1) 首先,使用 repquota 命令查看/mnt/quotadir 目录的磁盘空间限制,命令如下。

```
repquota - u /mnt/quotadir
```

该命令执行后的效果如图 3-132 所示。

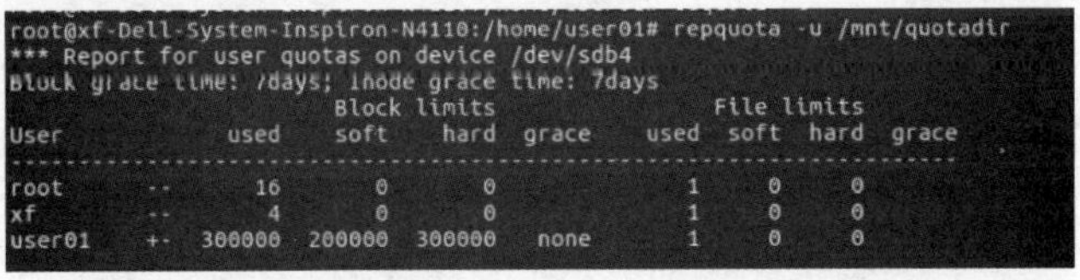

图 3-132 查看/mnt/quotadir 目录的磁盘空间限制

(2) 然后,继续使用 repquota 命令显示用户或群组的所有空间限制,命令如下。

```
repquota - v /mnt/quotadir
```

该命令执行后的效果如图 3-133 所示。

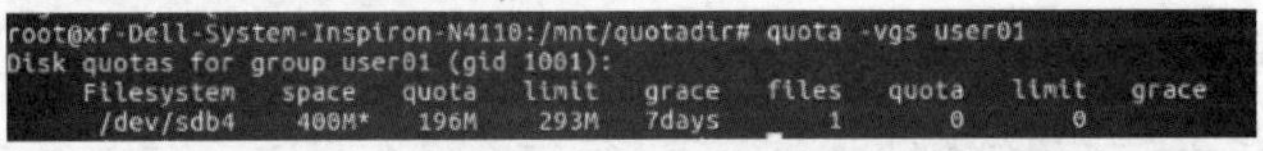

图 3-133 显示用户或群组的所有空间限制

(3) 也可以使用 repquota 命令查看加入 quota 设置分区的磁盘使用状况,命令如下。

```
repquota - a
```

该命令执行后的效果如图 3-134 所示。

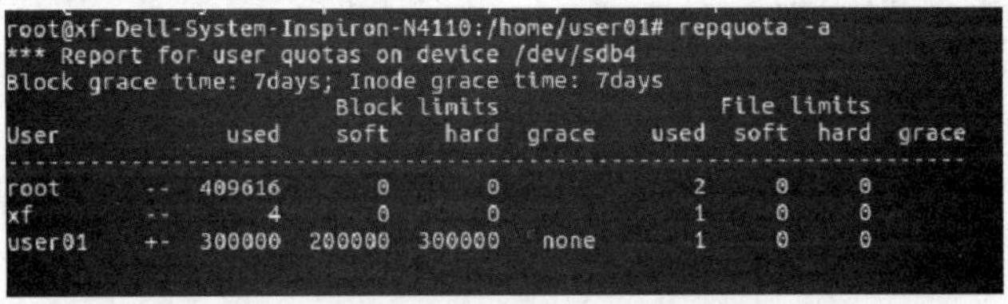

图 3-134 查看所有文件系统的磁盘使用情况

(4) 最后,测试配额是否生效,使用 chmod 命令将 mnt 目录及 quotadir 目录的权限设为所有人可读写执行(777),然后切换至 user01 用户向该文件夹内写入大文件,命令如下。

```
dd if = /dev/zero of = bigfile bs = 400M count = 3
```

该命令执行后的效果如图 3-135 所示。

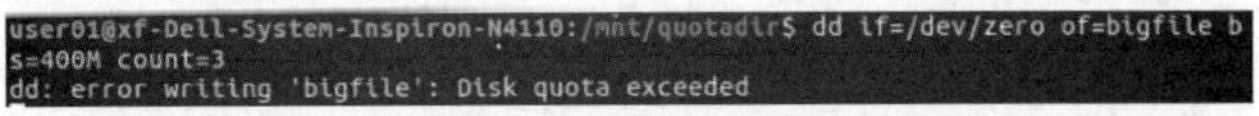

图 3-135 向文件夹内写入大文件

3.7.9 关闭磁盘空间限制

如果想要关闭指定文件系统的磁盘配额功能,可以使用 quotaoff 命令。

（1）若只需关闭用户配额功能，则可以使用如下命令。

quotaoff － u /mnt/quotadir

（2）若只需关闭组配额功能，则可以使用如下命令。

quotaoff － g /mnt/quotadir

（3）若需显示命令执行过程，则可以使用如下命令。

quotaoff － v /mnt/quotadir

该命令执行后的效果如图 3-136 所示。

```
root@xf-Dell-System-Inspiron-N4110:/home/user01# quotaoff -v /mnt/quotadir
/dev/sdb4 [/mnt/quotadir]: group quotas turned off
/dev/sdb4 [/mnt/quotadir]: user quotas turned off
```

图 3-136　关闭所有配额功能

（4）在关闭磁盘配额的前提下重新执行写入大文件的命令，效果如图 3-137 所示。

```
user01@xf-Dell-System-Inspiron-N4110:/mnt/quotadir$ dd if=/dev/zero of=bigfile2 bs=400M count=1
1+0 records in
1+0 records out
419430400 bytes (419 MB, 400 MiB) copied, 32.1031 s, 13.1 MB/s
```

图 3-137　向文件夹内写入大文件

从图中可以看到，在关闭磁盘空间配额的情况下，可以成功写入大文件。

3.7.10　卸载文件系统

在 Ubuntu 中，卸载文件系统的命令是 umount。
（1）首先，通过设备名卸载文件系统，命令如下。

umount － v /dev/sdb4

该命令执行后的效果如图 3-138 所示。

```
root@xf-Dell-System-Inspiron-N4110:/home/user01# umount -v /dev/sdb4
umount: /mnt/quotadir (/dev/sdb4) unmounted
```

图 3-138　通过设备名卸载文件系统

（2）其次，也可以通过挂载点卸载文件系统，命令如下。

umount － v /mnt/quotadir

该命令执行后的效果如图 3-139 所示。

```
root@xf-Dell-System-Inspiron-N4110:/home/user01# umount -v /mnt/quotadir
umount: /mnt/quotadir unmounted
```

图 3-139　通过挂载点卸载文件系统

3.8　备份压缩

同 Windows 一样，Ubuntu 系统中也有备份与压缩功能，接下来我们来学习这方面的内容，包括各个命令的使用方法。

3.8.1　zip、unzip 和 zipinfo

Ubuntu 系统中压缩命令有很多，如果想要产生具有“zip”扩展名的压缩文件，那么我们就要使用 zip 命令。

（1）执行 touch 命令创建一个名为 ex030801 的文件，然后执行以下命令将它进行压缩并另存为 ex030801.zip。

```
zip ex030801.zip ex030801
```

该命令执行后的效果如图 3-140 所示。

（2）执行 zip -d 命令删除压缩包 ex030801.zip 中的 ex030801 文件，命令如下。

```
zip – d ex030801.zip ex030801
```

该命令执行后的效果如图 3-141 所示。

图 3-140　压缩 ex030801 并另存 　　　图 3-141　删除压缩包 ex030801.zip 中的 ex030801 文件

可以看到，系统提示当前压缩包为空，说明文件删除成功。

（3）向压缩文件 ex030801.zip 中添加 ex030801 文件，命令如下。

```
zip – m ex030801.zip ex030801
```

该命令执行后的效果如图 3-142 所示。

（4）如果我们已经有 .zip 类型的压缩文件，该如何对它进行解压并获取其中的文件呢？在 Ubuntu 中对 .zip 文件解压缩的命令是 unzip。执行如下命令将实现对 ex030801.zip 进行解压缩并覆盖原文件。

```
unzip – o ex030801.zip
```

该命令执行后的效果如图 3-143 所示。

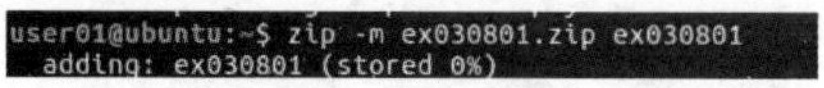

图 3-142　向压缩文件 ex030801.zip 中添加 ex030801　　　图 3-143　解压缩 ex030801.zip 并覆盖
　　　　　文件　　　　　　　　　　　　　　　　　　　　　　　　　　原文件

（5）如果在解压缩过程中不想覆盖原文件，那么执行如下命令。

```
unzip – n ex030801.zip
```

该命令执行后的效果如图 3-144 所示。

（6）zipinfo 命令用来列出压缩文件信息。执行 zipinfo 命令可得知 zip 压缩文件的详细信息，具体如下。

```
zipinfo ex030801.zip
```

该命令执行后的效果如图 3-145 所示。

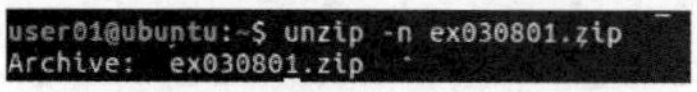

图 3-144　解压缩 ex030801.zip 且　　　　图 3-145　列出压缩文件信息
　　　　　不覆盖原文件

3.8.2   gzip、gunzip 和 gzexe

如果想要产生具有".gz"扩展名的压缩文件，那么我们就要使用 gzip 命令。

（1）首先，把当前目录下的每个文件压缩成.gz文件，具体命令如下。

```
gzip *
```

该命令执行后的效果如图 3-146 所示。

（2）压缩完成后，可执行以下命令完成对上例中每个压缩文件进行解压，并列出详细的信息，命令如下。

```
gzip -dv *
```

该命令执行后的效果如图 3-147 所示。

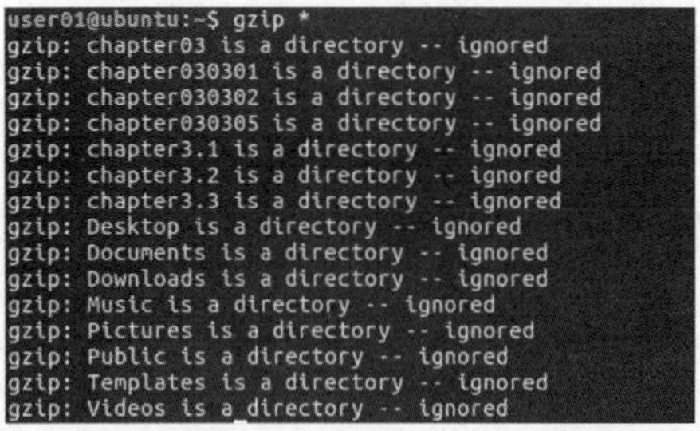

图 3-146   把当前目录下的每个文件压缩成.gz文件

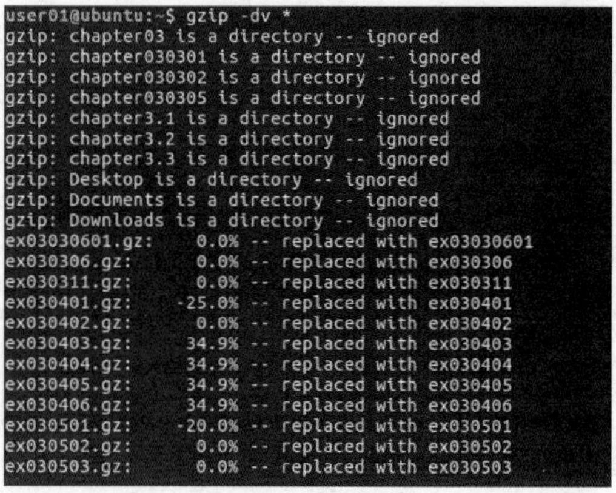

图 3-147   把每个压缩的文件解压并列出详细信息

（3）然后，使用 gunzip 命令对压缩包进行解压。假定存在压缩文件 ex030801.gz（若 ex030801.gz 不存在，可以使用命令 gzip ex030801 创建之；若 ex030801 不存在，可以使用命令 touch ex030801 创建之），可执行以下命令对其解压。

gunzip ex030801.gz

该命令执行后，ex030801.gz 被成功解压。我们也可以使用 gzip-d ex030801.gz 对该压缩包解压，读者可自行尝试。

（4）最后，创建一个名为 ex030802 的文件并使用 gzexe 命令压缩，命令如下。

gzexe ex030802

该命令执行后的效果如图 3-148 所示。

如果想要解压缩该文件，那么我们只需加上 d 参数即可，如图 3-149 所示。

图 3-148   创建一个名为 ex030802 的文件并使用 gzexe 命令压缩

图 3-149   解压缩文件 ex030802

3.8.3   bzip2、bunzip2 和 bzip2recover

如果想要产生具有.bz2扩展名的压缩文件，那么就要使用 bzip2 命令。

（1）首先，使用 touch 命令创建名为 ex030803 的文件，再使用 bzip2 命令进行压缩并查看，命令如下。

```
touch ex030803
bzip2 ex030803
ls
```

该命令执行后的效果如图 3-150 所示。

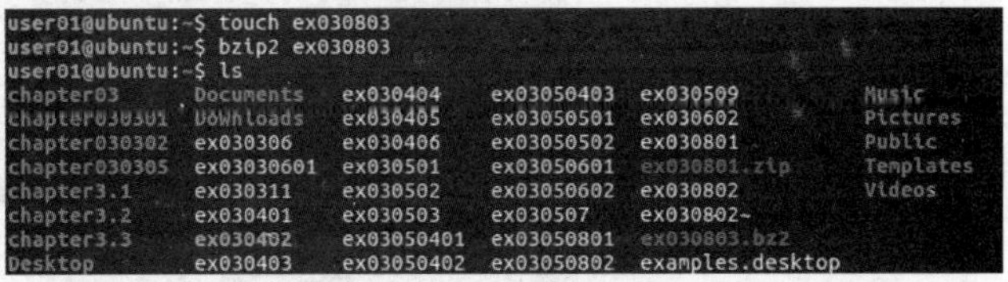

图 3-150 创建、压缩并查看文件

上述命令执行时会将文件 ex030803 删除，替换成 ex030803.bz2。如果以前有 ex030803.bz2 则不会替换并提示错误。

（2）然后，进行解压操作，bzip2 和 bunzip2 命令都可完成该操作。执行以下命令。

```
bzip2 -d ex030803.bz2
```

该命令执行后的效果如图 3-151 所示。

也可执行以下命令完成解压操作。

```
bunzip2 ex030803.bz2
```

该命令执行后的效果如图 3-152 所示。

图 3-151 使用 bzip2 命令进行解压 　　　图 3-152 使用 bunzip2 命令进行解压

注意：如果在当前文件夹下没有文件 ex030803，那么这里解压的时候不会输出任何提示，而是直接将原来的文件 ex030803.bz2 替换成 ex030803；若在当前文件夹下存在 ex030803 这一文件，则不会被替换，而是给出相应提示。

（3）如果由于压缩包损坏而无法读取，那么这时候可以使用 bzip2recover 命令修复压缩包，命令如下。

```
bzip2recover ex030803.bz2
```

该命令执行后的效果如图 3-153 所示。

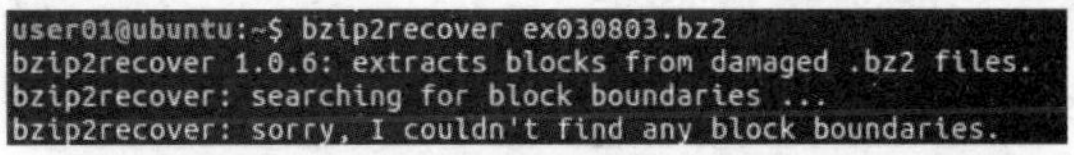

图 3-153 使用 bzip2recover 命令修复压缩包

可以看到，由于当前压缩包没有损坏，命令执行后提示用户无须修复。

3.8.4 compress 和 uncompress

如果想要产生扩展名为.Z 的压缩文件，那么就要使用 compress 命令。

（1）使用 touch 命令创建名为 ex030804 的文件，再使用 compress 命令进行压缩，命令如下。

```
compress ex030804
```

该命令执行后的效果如图 3-154 所示。

命令执行后，系统提示该命令未安装，这时我们只需切换至 root 用户并执行"apt install uncompress"命令即可，效果如图 3-155 所示。

```
ubuntu@summer-virtual-machine:~$ compress ex030804

Command 'compress' not found, but can be installed with:

sudo apt install ncompress
```

图 3-154　使用 compress 命令进行压缩

```
root@ubuntu:/home/user01# apt install ncompress
Reading package lists... Done
Building dependency tree
Reading state information... Done
The following packages were automatically installed and are no longer required:
  linux-headers-4.8.0-36 linux-headers-4.8.0-36-generic
  linux-image-4.8.0-36-generic linux-image-extra-4.8.0-36-generic
Use 'apt autoremove' to remove them.
The following NEW packages will be installed:
  ncompress
0 upgraded, 1 newly installed, 0 to remove and 98 not upgraded.
Need to get 19.8 kB of archives.
After this operation, 49.2 kB of additional disk space will be used.
Get:1 http://us.archive.ubuntu.com/ubuntu xenial/universe amd64 ncompress amd64
4.2.4.4-15 [19.8 kB]
Fetched 19.8 kB in 1s (14.9 kB/s)
Selecting previously unselected package ncompress.
(Reading database ... 244102 files and directories currently installed.)
Preparing to unpack .../ncompress_4.2.4.4-15_amd64.deb ...
Unpacking ncompress (4.2.4.4-15) ...
Processing triggers for man-db (2.7.5-1) ...
Setting up ncompress (4.2.4.4-15) ...
```

图 3-155　安装 compress 命令

（2）命令安装完成后，切换至原用户并执行以下命令对 ex030804 进行压缩，效果如图 3-156 所示。

```
compress – f ex030804
```

（3）压缩完成后，会生成一个 ex030804.Z 的文件替代原文件，图 3-157 所示为执行 ls -a 查看后的效果。

```
user01@ubuntu:~$ compress -f ex030804
```

图 3-156　对 ex030804 进行压缩

```
user01@ubuntu:~$ ls -a
              .compiz          ex030405    ex03050801   .ICEauthority
.             .config          ex030406    ex03050802   .lesshst
.bash_history Desktop          ex030501    ex030509     .local
.bash_logout  .dmrc            ex030502    ex030602     Music
.bashrc       Documents        ex030503    ex030801     .oracle_jre_usage
.cache        Downloads        ex03050401  ex030801.zip Pictures
chapter03     ex030306         ex03050402  ex030802     .profile
chapter030301 ex03030601       ex03050403  ex030802~    Public
chapter030302 ex030311         ex03050404  ex030803.bz2 Templates
chapter030305 ex030401         ex03050502  ex030804.Z   Videos
chapter3.1    ex030402         ex03050601  examples.desktop .Xauthority
chapter3.2    ex030403         ex03050602  .gconf       .xsession-errors
chapter3.3    ex030404         ex030507    .gnupg       .xsession-errors.old
```

图 3-157　显示所有文件

（4）如果想要对压缩后的文件进行解压，我们可以使用 compress 或者 uncompress 命令。执行以下命令。

```
compress – df ex030804.Z
```

该命令执行后的效果如图 3-158 所示。

```
ubuntu@summer-virtual-machine:~$ compress -df ex030804.Z
```

图 3-158　使用 compress 命令解压缩

也可执行以下命令实现文件的解压。

```
uncompress ex030804.Z
```

该命令执行后的效果如图 3-159 所示。

```
ubuntu@summer-virtual-machine:~$ uncompress ex030804.Z
```

图 3-159　使用 uncompress 命令解压缩

3.8.5 uuencode 和 uudecode

本节将介绍 uuencode 和 uudecode 命令。uuencode 编码后的资料都以 begin 开始,以 end 作为结束。

(1)首先使用 touch 命令创建名为 ex030805 的文件,再使用 uuencode 命令进行编码, 命令如下。

uuencode ex030805

该命令执行后的效果如图 3-160 所示。

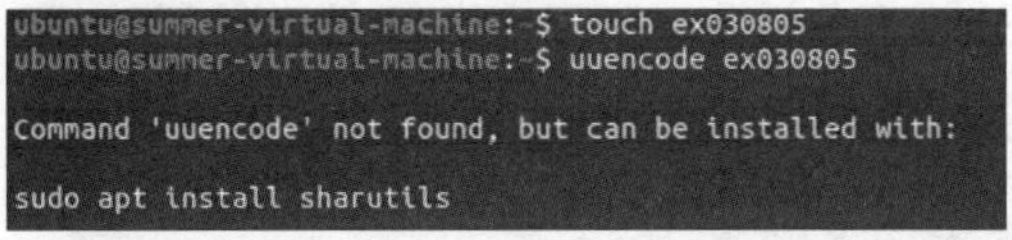

图 3-160 创建名为 ex030805 的文件并使用 uuencode 命令进行压缩

上述命令执行后,系统提示 uuencode 未安装,这时只需切换至 root 用户并执行 apt-get install sharutils 命令即可,效果如图 3-161 所示。

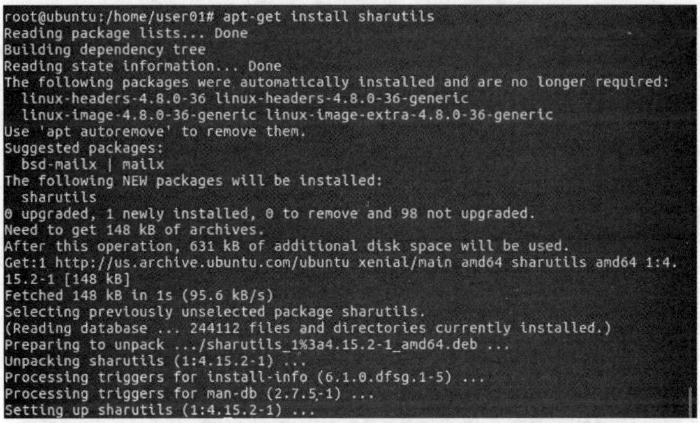

图 3-161 安装 uuencode 命令

(2)命令安装完成后,执行以下命令对图片 snali.jpg 进行编码并查看。

uuencode snali.jpg snali.jpg > snali.jpg.uue
cat snali.jpg.uue

该命令执行后的效果如图 3-162 所示。

图 3-162 对图片进行编码

（3）编码完成后，为了方便查看结果，可将编码后的 snali.jpg.uue 文件移动至空白文件夹并进行解码，命令如下。

```
uudecode snali.jpg.uue
```

该命令执行后，若在当前文件夹下生成 snali.jpg，则说明命令执行成功。读者亦可进行验证。

3.8.6　dump 和 tar

本节将介绍 dump 和 tar 命令。

（1）首先，使用 dump 命令将 home 目录内的文件进行备份，命令如下。

```
dump - 0 - f home.dump /home
```

该命令执行后的效果如图 3-163 所示。

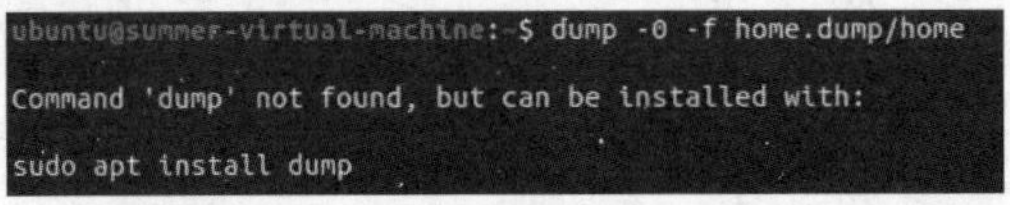

图 3-163　使用 dump 命令将目录内的文件进行备份

可以看到，系统提示 dump 命令未安装，此时只需切换至 root 用户并执行 apt install dump 即可，效果如图 3-164 所示。

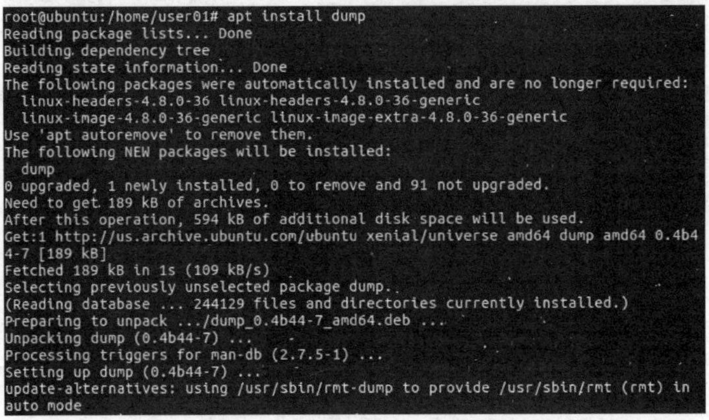

图 3-164　安装 dump 命令

（2）dump 安装完毕后，接下来执行以下命令进行备份。

```
dump - 0 - f /tmp/boot.dump /boot
```

该命令执行后的效果如图 3-165 所示。

（3）也可以使用如下命令对 user01 文件夹进行备份。

```
tar cvf backup.tar /home/user01
```

该命令执行后的效果如图 3-166 所示。

（4）然后，使用 tar 命令将当前目录下所有文件打包并压缩归档到文件 this.tar.gz 中，具体如下。

```
tar czvf this.tar.gz ./
```

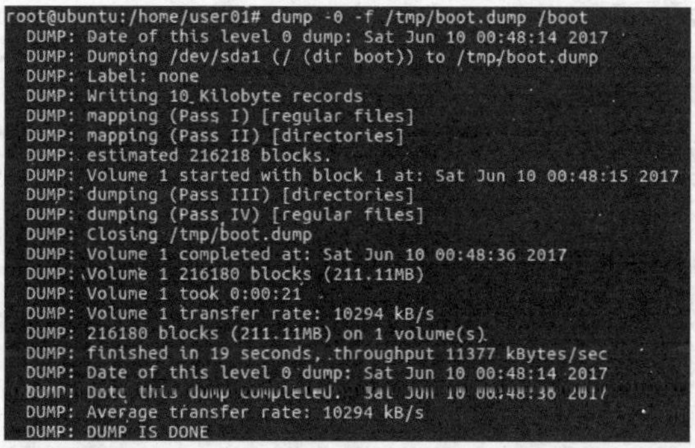

图 3-165　使用 dump 命令进行备份

该命令执行后的效果如图 3-167 所示。

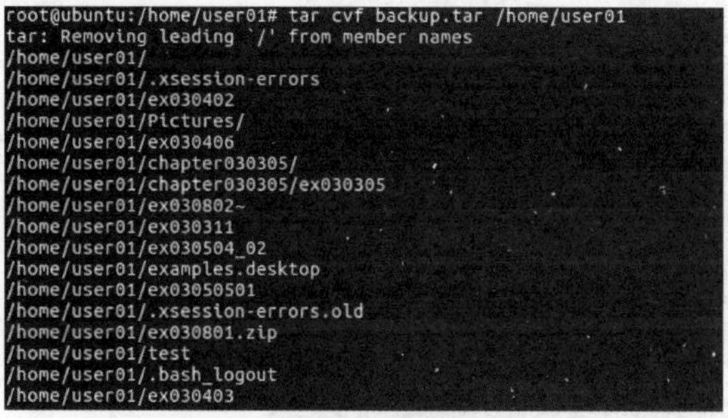

图 3-166　使用 tar 命令进行备份

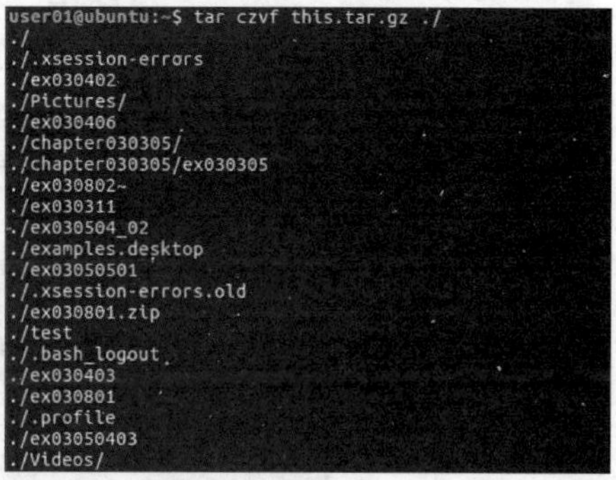

图 3-167　将当前目录下所有文件打包并压缩

（5）最后，将 this.tar.gz 文件移动至空白文件夹中并解压缩，具体如下。

```
tar xzvf this.tar.gz ./
```

命令执行后，当前空白文件夹下将出现被压缩的所有文件。

3.9　获取帮助

在使用 Ubuntu 系统时，可能会遇到各种问题。下面就来学习在遇到问题时该如何获取帮助。

3.9.1　使用 man 获取帮助

在 Ubuntu 中可以使用 man 来获取帮助。

（1）输入 man ls 查看 ls 命令的帮助手册，命令如下。

```
man ls
```

该命令执行后的效果如图 3-168 所示。

可以看到，它会在左上角显示"LS（1）"，这里，"LS"表示手册名称，而"（1）"表示该手册位于第 1 章。

（2）继续执行 man sleep 命令查看 sleep 命令的帮助手册，命令如下。

```
LS(1)                           User Commands                          LS(1)

NAME
       ls - list directory contents

SYNOPSIS
       ls [OPTION]... [FILE]...

DESCRIPTION
       List information about  the FILEs (the current directory by default).
       Sort entries alphabetically if none of -cftuvSUX nor --sort  is  speci-
       fied.

       Mandatory  arguments  to  long  options are mandatory for short options
       too.

       -a, --all
              do not ignore entries starting with .

       -A, --almost-all
              do not list implied . and ..

       --author
Manual page ls(1) line 1 (press h for help or q to quit)
```

图 3-168　查看 ls 命令的帮助手册

man sleep

该命令执行后的效果如图 3-169 所示。

```
SLEEP(1)                        User Commands                       SLEEP(1)

NAME
       sleep - delay for a specified amount of time

SYNOPSIS
       sleep NUMBER[SUFFIX]...
       sleep OPTION

DESCRIPTION
       Pause for NUMBER seconds.  SUFFIX may be 's' for seconds (the default),
       'm' for minutes, 'h' for hours or 'd' for days. Unlike most implemen-
       tations  that require NUMBER be an integer, here NUMBER may be an arbi-
       trary floating point number.  Given two or more  arguments,  pause  for
       the amount of time specified by the sum of their values.

       --help display this help and exit

       --version
              output version information and exit

AUTHOR
       Written by Jim Meyering and Paul Eggert.
Manual page sleep(1) line 1 (press h for help or q to quit)
```

图 3-169　查看 sleep 命令的帮助手册

可以看到，它会在左上角显示"SLEEP(1)"，在这里，"SLEEP"表示手册名称，而"(1)"表示该手册位于第 1 章。

（3）如果记不清楚完整的命令，可以考虑用-k 参数，命令如下。

man - k sleep

该命令执行后的效果如图 3-170 所示。

```
user01@ubuntu:~$ man -k sleep
clock_nanosleep (2)      - high-resolution sleep with specifiable clock
nanosleep (2)            - high-resolution sleep
rtcwake (8)              - enter a system sleep state until specified wakeup time
sleep (1)                - delay for a specified amount of time
sleep (3)                - sleep for the specified number of seconds
sleep.conf.d (5)         - Suspend and hibernation configuration file
systemd-hibernate.service (8) - System sleep state logic
systemd-hybrid-sleep.service (8) - System sleep state logic
systemd-sleep (8)        - System sleep state logic
systemd-sleep.conf (5)   - Suspend and hibernation configuration file
systemd-suspend.service (8) - System sleep state logic
usleep (3)               - suspend execution for microsecond intervals
```

图 3-170　查找和 sleep 有关的帮助

3.9.2　使用 whatis 获取帮助

如果想查看一个命令的功能，那么可以使用 whatis 命令。执行 whatis ls 命令可查看 ls

命令的功能,命令如下。

```
whatis ls
```

该命令执行后的效果如图 3-171 所示。

```
user01@ubuntu:~$ whatis ls
ls (1)              - list directory contents
```

图 3-171 查看 ls 命令的功能

3.9.3 使用 help 获取帮助

如果想查看一个内部命令的帮助信息,这时我们可以使用 help 命令。

(1) 执行 help 命令查看 cd 命令的帮助信息,命令如下。

```
help cd
```

该命令执行后的效果如图 3-172 所示。

(2) 执行 help -d 命令查看 cd 命令的简短描述,命令如下。

```
help - d cd
```

该命令执行后的效果如图 3-173 所示。

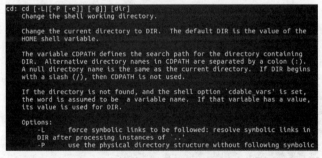

```
cd: cd [-L|[-P [-e]] [-@]] [dir]
    Change the shell working directory.

    Change the current directory to DIR.  The default DIR is the value of the
    HOME shell variable.

    The variable CDPATH defines the search path for the directory containing
    DIR.  Alternative directory names in CDPATH are separated by a colon (:).
    A null directory name is the same as the current directory.  If DIR begins
    with a slash (/), then CDPATH is not used.

    If the directory is not found, and the shell option `cdable_vars' is set,
    the word is assumed to be  a variable name.  If that variable has a value,
    its value is used for DIR.

    Options:
      -L        force symbolic links to be followed: resolve symbolic links in
                DIR after processing instances of `..'
      -P        use the physical directory structure without following symbolic
```

```
user01@ubuntu:~$ help -d cd
cd - Change the shell working directory.
```

图 3-172 查看 cd 命令的帮助信息   图 3-173 查看 cd 命令的简短描述

(3) 执行 help -s 命令查看 cd 命令用法的简介,命令如下。

```
help - s cd
```

该命令执行后的效果如图 3-174 所示。

(4) 使用 help 命令查看非内部命令 ls,命令如下。

```
help ls
```

该命令执行后的效果如图 3-175 所示。

```
user01@ubuntu:~$ help -s cd
cd: cd [-L|[-P [-e]] [-@]] [dir]
```

```
user01@ubuntu:~$ help ls
bash: help: no help topics match `ls'. Try `help help' or `man -k ls' or `info
ls'.
```

图 3-174 查看 cd 命令用法的简介   图 3-175 查看非内部命令 ls

可以看到,系统提示无法找到 ls 命令的帮助信息,建议尝试使用 man -k 或 info 命令。

3.9.4 使用 info 获取帮助

info 命令也可用来获取帮助。我们执行如下命令查看 who 命令的帮助信息。

```
info who
```

该命令执行后的效果如图 3-176 所示。

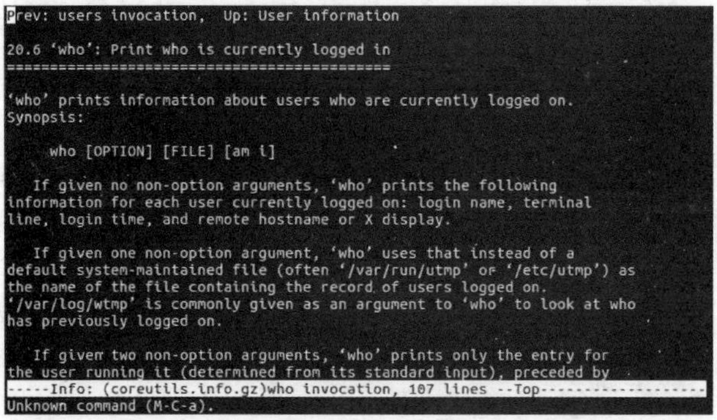

図 3-176　查看 who 命令的帮助信息

3.10　其他命令

本节简要介绍 Ubuntu 系统中的其他命令，包括清除屏幕信息、显示日期时间、查看和终止进程等。

3.10.1　清除屏幕信息

清除屏幕信息的命令是 clear，在终端上执行 clear 命令前，效果如图 3-177 所示。

図 3-177　使用 clear 命令前的终端

按 Enter 键执行 clear 命令后，效果如图 3-178 所示。

図 3-178　使用 clear 命令后的终端

可以看到，命令成功执行后，终端中显示的内容被全部清空。

3.10.2　显示文本

（1）echo 命令的功能是在显示器上显示一段文字，一般起到提示的作用，具体如下。

```
echo this is my message
```

该命令执行后的效果如图 3-179 所示。

（2）也可以使用 echo 命令输入某个变量，例如，可以定义一个名为"x"的变量并赋值为10，然后将其显示出来，具体如下。

```
x = 10
echo $ x
```

该命令执行后的效果如图 3-180 所示。

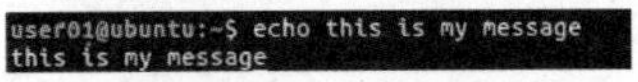

user01@ubuntu:~$ echo this is my message
this is my message

图 3-179　显示一段文字

user01@ubuntu:~$ x=10
user01@ubuntu:~$ echo $x
10

图 3-180　显示一个变量中存的值

（3）如果只是想输入"$ x"这个字符串，那么可以使用转义符号进行操作，具体如下。

```
echo - e \ $ x
```

该命令执行后的效果如图 3-181 所示。

这样，系统就把"$ x"当做普通的字符串进行解析，而不是变量。

图 3-181　显示一个转义后的字符串

（4）使用 echo 命令输出当前工作目录，具体如下。

```
echo $ (pwd)
```

该命令执行后的效果如图 3-182 所示。

（5）也可以使用以下命令输出某个用户的 home 目录名。

```
echo ~user01
```

该命令执行后的效果如图 3-183 所示。

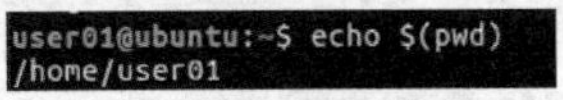

user01@ubuntu:~$ echo $(pwd)
/home/user01

图 3-182　输出当前工作目录

user01@ubuntu:~$ echo ~user01
/home/user01

图 3-183　输出某个用户的 home 目录名

命令执行完成后，会输出浪纹线后指定用户的 home 目录名。如果没有指定用户名，则是当前用户的 home 目录。

3.10.3　显示日期时间

（1）显示日期和时间的命令是 date，执行以下命令。

```
date
```

该命令执行后的效果如图 3 184 所示。

（2）如果只想显示年月日中的某一个，可以执行以下命令。

```
date + % y
date + % m
date + % d
```

该命令执行后的效果如图 3-185 所示。

图 3-184　显示日期和时间　　　　　　　　　图 3-185　显示年月日

可以看到，当前时间为 2020 年 09 月 21 日。

（3）除了 date 命令外，cal 命令也可以显示日历及当前日期，执行以下命令。

cal

该命令执行后的效果如图 3-186 所示。

（4）也可以使用 cal 命令查看当前年份的日历，命令如下。

cal -y

该命令执行后的效果如图 3-187 所示。

图 3-186　显示日历及当前日期

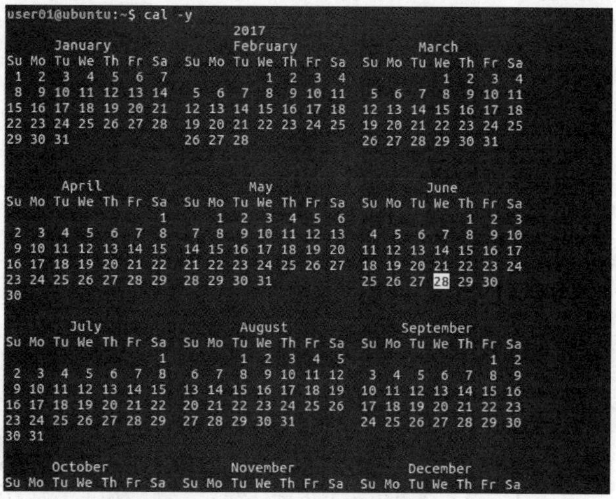

图 3-187　查看当前年份的日历

3.10.4　查看当前进程

（1）执行查看当前进程的命令是 ps，效果如图 3-188 所示。

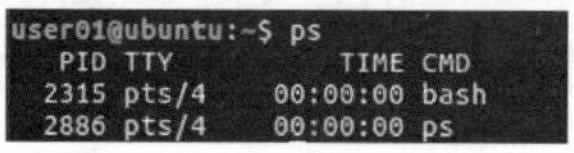

图 3-188　查看当前进程

结果默认会显示 4 列信息，具体如表 3-4 所示。

表 3-4　ps 命令的结果及描述

英文简称	PID	TTY	TIME	CMD
中文描述	运行中的命令（CMD）的进程编号	命令所运行的位置（终端）	运行中的该命令所占用的 CPU 处理时间	该进程所运行的命令

（2）接下来查看所有进程，命令如下。

```
ps -A
```

该命令执行后的效果如图 3-189 所示。

（3）最后查看 user01 用户的所有进程，命令如下。

```
ps U user01
```

该命令执行后的效果如图 3-190 所示。

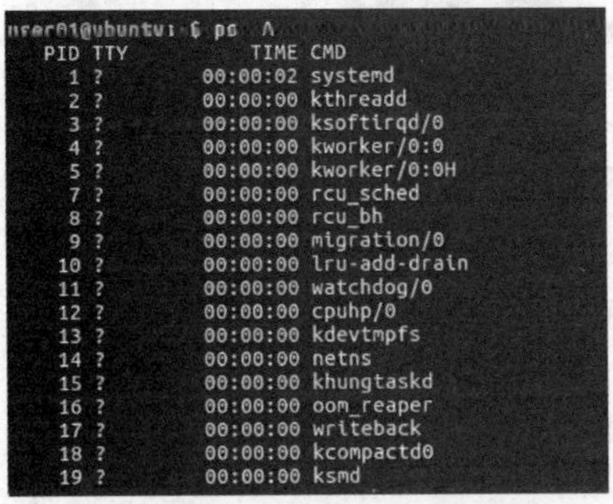

图 3-189　查看所有进程

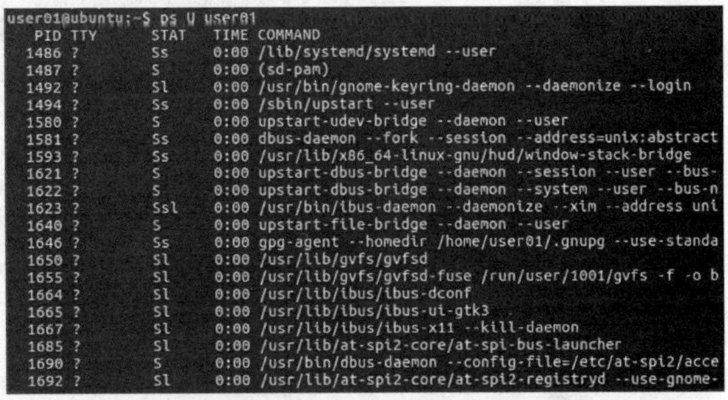

图 3-190　查看 user01 用户的所有进程

3.10.5　终止某一进程

（1）如果想关闭图 3-188 中 PID 为 2315 的进程，执行以下命令。

```
kill -9 2315
```

上述命令成功执行后，此进程被关闭，也就是系统将退出终端。

（2）也可以根据程序名终止某一进程，例如，想终止程序名为 sendmail 的这一进程，可执行以下命令。

```
ps -ef | grep sendmail
pkill sendmail
```

上述命令成功执行后，程序名为 sendmail 的进程将被终止。

（3）还可以使用 killall 命令来实现 pkill 的功能，接下来仍以终止程序名为 sendmail 这一进程为例，执行以下命令。

```
ps -ef | grep sendmail
killall -9 sendmail
```

若 killall 命令被成功执行，则进程 sendmail 将被关闭。

3.10.6　显示最近登录系统的用户信息

显示最近登录系统的用户信息的命令是 last，在终端上输入以下命令。

```
last
```

该命令执行后的效果如图 3-191 所示。

结果默认会显示 6 列信息，表 3-5 展示了执行该命令后，结果的前 3 行及其释义。

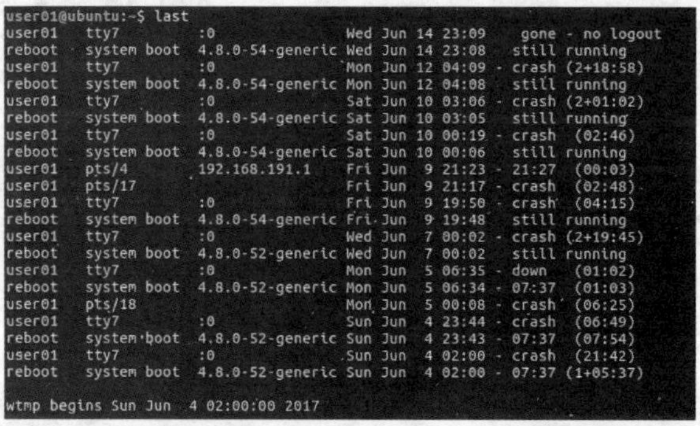

```
user01@ubuntu:~$ last
user01   tty7         :0               Wed Jun 14 23:09    gone - no logout
reboot   system boot  4.8.0-54-generic Wed Jun 14 23:08   still running
user01   tty7         :0               Mon Jun 12 04:09 - crash (2+18:58)
reboot   system boot  4.8.0-54-generic Mon Jun 12 04:08   still running
user01   tty7         :0               Sat Jun 10 03:06 - crash (2+01:02)
reboot   system boot  4.8.0-54-generic Sat Jun 10 03:05   still running
user01   tty7         :0               Sat Jun 10 00:19 - crash  (02:46)
reboot   system boot  4.8.0-54-generic Sat Jun 10 00:06   still running
user01   pts/4        192.168.191.1    Fri Jun  9 21:23 - 21:27  (00:03)
user01   pts/17                        Fri Jun  9 21:17 - crash  (02:48)
user01   tty7         :0               Fri Jun  9 19:50 - crash  (04:15)
reboot   system boot  4.8.0-54-generic Fri Jun  9 19:48   still running
user01   tty7         :0               Wed Jun  7 00:02 - crash (2+19:45)
reboot   system boot  4.8.0-52-generic Wed Jun  7 00:02   still running
user01   tty7         :0               Mon Jun  5 06:35 - down   (01:02)
reboot   system boot  4.8.0-52-generic Mon Jun  5 06:34 - 07:37  (01:03)
user01   pts/18                        Mon Jun  5 00:08 - crash  (06:25)
user01   tty7         :0               Sun Jun  4 23:44 - crash  (06:49)
reboot   system boot  4.8.0-52-generic Sun Jun  4 23:43 - 07:37  (07:54)
user01   tty7         :0               Sun Jun  4 02:00 - crash  (21:42)
reboot   system boot  4.8.0-52-generic Sun Jun  4 02:00 - 07:37 (1+05:37)

wtmp begins Sun Jun  4 02:00:00 2017
```

图 3-191　显示最近登录系统的用户信息

表 3-5　last 命令的结果及释义

序号	用户名	终端	登录 IP 或者内核	开始时间	结束时间	持续时间
1	user01	tty7	:0	Wed Jun 14 23:09	gone-no logout	/
2	reboot	system boot	4.8.0-54-generic	Wed Jun 14 23：08	still running	/
3	user01	tty7	:0	Mon Jun 12 04:09	crash	2+18:58

3.10.7　显示历史命令

显示历史命令的命令是 history，系统默认保留最近执行的 1000 条命令。图 3-192 显示了执行 history 之后的结果，该结果分为 2 列，第 1 列为执行过的命令的编号，第 2 列为具体的命令。

也可以使用如下命令显示最近执行过的 10 条命令。

```
history 10
```

该命令执行后的效果如图 3-193 所示。

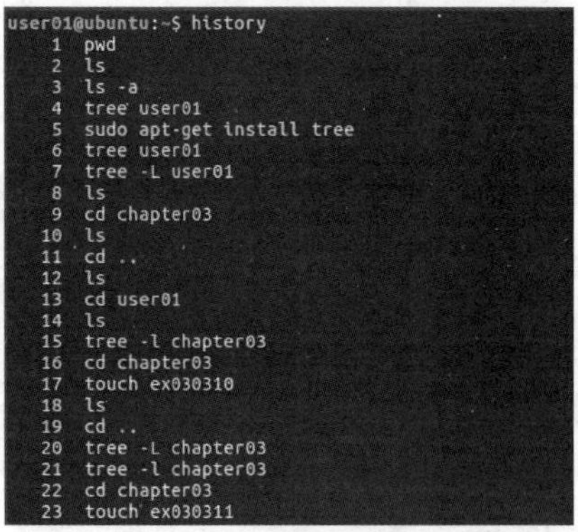

```
user01@ubuntu:~$ history
    1  pwd
    2  ls
    3  ls -a
    4  tree user01
    5  sudo apt-get install tree
    6  tree user01
    7  tree -L user01
    8  ls
    9  cd chapter03
   10  ls
   11  cd ..
   12  ls
   13  cd user01
   14  ls
   15  tree -l chapter03
   16  cd chapter03
   17  touch ex030310
   18  ls
   19  cd ..
   20  tree -L chapter03
   21  tree -l chapter03
   22  cd chapter03
   23  touch ex030311
```

图 3-192　显示历史命令

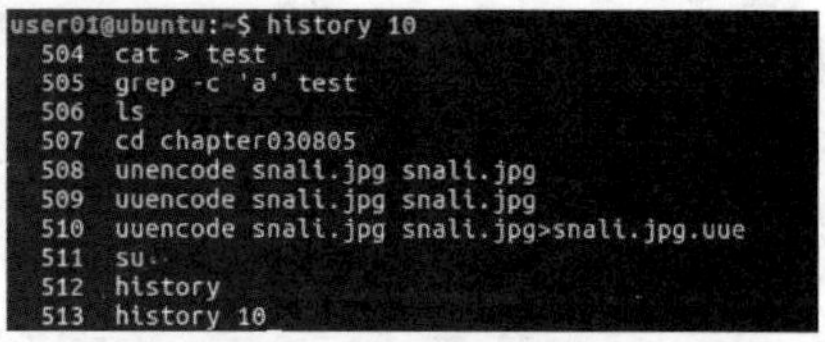

```
user01@ubuntu:~$ history 10
  504  cat > test
  505  grep -c 'a' test
  506  ls
  507  cd chapter030805
  508  unencode snali.jpg snali.jpg
  509  uuencode snali.jpg snali.jpg
  510  uuencode snali.jpg snali.jpg>snali.jpg.uue
  511  su
  512  history
  513  history 10
```

图 3-193　显示最近执行过的 10 条命令

从图中可以看到，到目前为止在终端上一共执行了 513 条命令，最近 10 条命令为第 504 条到第 513 条。

注意：成功执行 history 命令之后，系统默认将会显示最近执行的 1000 条命令，这 1000 条命令由～/. bash_history 里的命令及当前 Shell 中命令所组成。

若需修改这一默认命令数目，则可执行以下操作：

```
sed -i 's/^HISTSIZE=1000/HISTSIZE=300/' /etc/profile
source /etc/profile（使其生效）
```

其中，HISTSIZE=1000 表示显示最近执行的 1000 条命令，我们将其值修改为 300。上述命令成功执行后，history 执行时只会显示最近执行的 300 条命令。

3.10.8　超级权限用户及操作

在 Ubuntu 系统中的权限分为超级(root)用户权限和普通用户权限，两者的主要区别如表 3-6 所示。

表 3-6　超级用户与普通用户的区别

序号	超级用户	普通用户
1	没有磁盘空间的限制	可使用的磁盘空间有限制
2	对所有文件都具有读写和修改的权限	只有文件的所有者具有文件的修改权限
3	可以使用任何命令	可以使用大部分命令，某些命令如果没有权限可以使用 sudo 申请 root 权限

以用户执行命令为例，普通用户可以被允许使用 sudo 命令，临时赋予 root 权限，但是必须要将其加入到 sudoers 用户组里，具体步骤如下。

(1) 首先，在普通用户的字符界面下执行 halt 命令，具体如下。

```
halt
```

该命令执行后的效果如图 3-194 所示。

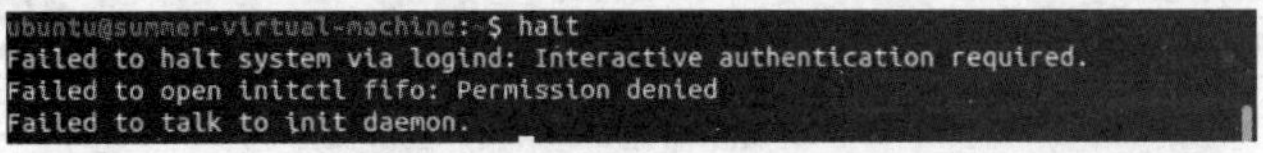

ubuntu@summer-virtual-machine:~$ halt
Failed to halt system via logind: Interactive authentication required.
Failed to open initctl fifo: Permission denied
Failed to talk to init daemon.

图 3-194　普通用户执行 halt 命令

可以看到，系统提示由于权限不够无法执行该操作。

(2) 然后，使用 sudo 命令进行操作，具体如下。

```
sudo halt
```

该命令执行后的效果如图 3-195 所示。

系统提示输入当前用户 user01 的密码，如果密码输入错误，系统将提示重新输入，输入正确后可能会出现如图 3-196 所示的提示。

user01@ubuntu:~$ sudo halt
[sudo] password for user01:

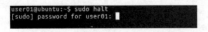

图 3-195　使用 sudo 命令执行 halt

user01@ubuntu:~$ sudo halt
[sudo] password for user01:
user01 is not in the sudoers file. This incident will be reported.

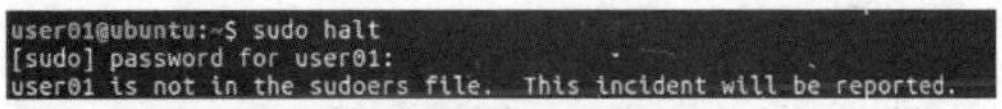

图 3-196　密码输入正确后出现的提示

这是因为 user01 用户是普通用户，不具有超级用户的权限，它不在具有超级用户权限的用户组 sudoers 的列表里。

(3) 使用 su 命令切换至 root 用户并执行以下命令以完成将普通用户 user01 加入具有超级用户权限的 sudoers 用户组内。

```
adduser user01 sudo
```

该命令执行后的效果如图 3-197 所示。

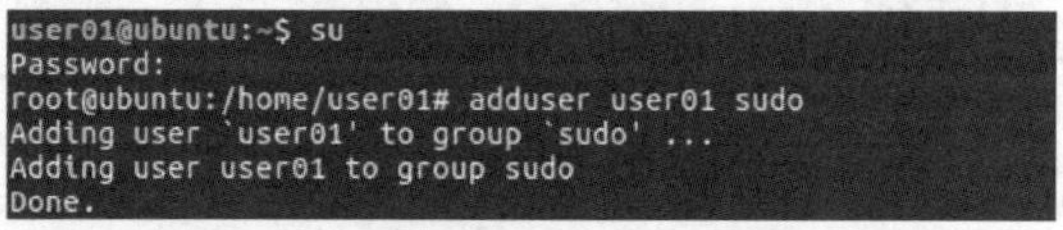

```
user01@ubuntu:~$ su
Password:
root@ubuntu:/home/user01# adduser user01 sudo
Adding user `user01' to group `sudo' ...
Adding user user01 to group sudo
Done.
```

图 3-197　切换至 root 用户并将 user01 加入 sudoers 列表里

这时切换至 user01 用户后继续执行 sudo halt 命令，系统将自动关闭，这说明用户 user01 已经被成功加入超级用户组并取得超级用户的权限。

3.10.9　定义别名

（1）alias 命令用来设置命令的别名。可以通过使用该命令将一些较长的命令进行简化，具体如下。

```
alias l = 'ls'
l
ls
```

上述命令执行的效果如图 3-198 所示。

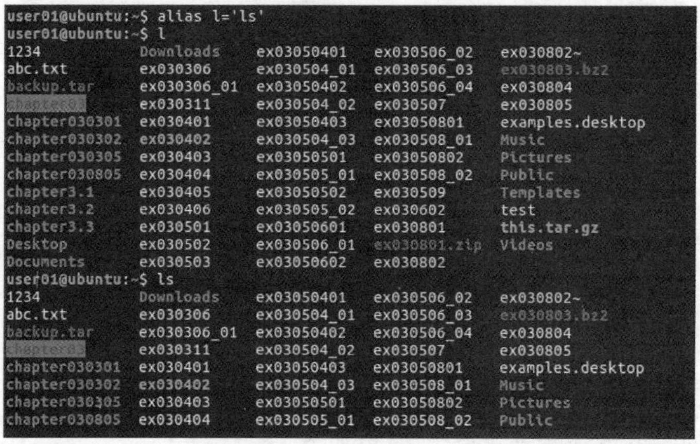

```
user01@ubuntu:~$ alias l='ls'
user01@ubuntu:~$ l
1234            Downloads       ex03050401      ex030506_02     ex030802~
abc.txt         ex030306        ex030504_01     ex030506_03     ex030803.bz2
backup.tar      ex030306_01     ex03050402      ex030506_04     ex030804
chapter03       ex030311        ex030504_02     ex030507        ex030805
chapter030301   ex030401        ex03050403      ex03050801      examples.desktop
chapter030302   ex030402        ex030504_03     ex030508_01     Music
chapter030305   ex030403        ex03050501      ex03050802      Pictures
chapter030805   ex030404        ex030505_01     ex030508_02     Public
chapter3.1      ex030405        ex030505_02     ex030509        Templates
chapter3.2      ex030406        ex030505_02     ex030602        test
chapter3.3      ex030501        ex03050601      ex030801        this.tar.gz
Desktop         ex030502        ex030506_01     ex030801.zip    Videos
Documents       ex030503        ex03050602      ex030802
user01@ubuntu:~$ ls
1234            Downloads       ex03050401      ex030506_02     ex030802~
abc.txt         ex030306        ex030504_01     ex030506_03     ex030803.bz2
backup.tar      ex030306_01     ex03050402      ex030506_04     ex030804
chapter03       ex030311        ex030504_02     ex030507        ex030805
chapter030301   ex030401        ex03050403      ex03050801      examples.desktop
chapter030302   ex030402        ex030504_03     ex030508_01     Music
chapter030305   ex030403        ex03050501      ex03050802      Pictures
chapter030805   ex030404        ex030505_01     ex030508_02     Public
```

图 3-198　设置命令的别名

可以看到，我们将 ls 命令的别名设置为"l"，执行"l"命令后会得到与 ls 命令相同的结果。如果要删除"l"这个别名，只需执行 unalias l 即可。

（2）也可以使用 alias 命令列出当前系统中所有的别名及其对应的命令，具体如下。

```
alias
```

该命令执行的效果如图 3-199 所示。

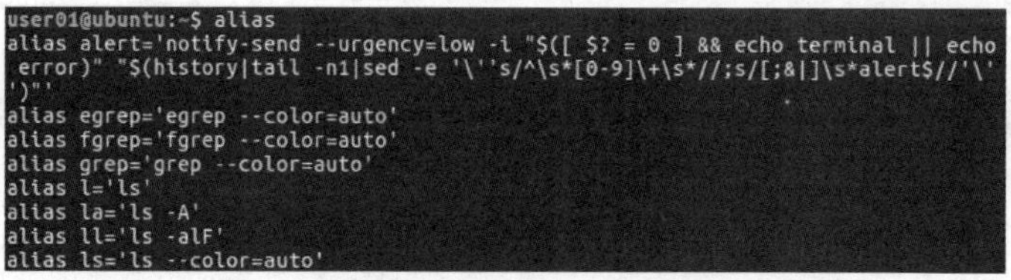

```
user01@ubuntu:~$ alias
alias alert='notify-send --urgency=low -i "$([ $? = 0 ] && echo terminal || echo
error)" "$(history|tail -n1|sed -e '\''s/^\s*[0-9]\+\s*//;s/[;&|]\s*alert$//'\''
')"'
alias egrep='egrep --color=auto'
alias fgrep='fgrep --color=auto'
alias grep='grep --color=auto'
alias l='ls'
alias la='ls -A'
alias ll='ls -alF'
alias ls='ls --color=auto'
```

图 3-199　列出当前系统中所有的别名及其对应的命令

（3）我们已经设置 ls 命令的别名为"l"，这时我们将 date 命令的别名也设置为"l"，尝试以下命令。

```
alias l = 'date'
l
```

上述命令执行的效果如图 3-200 所示。

```
ubuntu@summer-virtual-machine:~$ l
Mon 21 Sep 2020 04:07:42 AM CST
```

图 3-200　将 date 命令的别名也设置为"l"

可以看到，命令成功执行后，别名"l"被设置为 date 命令，自动覆盖之前设置的 ls 命令。这也是为什么我们在最初执行"alias l= 'ls'"时无须查看"l"是否被设置为其他命令的别名，因为它会被自动覆盖。

本章小结

在 Ubuntu 字符界面下完全使用命令来进行所有操作。在本章中，我们仅介绍了最为常用的命令，大致包括：用户登录与注销、关闭和重启系统；目录与文件的更改、创建、删除、移动等；文件内容的显示及剪切、粘贴、比较和统计；在硬盘和数据库中查找文件或目录及其位置；检查磁盘空间占用情况、挂载文件系统、分配和显示配额、卸载文件系统等；压缩和解压缩、备份和恢复；获取帮助以及其他一些常用的命令。

习题 3

1. 选择题

（1）普通用户登录后，以下（　　）命令可以打开新终端。

    A. Ctrl＋Alt＋R　　　　　　　　　　　B. Ctrl＋Alt＋T

    C. Ctrl＋Alt＋Y　　　　　　　　　　　D. Ctrl＋Alt＋U

（2）普通用户打开 Shell 后，以下（　　）命令可以切换至 root 账户。

    A. su　　　　　　B. adduser　　　　　C. login　　　　　D. exit

（3）（　　）命令不能执行关闭系统操作。

    A. shutdown -h　　B. halt　　　　　　C. shutdown -r　　D. poweroff

（4）如果想要使用 init 命令重启，那么应该使用以下（　　）级别。

    A. 1　　　　　　B. 3　　　　　　　　C. 5　　　　　　　D. 6

（5）（　　）命令不能执行重启系统的操作。

    A. shutdown -h　　B. init 6　　　　　　C. shutdown -r　　D. reboot

（6）（　　）命令可以创建名为 abc 的文件。

    A. touch abc　　　B. mkdir abc　　　　C. rmdir abc　　　D. cd abc

（7）Ubuntu 系统的文件不包括（　　）权限。

    A. 写入　　　　　B. 执行　　　　　　C. 删除　　　　　D. 读取

（8）如果想查看文件的权限，那么需要使用（　　）命令。

　　A. ls -l　　　　　B. ls -d　　　　　C. ls -m　　　　　D. ls -R

(9)（　　）按键是 more 命令向后翻页的快捷键。

　　A. Del　　　　　B. Enter　　　　　C. Space　　　　　D. Page Up

(10) 如果想以逆序查看文件内容，那么 sort 命令后需要加上（　　）参数。

　　A. -a　　　　　B. -d　　　　　C. -m　　　　　D. -r

(11) cut -b 命令在处理中文文档的时候会出现乱码，而（　　）命令可以正常输出。

　　A. cut -a　　　B. cut -c　　　　C. cut -d　　　　D. cut -e

(12) 使用 wc 命令统计文件中字符数，（　　）命令可以正确执行。

　　A. wc -c　　　B. wc -l　　　　C. wc -w　　　　D. wc -d

(13) 如果我们想使刚创建的文件被 locate 命令立即搜索到，那么我们可以执行（　　）命令。

　　A. update　　　　　　　　　B. update datebase

　　C. updatedb　　　　　　　　D. updating

(14) 如果我们需要使用 locate 命令搜索当前工作目录下以"test"结尾的文件，那么以下（　　）命令是正确的。

　　A. locate -r test＄　　　　　　B. locate -r test＃

　　C. locate -r test％　　　　　　D. locate -r test＄ *

(15) 如果在使用 unzip 命令解压缩过程中不想覆盖原文件，那么执行（　　）命令。

　　A. unzip -n　　B. unzip -ne　　C. unzip -m　　D. unzip -a

(16)（　　）仅用于查看一个内部命令的帮助信息。

　　A. whatis　　　B. help　　　　C. man　　　　D. info

(17) 如果想使用 echo 命令输出 pwd 命令的结果，（　　）命令可以正确执行。

　　A. echo ＃(pwd)　　　　　　B. echo ％(pwd)

　　C. echo pwd　　　　　　　　D. echo ＄(pwd)

(18) 如果想使用 date 命令输出当前的年份，（　　）命令可以正确执行。

　　A. date ＋％y　　B. date ＋％m　　C. date ＋％d　　D. date ＋％w

(19)（　　）选项不是 ps 命令执行后的结果。

　　A. PID　　　　B. TTY　　　　C. CMD　　　　D. DATE

(20)（　　）选项不是 last 命令执行后的结果。

　　A. 用户名　　　B. 密码　　　　C. 开始时间　　　D. 结束时间

2. 填空题

(1) Ubuntu 系统里具有最高权限的用户名是_____。

(2) 如果想要退出 Shell，那么我们要使用_____命令。

(3) 如果想要创建可以立刻使用的账户，那么我们需要使用_____命令。

(4) 在 Ubuntu 系统中，显示当前工作目录的命令是_____。

(5) 如果我们想要切换工作目录，那么我们需要使用_____命令。

(6) 使用 cat 命令创建文件后系统提示输入内容，按下_____可以结束输入。

(7) 如果使用 chmod 命令给一个文件赋予 444 权限，那么任何人对该文件都具有_____权限。

（8）使用 less 命令分页显示文件内容时，如果想翻到上一页需要按下_____键。

（9）head 命令默认显示文件的前_____行。

（10）_____命令可以对 3 个文件的内容进行比较。

（11）命令_____ /dev/sdb4 将 sdb4 分区格式化为 ext4 文件系统。

（12）使用 quotacheck 命令检查 U 盘空间配置后，会生成 aquota. user 和_____文件。

（13）如果想要产生具有"zip"扩展名的压缩文件，那么我们就要使用_____命令。

（14）如果由于压缩包损坏而无法读取，那么这时候可以使用_____命令修复压缩包。

（15）在解压以". z"结尾的压缩文件时，我们可以使用 compress -df 或者_____命令。

（16）在使用 Ubuntu 系统时，如果我们遇到各种问题需要查看某条命令的帮助手册时，应该使用_____命令。

（17）显示历史命令的命令是 history，系统默认保留最近执行的_____条命令。

（18）普通用户可以被允许使用_____命令，临时赋予 root 权限。

（19）如果要删除"w"这个别名，我们只需执行_____即可。

（20）执行_____命令可以完成将普通用户 user01 加入具有超级用户权限的 sudoers 用户组内的操作。

3．简答题

（1）说一说 Ubuntu 系统内部命令和外部命令的区别。

（2）用户在登录系统输入密码时，会显示出来吗？为什么？

（3）在使用 useradd 和 adduser 命令创建用户时，我们需要注意哪些地方？

（4）请说出修改当前用户密码的详细步骤。

（5）如果想使用 rmdir 命令删除某个文件夹（文件夹内包含子目录与文件），该如何操作？

（6）cat 命令有哪些功能？

（7）less 命令和 more 命令的区别是什么？

（8）举例说一说 diff、diff3 和 sdiff 之间的区别。

（9）在使用 Ubuntu 系统时，为什么要对磁盘进行配额分配？

（10）用自己的话总结一下普通用户和 root 账户之间的区别。

第4章

vi编辑器

在本章中,我们将具体介绍如何使用 vi 编辑器对文件进行访问、如何在编辑文件时实现光标的移动、如何实现对文本的修改以及如何更改 vi 编辑器的设置。在最后一节中,我们会介绍一些 vi 编辑器的高级功能。希望通过本章的学习,能让读者熟练掌握 vi 编辑器的基本操作,对以后的学习或工作有所帮助。

本章学习目标

- 了解 vi 编辑器不同的操作模式;
- 熟练使用 vi 创建、保存和修改文件;
- 在 vi 编辑器中熟练进行文本添加、查找和替换;
- 在 vi 编辑器中熟练进行文本复制、剪切和粘贴;
- 在 vi 编辑器中熟练进行文本删除和撤销;
- 熟练掌握如何更改 vi 编辑器的设置;
- 了解 vi 编辑器的高级功能。

4.1 开始使用编辑器

本节中,我们将学习 vi 编辑器的基本知识,以及在其中对文件执行编辑、存取及退出等操作。

4.1.1 vi 编辑器简介

vi 编辑器通常被简称为 vi,是 visual editor 的简称。在 vi 中通常可以进行修改、删除、查找和替换等文本操作,用户还可以根据自己的需要对其进行定制并使用。

在本书中,我们将 vi 的操作模式大致分为 3 种:命令模式(Command Mode)、插入模式(Insert Mode)和底线模式(Last Line Mode)。现将其分别介绍如下。

1. 命令模式

在命令模式中,可通过输入相关命令,从而实现控制屏幕光标的移动,删除字符、字或行的内容,撤销文本的修改,移动复制某区段,以及进入插入模式或底线模式。在命令模式下编辑 ex0401_01 文件的效果如图 4-1 所示。

2. 插入模式

只有在插入模式下,才可以进行文字编辑。在插入模式中,任何字符都将被当作文本输

图 4-1　命令模式界面效果

入文件中,按 Esc 键可返回命令模式。在插入模式下编辑 ex0401_01 文件的效果如图 4-2 所示。

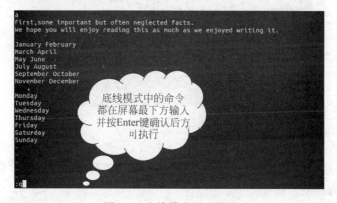

图 4-2　插入模式界面效果

3. 底线模式

底线模式主要进行一些文字编辑的辅助功能,比如字符串搜索、替换以及保存文件等操作,也有书籍将底线模式归入命令模式,即认为 vi 的操作模式大致分为两种。但在本书中将其单独划分出来介绍。其效果如图 4-3 所示。

图 4-3　底线模式界面效果

3 种模式之间的转换关系如图 4-4 所示。

当不知道自己处于何种模式中时,可通过 Esc 键退回到命令模式中,再根据实际情况转

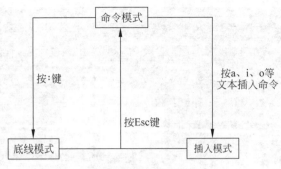

图 4-4　模式转换图

到相应模式继续完成后续操作。熟练掌握 3 种模式的切换方式有利于之后更好地使用 vi 编辑器，让之后的学习变得更加简单。

4.1.2　进入 vi 编辑器

在 4.1.1 节中，通过学习已经对 vi 有了初步的了解。在本节中，将通过两个例子来学习如何使用 vi 编辑器对文件进行编辑。

1. 编辑一个文件

（1）通过 vi 命令创建一个新文件，进入 vi 编辑器。

vi ex0401_01

创建新文件的界面效果如图 4-5 所示。

`root@ubuntu:/home/linux/Chapter04# vi ex0401_01`

图 4-5　创建新文件的界面效果

vi 命令与所创建的新文件名之间至少需要用一个空格隔开，上述命令执行完毕后，效果如图 4-6 所示。

图 4-6　进入创建的新文件

（2）系统将创建新文件的界面默认为命令模式，在此模式下按下"I"后，编辑器将进入插入模式。一旦进入插入模式，按下的每个字符都会被当作文本输入文件中，并显示到屏幕上。请输入下述内容至当前文件中。

First, some important but often neglected facts.
We hope you will enjoy reading this as much as we enjoyed writing it.

January February

```
March April
May June
July August
September October
November December

Monday
Tuesday
Wednesday
Thursday
Friday
Saturday
Sunday
```

执行完毕后，效果如图 4-7 所示。

图 4-7　输入文本后的界面效果

输入完成后，按 Esc 键退出插入模式。执行完毕后，效果如图 4-8 所示。

图 4-8　退出插入模式后进入命令模式的界面效果

（3）在命令模式中按":"后，编辑器将进入底线模式，在此可输入一些命令来对文本进行操作。例如，用户想强制保存修改并退出某一文件时，可输入":wq!"命令并按 Enter 键确认。具体效果如图 4-9 所示。

（4）退出 vi 编辑器后，若想查看该文档内容可执行下列命令。

more ex0401_01

```
First,some important but often neglected facts.
We hope you will enjoy reading this as much as we enjoyed writing it.

January February
March April
May June
July August
September October
November December

Monday
Tuesday
Wednesday
Thursday
Friday
Saturday
Sunday
~
~
~
~
:wq!
```

图 4-9　用户输入强制保存并修改文件命令时的界面效果

执行完毕后，效果如图 4-10 所示。

```
root@ubuntu:/home/linux/Chapter04# more ex0401_01
First,some important but often neglected facts.
We hope you will enjoy reading this as much as we enjoyed writing it.

January February
March April
May June
July August
September October
November December

Monday
Tuesday
Wednesday
Thursday
Friday
Saturday
Sunday
root@ubuntu:/home/linux/Chapter04#
```

图 4-10　执行查看文档内容命令后的界面效果

2. 编辑多个文件

（1）到目前为止，已经学会了使用 vi 编辑器创建一个文件，在此基础上可以再进一步使用 vi 编辑器执行下列命令，一次性实现创建并编辑多个文件。

vi ex0401_02 ex0401_03 ex0401_04

注意：任意两个文件名之间请至少用一个空格隔开，上述命令执行完毕后，效果如图 4-11 所示。

图 4-11　创建多个新文件后的界面效果

（2）如图 4-11 所示，按"I"键进入插入模式，添加以下文本内容。

Let us begin by a quote:
Write to educate not to impress

（3）输入完毕后，可按 Esc 键进入命令模式执行下列命令。

:w

注意：此处"："与 w 之间没有空格。

该命令的效果是对文件内容进行保存，该命令执行完毕后，效果如图 4-12 所示。

图 4-12 执行保存操作后的界面效果

（4）完成 ex0401_02 文件的编辑之后，接下来该如何编辑后续文件呢？此时可以通过在命令模式下执行以下命令，继续打开 ex0401_03 文件进行编辑。

:n

上述命令执行完毕后，效果如图 4-13 所示。

图 4-13 执行编辑 ex0401_03 文件命令后的界面效果

（5）同理，继续在命令模式下使用"：w"和"：n"命令编辑最后一个文件 ex0401_04，此时输入"：n"命令后会出现图 4-14 中的提示。

图 4-14 在最后一个文件 ex0401_04 中执行"：n"命令的界面效果

（6）若此时还想逐个返回之前的文件进行编辑，应该怎么做呢？可以在 ex0401_04 文件的命令模式中执行下列命令。

```
:N
```

执行完上述命令后，ex0401_03 文件被打开并可被用户编辑，效果如图 4-15 所示。

"ex0401_03" [New File]

图 4-15　执行上述命令后的界面效果

（7）同理，在命令模式下使用"：w"和"：N"命令回退到第 1 个文件 ex0401_02 时，若再输入"：N"命令则后会出现图 4-16 中的提示。

图 4-16　在 ex0401_02 文件中执行"：N"命令后的界面效果

（8）若在最后一个文件 ex0401_04 中想要直接返回第 1 个文件 ex0401_02 进行编辑，则可在命令模式下执行下列命令。

```
:rew
```

执行完毕后，效果如图 4-17 所示，即 ex0401_02 文件处于待编辑状态。

图 4-17　执行重新编辑命令后的界面效果

注意：若想重新编辑前面所编辑过的文件，则不一定要等到编辑最后一个文件时才在底线模式下输入"：N"或"：rew"命令，而是可以在编辑上述 3 个文件中的任意一个文件时，在底线模式下输入这些命令。

（9）完成该编辑会话后，可在命令模式下执行下列命令退出 vi 编辑器。

```
:q
```

执行完毕后,效果如图 4-18 所示。

```
root@ubuntu:/home/linux/Chapter04# vi ex0401_02 ex0401_03 ex0401_04
3 files to edit
```

图 4-18 退出多个文件编辑后的界面效果

4.1.3 文件不存盘退出

前面介绍了编辑一个文件及多个文件的完整步骤,在本节中,将介绍在插入模式下编辑 ex0401_05 文件时,该如何实现不保存所修改的内容。具体操作步骤如下。

(1)通过 vi 命令编辑 ex0401_05 文件。

vi ex0401_05

(2)在插入模式下,输入以下内容。

Let us begin by a quote:
Write to educate not to impress

(3)在命令模式下执行 q! 或 q命令,实现文件不存盘退出。

:q!

或

:q

注意:文件内容是否被修改将会影响两条命令的执行,具体情况如下。

① 在文件内容没有被修改时,执行 q 或 q! 命令均可实现不存盘退出文件。

② 在文件内容被修改时,执行 q 命令则会出现图 4-19 中的提示。此时需使用强制退出命令"q!"以实现不存盘退出文件。

```
E37: No write since last change (add ! to override)
```

图 4-19 退出改动内容未保存的文件时的提示界面

(4)退出后,若想在当前界面确认文件内容是否被修改,则可执行 more 命令查看文件的具体内容。

more ex0401_05

执行完毕后,效果如图 4-20 所示。

```
root@ubuntu:/home/linux/Chapter04# more ex0401_05
more: stat of ex0401_05 failed: No such file or directory
```

图 4-20 查看不存盘退出文件内容

注意:因为 ex0401_05 文件在退出时其内容并未被保存,所以在当前目录下并不存在该文件。

4.1.4 文件存盘退出

继续以创建 ex0401_05 文件为例,在插入模式下输入内容后,若想保存所修改的内容,请按以下步骤执行。

(1)用 vi 命令编辑 ex0401_05 文件。

vi ex0401_05

（2）在插入模式下，输入以下内容。

Let us begin by a quote:
Write to educate not to impress

（3）在命令模式下执行 wq! 或 wq 命令，实现文件的存盘退出。

:wq!

或

:wq

注意：由于我们之前已经介绍了 q! 和 q 的差别，此处执行两条命令的实质区别在于正在被编辑的文件是否为只读。

① 若该文件不是只读文件，则执行上述两条命令均可实现文件的存盘退出。

② 若该文件是只读文件，则在执行 wq 命令时会出现图 4-21 中的提示。此时我们只有通过 wq! 命令才能实现强制保存文件并退出。

图 4-21　只读文件进行保存退出时的提示界面

若想查看文件是否为只读文件可通过执行下列命令进行查看。

ls － l ex0401_05

执行完毕后，结果如图 4-22 所示。

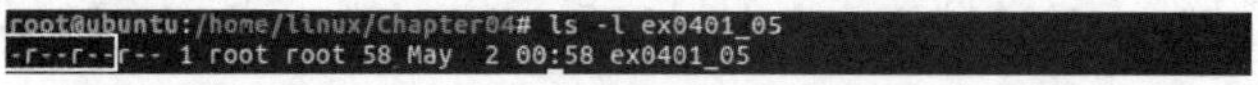

图 4-22　文件相关参数

提示：可用 chmod 命令将文件设置为只读。

（4）若想确认文件内容是否有被修改，还可执行 more 命令查看文件的具体内容。

more ex0401_05

执行完毕后，效果如图 4-23 所示。

图 4-23　查看存盘退出文件内容

4.1.5　文件另存

完成文件的保存退出后，若需要同时保存原文件和经过修改的副本，可通过以下步骤，将当前缓冲区中的副本另存为一个新文件，然后在不修改原文件的情况下退出 vi 编辑器，完成文件的另存。

（1）用 vi 命令编辑 ex0401_01 文件。

vi ex0401_01

（2）在插入模式下，向文件中增添下列内容。

Let us begin by a quote:
Write to educate not to impress

（3）在命令模式下输入以下命令并按 Enter 键结束。

:w ex0401_06

执行完毕后，屏幕下方会出现提示，效果如图 4-24 所示。

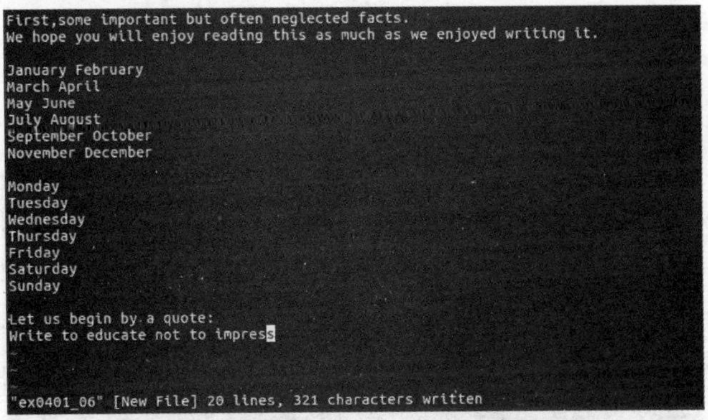

```
First,some important but often neglected facts.
We hope you will enjoy reading this as much as we enjoyed writing it.

January February
March April
May June
July August
September October
November December

Monday
Tuesday
Wednesday
Thursday
Friday
Saturday
Sunday

Let us begin by a quote:
Write to educate not to impress

"ex0401_06" [New File] 20 lines, 321 characters written
```

图 4-24 使用写入命令另存为的界面效果

（4）执行 q 或 q! 命令退出 vi 编辑器。

（5）可执行 more 命令查看 ex0401_06 文件中的具体内容。

4.1.6 部分文件另存

若只需要将某个文件中某部分内容另存为一个新文件，则可通过以下步骤进行操作。

（1）用 vi 命令编辑 ex0401_01 文件。

vi ex0401_01

（2）在 vi 的命令模式中，输入下列命令。

:1,7 write ex0401_07

执行完毕后，屏幕下方会出现提示，效果如图 4-25 所示。

```
First,some important but often neglected facts.
We hope you will enjoy reading this as much as we enjoyed writing it.

January February
March April
May June
July August
September October
November December

Monday
Tuesday
Wednesday
Thursday
Friday
Saturday
Sunday

"ex0401_07" [New File] 7 lines, 169 characters written
```

图 4-25 执行部分文件另存后的界面效果

（3）用户可用 more 命令查看此操作是否生效。

4.1.7　文件覆盖

若需要覆盖或替换掉文件中部分内容，则可通过以下列步骤进行。

（1）用 vi 命令编辑 ex0401_01 文件。

vi ex0401_01

（2）在 vi 的命令模式中，输入下列命令。

:1,9 w! ex0401_07

执行完毕后，屏幕下方会出现提示，效果如图 4-26 所示。

图 4-26　执行文件覆盖后的界面效果

（3）用户可用 more 命令查看此操作是否生效。

4.1.8　向文件中追加内容

若想将当前文件中的内容添加至已有文件的末尾，可执行以下步骤。

（1）用 vi 命令编辑 ex0401_01 文件。

vi ex0401_01

（2）在 vi 的命令模式中，输入下列命令。

:10,12 w >> ex0401_07

执行完毕后，屏幕下方会出现提示，效果如图 4-27 所示。

图 4-27　追加内容成功写入后的提示

（3）用户可用 more 命令查看 ex0401_07 文件的内容，以确认上述操作是否成功。

4.1.9　撤销对文件内容的修改

若需要撤销对文件内容的修改，则只要按照下列步骤进行即可。

（1）用 vi 命令编辑 ex0401_01 文件。

```
vi ex0401_01
```

（2）进入插入模式，输入下列内容。

```
Let us begin by a quote.
Write to educate not to impress
```

执行完毕后，效果如图 4-28 所示。

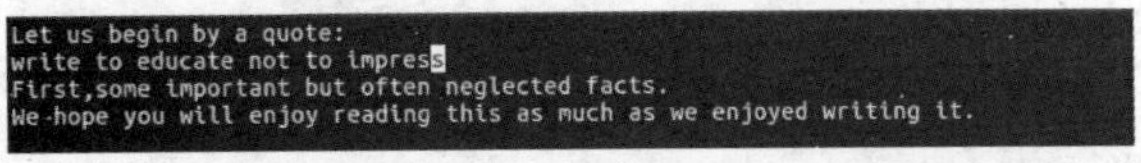

图 4-28　插入文字至文件中的界面效果

（3）按 Esc 键回到命令模式，再按"U"，即撤销了之前输入的内容。该命令执行完毕后，效果如图 4-29 所示，文件内容回到初始状态。

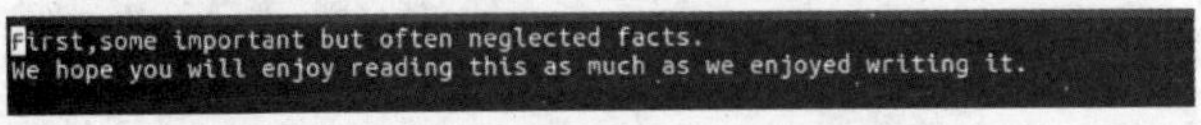

图 4-29　撤销文本修改后的界面效果

4.2　移动光标

本节将介绍如何在 vi 编辑器中通过各种方式移动光标。

在开始本节的学习前，先创建一个名为 ex0402_01 的文件用于演示之后的操作，其内容如下。

```
January February
March April
May June
July August
September October
November December
```

4.2.1　使用方向键

在命令模式下，可使用方向键对命令模式中的光标进行移动。请执行以下命令。

```
vi ex0402_01
→
↓
←
↑
```

在执行 vi ex0402_01 命令后，文件将被打开。光标默认在此文件第 1 行第 1 个字符 J 处并闪烁；按下→键，光标移动至第 1 行第 2 个字符 a 处并闪烁；按下↓键，光标移动至第

2行第2个字符a处并闪烁；再按下←键，光标移动至第2行第1个字符M处并闪烁；按下
↑键，光标移回第1行第1个字符J处并闪烁。具体如表4-1中示例所示。

表 4-1　方向键移动光标操作命令

操作按键	功　能	示　例	
		操作前	操作后
→	将光标向右移动	January February March April	January February March April
↓	将光标向下移动	January February March April	January February March April
←	将光标向左移动	January February March April	January February March April
↑	将光标向上移动	January February March April	January February March April

4.2.2　使用字母键

当我们不方便使用方向键时，还可以使用字母键 L、J、H、K 来移动光标。接下来请执行以下命令。

```
vi ex0402_01
L
J
H
K
```

在执行 vi ex0402_01 命令后，文件将被打开。光标默认在此文件第1行第1个字符J处并闪烁；按下L键，光标移动至第1行第2个字符a处并闪烁；按下J键，光标移动至第2行第2个字符a处并闪烁；按下H键，光标移动至第2行第1个字符M处并闪烁；按下K键，光标移回第1行第1个字符J处并闪烁。具体如表4-2中示例所示。

表 4-2　字母键移动光标操作命令

操作按键	功　能	示　例	
		操作前	操作后
L	将光标向右移动	January February March April	January February March April
J	将光标向下移动	January February March April	January February March April
H	将光标向左移动	January February March April	January February March April
K	将光标向上移动	January February March April	January February March April

4.2.3　使用组合键

在编辑文件时，还可以使用"数字＋方向"组合键来移动光标。继续执行以下命令来练习如何使用组合键。

```
vi ex0402_01
7→
5↓
7←
5↑
```

依次执行上述命令,文件会被打开并且光标默认停留在第 1 行第 1 个字符 J 处并闪烁;7→表示光标向右移动 7 个字符,所以在按下 7→时光标被移动至第 1 行第 8 个字符(空格)处并闪烁;然后按下 5↓,光标被移动至第 6 行第 8 个字符 r 处并闪烁;再按下 7←,光标又被移动至第 6 行第 1 个字符 N 处并闪烁;按下 5↑,光标移回第 1 行第 1 个字符 J 处并闪烁。具体如图 4-30 中的操作示例所示。

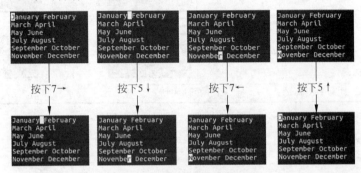

图 4-30　组合键操作界面效果

执行以下操作也可以使上述光标在文件中移动,用户可按如下命令进行验证。

```
vi ex0402_01
5l
5j
5h
5k
```

4.2.4　逐单词移动

经过前面几节的学习,我们对通过方向键、字母键或两者的组合来实现光标在文件编辑时的自由移动有了大致的了解。由于在包含单词的文档中,单词间默认以空格分开,因此在处理此类文档时,逐单词移动光标可以帮助我们更好地对文档进行编辑。

接下来将学习逐单词移动光标,请按以下命令执行。

```
vi ex0402_01
w
b
e
```

执行完 vi ex0402_01 命令后文件被打开,光标默认停留在第 1 行第 1 个字符 J 处并闪烁;执行 w(word)命令后,光标移动至第 2 个单词开头 F 处并闪烁;再执行 b(back)命令,光标又返回第 1 个单词的开头即 J 处并闪烁;执行 e(end)命令时,光标移动至本单词结尾即 y 处并闪烁。具体如表 4-3 中的示例所示。

表 4-3　逐单词移动命令

操作按键	功　　能	示　　例	
		操作前	操作后
w	将光标移到下一个单词的开头	January February March April May June July August September October November December	January February March April May June July August September October November December
b	将光标向前移动一个单词	January February March April May June July August September October November December	January February March April May June July August September October November December
e	将光标移动到单词的词尾	January February March April May June July August September October November December	January February March April May June July August September October November December

说明：若需要以单词为单位移动多次光标，则可在输入所需命令前加上数字一起输入（例如，3w、2b 等）

读者可自行按照以下命令进行验证。

```
vi ex0402_01
3w
2b
```

4.2.5　在某一行内移动

我们还可以通过执行下列命令实现快速地在某行内移动光标。

```
vi ex0402_01
fy
13|
$
^
```

执行完 vi ex0402_01 命令后文件被打开，光标默认停留在第 1 行第 1 个字符 J 处并闪烁；执行完 fy 命令后，光标将移动至该行第 1 个 y 字母所在的位置并闪烁；再执行 13|命令，光标将移动至从第 1 个单词数起第 13 个字符即 u 处并闪烁；执行 $ 命令，光标将移动至本行结尾字符即 y 处并闪烁；执行^命令，光标返回本行开头字符即 J 处并闪烁。具体如表 4-4 中示例所示。

表 4-4　行内移动光标命令

操作按键	功　　能	示　　例		
		操作前	命令	操作后
f＋任意字母键	将光标移至文本中下一个所指定的字母	January February March April	fy	January February March April
任意数字键＋|	将光标移至数字键指定的字符位置（每行第 1 个字符标记为 1）	January February March April	13|	January February March April
$	将光标移至当前行的行末	January February March April	$	January February March April

操作按键	功　能	示　　例		
		操作前	命令	操作后
^	将光标移到当前行的行首	January February March April	^	January February March April

4.2.6　在不同行上移动

到目前为止已经学习了移动光标的基本操作。若文档内容较长,如何更快更准确地在不同行间移动光标呢? 我们可以通过以下步骤来实现。

（1）将下列内容输入 ex0402_01 文件中。

```
Monday
Tuesday
Wednesday
Thursday
Friday
Saturday
Sunday

One
Two
Three
Four
Five
Six
Seven
Eight
Nine
Ten
Eleven
Twelve
Thirteen
Fourteen
Fifteen
Sixteen
Seventeen
Eighteen
Nineteen
Twenty
```

（2）在底线模式中输入以下命令。

```
:set number
```

执行完上述命令后,效果如图 4-31 所示。

（3）在命令模式下执行下列命令,注意此处区分大小写。

```
10G
G
--
++
```

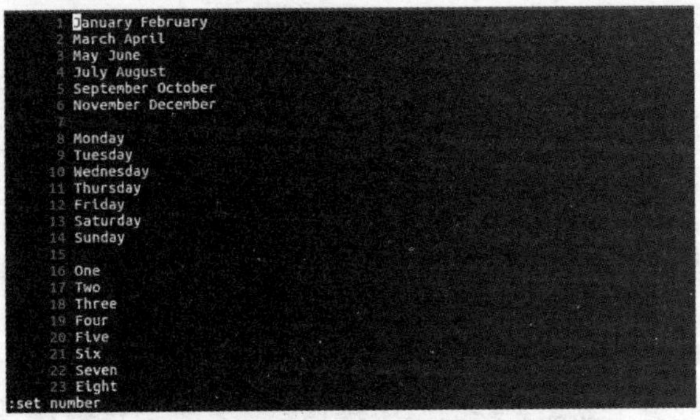

图 4-31　输入内容并请求编辑器显示行号

如图 4-31 所示,请求编辑器显示行号后,光标默认停留在第 1 行第 1 个字符 J 处并闪烁;执行 10G 命令后,光标移动至第 10 行第 1 个字母即 W 处并闪烁;再执行 G 命令,光标将移动至文件最后一行行首处并闪烁;再执行--命令,光标将向上移动两行至第 34 行的行首 N 处并闪烁;输入＋＋命令,文件再次返回最后一行行首。

(4) 在底线模式下执行下列命令也可以实现在行内移动光标。

```
: 10
: $
```

上述操作具体如表 4-5 中的示例所示。

表 4-5　不同行上移动光标命令

操作按键	功　能	示　例		
		操作前	命令	操作后
数字＋G	将光标移动至数字对应行的行首(若只输入 G,则可直接移动至文件最后一行)	1 January February 2 March April	10G	10 Wednesday 11 Thursday
		10 Wednesday 11 Thursday	G	35 Twenty 36
:任意数字	将光标移至数字对应行的行首	35 Twenty 36	:10	10 Wednesday 11 Thursday
: $	将光标移至文件最后一行行首	10 Wednesday 11 Thursday	: $	35 Twenty 36
—	将光标向上移动一行	35 Twenty 36	——	34 Nineteen 35 Twenty
＋	将光标向下移动一行	34 Nineteen 35 Twenty	＋＋	35 Twenty 36

(5) 若想关闭行号,可执行以下命令。

```
:set nonumber
```

4.2.7　在屏幕上移动

接下来学习如何将光标移动至屏幕上的特定位置,请执行以下命令。

```
vi ex0402_01
:set number
```

```
M
L
H
```

执行完第 1 条命令后,文件将被打开并且光标默认停留在第 1 行第 1 个字符 J 处并闪烁;执行完第 2 条命令后,行号将在每行行首显示;执行 M 命令后,光标将移动至当前屏幕中间并闪烁;再执行 L 命令,光标将移动至屏幕最下方行首处并闪烁;执行 H 命令,光标将移回屏幕最上方行首处并闪烁。具体如表 4-6 中的示例所示。

表 4-6　屏幕上移动光标命令

操作按键	功　能	示　例		
		操作前	命令	操作后
M	将光标移动至当前屏幕中间		M	
L	将光标移动至当前屏幕最下方		L	
H	将光标移动至当前屏幕最上方		H	

4.2.8　返回初始位置

文件内容很长时，可能需要将光标从当前位置移动到文件的某个位置，从而对该位置的内容进行编辑。在完成编辑后若想快速回到初始位置又该如何操作呢？我们可以按以下步骤进行。

（1）打开文件并显示行号。

```
vi ex0402_01
:set number
```

（2）将光标移动至当前文件最后一行。

```
G
```

（3）在当前位置添加一行文本。

```
Twenty - one
```

（4）在命令模式下，输入两个单引号。

```
''
```

图 4-32 所示为步骤（2）到步骤（4）的具体过程。

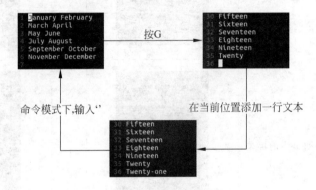

图 4-32　步骤（2）到步骤（4）的执行结果

4.2.9　调整显示文本

到目前为止，已经介绍了如何在文件中移动光标。接下来将展示另一种文本移动的方式，即通过移动屏幕上显示的内容来调整光标的所在位置。请执行以下命令。

```
vi ex0402_01
Ctrl + D
Ctrl + U
Ctrl + F
Ctrl + B
```

依次执行上述命令，首先文件将被打开，并在屏幕上显示相应内容；然后文本内容下移半屏；接着文本内容上移半屏；执行 Ctrl＋F 后将显示下一屏的文本内容；最后将显示上一屏的文本内容。上述屏幕移动操作如表 4-7 中的示例所示。

表 4-7 调整显示命令

操作按键	功 能	示 例 操作前	命令	操作后

Ctrl+D	向下移动半屏文本内容	<pre>1 January February
		2 March April
		3 May June
		4 July August
		5 September October
		6 November December
		7
		8 Monday
		9 Tuesday
		10 Wednesday
		11 Thursday
		12 Friday
		13 Saturday
		14 Sunday
		15
		16 One
		17 Two
		18 Three
		19 Four
		20 Five
		21 Six
		22 Seven
		23 Eight</pre>
			Ctrl+D	<pre>12 Friday
				13 Saturday
				14 Sunday
				15
				16 One
				17 Two
				18 Three
				19 Four
				20 Five
				21 Six
				22 Seven
				23 Eight
				24 Nine
				25 Ten
				26 Eleven
				27 Twelve
				28 Thirteen
				29 Fourteen
				30 Fifteen
				31 Sixteen
				32 Seventeen
				33 Eighteen
				34 Nineteen</pre>

Ctrl+U	向上移动半屏文本内容	<pre>12 Friday
		13 Saturday
		14 Sunday
		15
		16 One
		17 Two
		18 Three
		19 Four
		20 Five
		21 Six
		22 Seven
		23 Eight
		24 Nine
		25 Ten
		26 Eleven
		27 Twelve
		28 Thirteen
		29 Fourteen
		30 Fifteen
		31 Sixteen
		32 Seventeen
		33 Eighteen
		34 Nineteen</pre>
			Ctrl+U	<pre>1 January February
				2 March April
				3 May June
				4 July August
				5 September October
				6 November December
				7
				8 Monday
				9 Tuesday
				10 Wednesday
				11 Thursday
				12 Friday
				13 Saturday
				14 Sunday
				15
				16 One
				17 Two
				18 Three
				19 Four
				20 Five
				21 Six
				22 Seven
				23 Eight</pre>

Ctrl+F	显示文件下一屏的文本内容	<pre>1 January February
		2 March April
		3 May June
		4 July August
		5 September October
		6 November December
		7
		8 Monday
		9 Tuesday
		10 Wednesday
		11 Thursday
		12 Friday
		13 Saturday
		14 Sunday
		15
		16 One
		17 Two
		18 Three
		19 Four
		20 Five
		21 Six
		22 Seven
		23 Eight</pre>
			Ctrl+F	<pre>22 Seven
				23 Eight
				24 Nine
				25 Ten
				26 Eleven
				27 Twelve
				28 Thirteen
				29 Fourteen
				30 Fifteen
				31 Sixteen
				32 Seventeen
				33 Eighteen
				34 Nineteen
				35 Twenty
				36 Twenty-one</pre>

Ctrl+B	显示文件上一屏的文本内容	<pre>22 Seven
		23 Eight
		24 Nine
		25 Ten
		26 Eleven
		27 Twelve
		28 Thirteen
		29 Fourteen
		30 Fifteen
		31 Sixteen
		32 Seventeen
		33 Eighteen
		34 Nineteen
		35 Twenty
		36 Twenty-one</pre>
			Ctrl+B	<pre>1 January February
				2 March April
				3 May June
				4 July August
				5 September October
				6 November December
				7
				8 Monday
				9 Tuesday
				10 Wednesday
				11 Thursday
				12 Friday
				13 Saturday
				14 Sunday
				15
				16 One
				17 Two
				18 Three
				19 Four
				20 Five
				21 Six
				22 Seven
				23 Eight</pre>

4.3　文本添加

在 4.1 节中学习了插入模式下对文件执行文本添加的基本操作。在本节中，将具体介绍如何在文件的不同位置添加文本。

在开始本节的学习前，先创建一个名为 ex0403_01 的文件用于演示之后的操作，其内容如下。

```
educate
```

4.3.1　在光标当前位置左侧插入文本

若想在光标当前位置左侧插入文本，可以按以下步骤实现。

（1）打开 ex0403_01 文件。

```
vi ex0403_01
```

文件被打开后，光标默认停留在第 1 行第 1 个字符 e 处并闪烁。

（2）在键盘上按下 I 后，再向文件中添加以下内容。

```
Write to
```

执行完上述命令后，效果如图 4-33 所示。

图 4-33　从光标左侧添加文本的界面效果

（3）按 Esc 键返回命令模式后，保存并退出文件。

4.3.2　在光标当前位置右侧插入文本

在学习了如何向光标当前位置左侧插入文本后，继续学习如何在光标当前位置右侧插入文本，执行下列步骤。

（1）打开在 4.3.1 节中创建的 ex0403_01 文件。

```
vi ex0403_01
```

文件打开后，光标默认停留在第一行第一个字母 W 处并闪烁。

（2）将光标移动至该行最后一个字母 e 处，再按下 a。在执行上述操作中，光标的移动过程如图 4-34 所示。

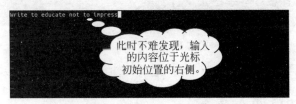

图 4-34　按 a 进入插入模式光标移动的界面效果

（3）向文件中添加以下内容。

`not to impress`（此处第 1 个字符为空格）

执行完上述命令后，效果如图 4-35 所示。

图 4-35　从光标右侧添加文本的界面效果

（4）按 Esc 键返回命令模式后，保存并退出文件。

4.3.3　在光标当前位置上方插入文本

除了可以在光标当前位置的两侧插入文本，还可以在其上方或下方增加新行并添加文本。本节中，先实现在光标当前位置的上方插入文本，具体步骤如下。

（1）打开之前创建的文件。

`vi ex0403_01`

文件打开后，光标默认停留在第 1 行第 1 个字母 W 处并闪烁。

（2）按下大写字母 O 后，再输入下列内容。

`Firstly`

上述步骤执行完毕后，效果如图 4-36 所示。

图 4-36　在光标上方添加文本的界面效果

（3）按 Esc 键返回命令模式后，保存并退出文件。

4.3.4　在光标当前位置下方插入文本

实现了在光标当前位置上方插入文本后，接下来学习如何在光标当前位置下方插入文本，请执行以下步骤。

（1）继续打开之前创建的文件。

`vi ex0403_01`

文件打开后，光标默认停留在第 1 行第 1 个字母 F 处并闪烁。

（2）按下小写字母 o 后，再向其中输入下列内容。

```
begin
```

执行完上述步骤后，效果如图 4-37 所示。

图 4-37　在光标下方添加文本的界面效果

（3）按 Esc 键返回命令模式后，保存并退出文件。

4.3.5　在行首插入文本

到目前为止，我们学习了如何在光标当前位置的上下左右 4 个方向添加文本。接下来将学习当光标位于某行中间时，如何直接将光标移回当前行行首，并在行首添加相应内容。请执行以下步骤。

（1）打开 ex0403_01 文件。

```
vi ex0403_01
```

文件打开后，光标默认停留在第 1 行第 1 个字母 F 处并闪烁。

（2）将光标移动至第 2 行最后一个字母 n 处。

（3）按下大写字母 I 后，再输入下列内容。

```
Let's   （此处最后一个字符为空格）
```

执行完毕后，效果如图 4-38 所示。

图 4-38　在当前第 1 个字符前添加文本的界面效果

（4）按 Esc 键返回命令模式后，保存并退出文件。

4.3.6　在行末插入文本

4.3.5 节中，学习了如何快速在当前行第 1 个字符前插入文本。在本节中，将介绍如何在当前行行末插入文本，具体操作如下。

（1）打开 ex0403_01 文件。

```
vi ex0403_01
```

文件打开后，光标默认停留在第 1 行第 1 个字母 F 处并闪烁。

（2）将光标移动至第 2 行第 1 个字符 L 处。

（3）按下大写字母 A 后，再输入下列内容。

```
by a quote(此处第 1 个字符为空格)
```

执行完毕后,效果如图 4-39 所示。

图 4-39 在当前行最后一个字符后添加文本的界面效果

4.4 文本查找和替换

本节将介绍如何对文件中的内容进行查找与替换。

在开始本节的学习前,先创建一个名为 ex0404_01 的文件用于演示之后的操作,其内容如下。

```
Step 1
Basic Concepts
First, some important but often neglected facts.
Important
Remember that journals give "Instructions for Authors" always.
Very important
Read the guidelines given in "Instructions for Authors" thoroughly.
Most important
Follow the instructions given in "Instructions for Authors" meticulously
```

4.4.1 向前查找字符串

在本节中,将学习如何在文件中快速查找自己所需的字符或字符串。具体步骤如下。

(1)打开刚创建的 ex0404_01 文件。

vi ex0404_01

(2)在当前模式下,输入以下查找命令并以 Enter 键结束。

/important

执行完毕后,效果如图 4-40 所示。

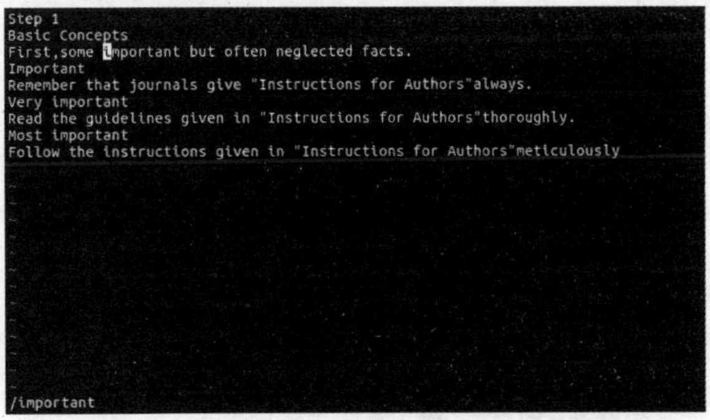

图 4-40 查找 important 字符串的界面效果

（3）若需继续向前查找所需字符串,可执行下述命令。

```
n
```

或

```
/important
```

执行一次上述命令后,效果如图 4-41 所示。

（4）继续执行上述命令,查找到最后一个字符或字符串后,若再执行继续向下查找字符串的命令,则此时光标返回最初查找字符串所在的位置,并在屏幕最下方出现"search hit BOTTOM, continuing at TOP",如图 4-42 所示。本轮查找完成,若还想继续向前开始新一轮的查找,可继续上述命令。

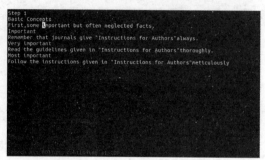

图 4-41　继续查找"important"字符串的界面效果　　　图 4-42　完成一轮查找后的提示界面

（5）至此,向前查找字符串完成。

4.4.2　向后查找字符串

在 4.4.1 节中,学习了如何向前查找指定字符或字符串。接下来将学习如何向后查找字符或字符串,具体操作如下。

（1）打开 ex0404_01 文件。

```
vi ex0404_01
```

（2）将光标移动至第 3 行第 1 个字符 F 处。

（3）在当前模式下,输入以下查找命令并以 Enter 键结束。

```
/a
```

执行完毕后,效果如图 4-43 所示。

（4）若想向后查找第 2 行 Basic 中的"a"时,则可执行下述命令。

```
N
```

或

```
?a
```

执行完毕后,效果如图 4-44 所示。

（5）至此,向后查找字符串完成。

在查找过程中,可以结合使用 n 或 N 命令实现向前或向后查找。读者可自行在文件中进行尝试。

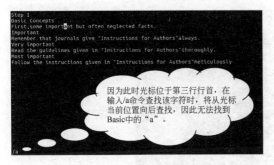

图 4-43　查找"a"字符的界面效果

图 4-44　继续向后查找"a"字符的界面效果

4.4.3　替换指定字符

前面两小节介绍了如何查找指定的字符或字符串。若在查找某个字符后还想将其替换又该如何操作呢？接下来从以下几方面来学习如何完成对指定字符的替换。在开始学习之前，请自行创建一个含有以下内容的文件 ex0404_02。

```
One
January
February
March
April
May
June
Jyly
Agu
September
October
November
December

Two
Monday
Wednesday
Thursday
Friday
Saturday
Sunday

The
```

（注：内容中有单词拼写等错误，请按照原样输入，方便之后的学习及操作。）

1．单个字符替换

请按以下步骤执行。

（1）打开之前创建的 ex0404_02 文件。

（2）在命令模式下，查找 Jyly。

（3）完成查找后，将光标移动至第 1 个 y 字母处。

（4）继续在当前模式下，先输入小写字母 r，再输入小写字母 u，完成对 y 字符的替换。

上述命令执行完毕后，效果如图 4-45 所示。

图 4-45　查找并替换单个字符

在输入 r 后，可以输入一个字符来替换当前光标所在位置的字符，按下 Esc 键回到命令模式为止。

（5）至此，替换单个字符完成。

2. 逐字符覆盖文本

若需要替换紧跟在当前字符后的一系列字符，使用单个字符替换的方式会十分烦琐，这时我们就需要采用逐字符覆盖文本的方式，完成对原有字符的替换。请按下述步骤执行。

（1）打开之前创建的 ex0404_02 文件。

（2）在命令模式下，查找 Agu。

（3）继续在当前模式中，按下大写字母 R 后，输入以下内容。

August

执行完毕后，效果如图 4-46 所示。

图 4-46　查找并逐字覆盖文本

在按下 R 后，输入的每个字符都将逐个替换光标所在位置的字符，直到按下 Esc 键返回命令模式为止。

（4）至此，逐字符覆盖文本完成。

4.4.4　单词替换

学习了查找以及替换单个字符或多个字符的基本操作后，继续学习如何对某个单词进行替换。执行以下步骤。

（1）打开之前创建的 ex0404_02 文件。

（2）在命令模式下，查找 The。

（3）继续在当前模式下，输入修改单词的 cw 命令。

此命令执行完毕后，效果如图 4-47 所示。

（4）在当前位置添加以下文本。

That's all

该步骤执行完毕后，效果如图 4-48 所示。

图 4-47 输入修改单词   图 4-48 多个单词替换单个单词的界面效果

（5）至此，单词替换操作完成。

4.4.5 在某一行内替换

除了可以对某个字符或某个单词进行替换，还可以在某一行内进行替换。下面将分 3 部分依次介绍在行内替换的不同情况。

1. 直接替换某行的文本内容

请执行以下步骤。

（1）打开之前创建的 ex0404_02 文件。

（2）输入以下命令。

cc

执行完毕后，效果如图 4-49 所示。

图 4-49 执行完 cc 命令后的界面效果

（3）输入以下内容来替换当前行的内容。

Month

执行完毕后，效果如图 4-50 所示。

（4）至此，直接替换某行的文本内容完成。

图 4-50   输入新内容替换原内容后的界面效果

2. 查找某行中某个单词并进行替换

请执行以下步骤。

（1）继续打开之前所创建的文件。

（2）将光标移动至 Two 所在行行首。

（3）输入下列命令，将单词 Two 改为 Date。

: s/Two/Date(: 与 s 间无空格)

执行完毕后，效果如图 4-51 所示。

```
Date
Monday
Tuesday
Wednesday
Thursday
Friday
Saturday
Sunday

:s/Two/Date
```

图 4-51   查找某行中某个单词并进行替换的界面效果

（4）若在当前行未能找到所需替换的单词，则会出现图 4-52 中的提示。

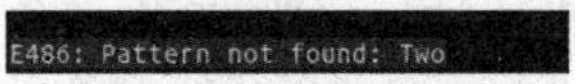

```
E486: Pattern not found: Two
```

图 4-52   未找到需替换单词时的提示

（5）至此，操作完毕。

3. 修改行内的某段文本内容

请执行以下步骤。

（1）打开上述文件 ex0404_02。

（2）在文件最末行添加下列内容。

First, some important but often neglected facts. We hope you will enjoy reading this as much as we enjoyed writing it.

（3）将光标移动到 We 中的 W 字符处。

（4）按下大写字母 C。

执行完毕后的效果如图 4-53 所示。

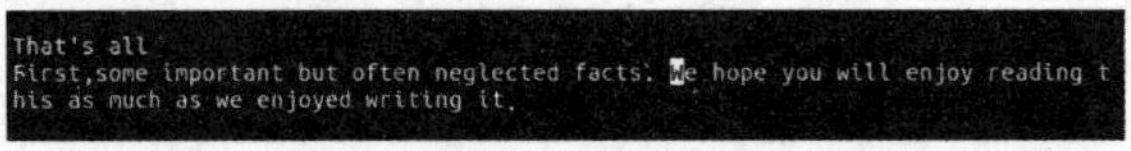

```
That's all
First,some important but often neglected facts. We hope you will enjoy reading t
his as much as we enjoyed writing it.
```

图 4-53   执行 C 命令后的界面效果

（5）从当前光标所在位置开始，输入下列文本。

WE HOPE YOU WILL ENJOY READING THIS AS MUCH AS WE ENJOYED WRITING IT.

执行完毕后,效果如图 4-54 所示。

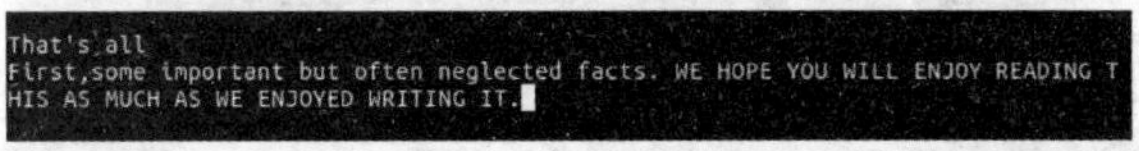

图 4-54 输完上述内容后的界面效果

从图 4-54 中可以看到,此时输入的文本替换了原光标所在位置至行末之间的文本,而光标前与行首间的文本未被改动。

(6) 将光标继续移回 WE 的 W 处,可继续使用下述命令。

cfU(此处 U 是指所选择单词 YOU 的最后一个字符)

上述命令可实现对从当前光标所在位置到所选字符之间的这一段文本进行替换。该命令执行完毕后,在光标的当前位置输入以下内容。

we hope you

上述操作依次执行完毕后的效果如图 4-55 所示。

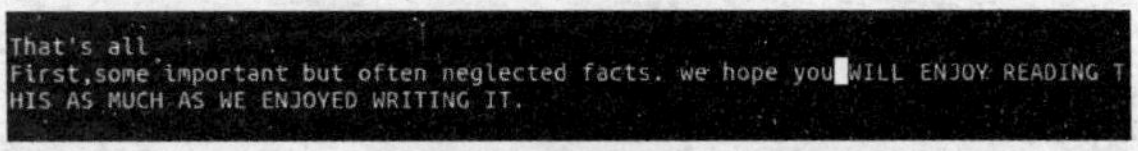

图 4-55 替换光标与所选字符间的文本

注意:此时输入的内容都只是替换掉当前光标与所选字符之间的文本,并不会影响光标之前或所选字符之后的内容。

4.4.6 对所有行进行替换

至此,已经学习了基本的查找和替换操作。本节中,将学习如何对文件中所有行的内容进行替换,分为两部分来做具体的介绍。请先自行创建一个文件 ex0404_03 并输入以下内容。

```
First: owe
Second: owe two
Third: owe two three
Fourth: owe two three three
Fifth: owe two three three two
Sixth: owe two three three two owe
```

(注:内容中有单词拼写等错误,请读者按照原样输入,方便之后的操作。)

1. 在所有行上搜索并替换行内第 1 个目标内容

请执行以下步骤。

(1) 打开本节新创建的 ex0404_03 文件。

(2) 执行下列命令。

:1, $ s/owe/one

(注:1, $ 表示从文件第 1 行到最后一行。)

执行完毕后,效果如图 4-56 所示。

注意:执行(:g/owe/s//one/)命令也可达到上述效果,但会耗费更多的时间。

First: one
Second:one two
Third: one two three
Fourth:one two three three
Fifth: one two three three two
Sixth: one two three three two owe
上述命令执行的效果为:检查文件中的所有行内容，搜索字符串“owe”。并将每行出现的第1个“owe”替换为“one”。所以最后一行的第1个oew被替换了，第2个owe未被替换。
6 substitutions on 6 lines

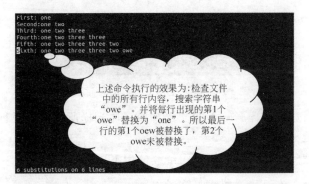

图 4-56　所有行内搜索并替换第 1 个目标内容的界面效果

（3）还可以指定某行中的内容进行替换。请执行下列命令。

```
:g/Fifth/s/two/002
```

执行完毕后的效果如图 4-57 所示。

First: one
Second:one two
Third: one two three
Fourth:one two three three
Fifth: one 002 three three 002
Sixth: one two three three two owe
:g/Fifth/s/two/002

图 4-57　查找指定行并替换第 1 个内容的界面效果

2. 在所有行上搜索并替换行内所有目标内容

请执行以下步骤。

（1）继续在之前的 ex0404_03 文件上进行操作。

（2）执行下列命令替换所有行内的 three 字符串。

```
:1, $  s/three/003/g
```

执行完毕后的效果如图 4-58 所示。

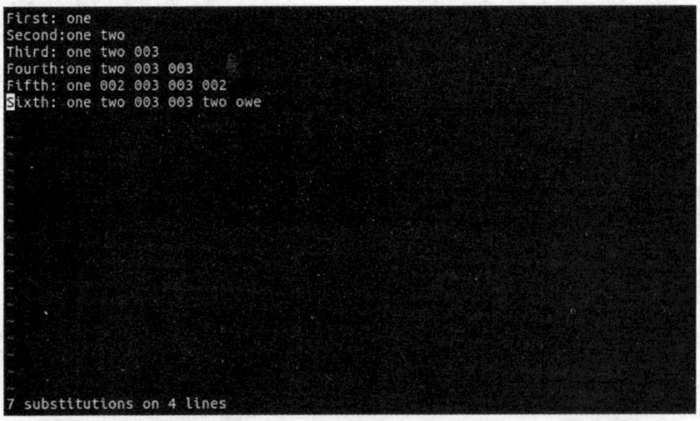
First: one
Second:one two
Third: one two 003
Fourth:one two 003 003
Fifth: one 002 003 003 002
Sixth: one two 003 003 two owe
7 substitutions on 4 lines

图 4-58　查找所有行并替换所有查找内容的界面效果

注意：上述“g/Fifth/s/two/002”命令表示在 ex0404_03 文件中查找包含“Fifth”的行，并将这些包含“Fifth”的每一行中的第 1 个“two”替换为“002”，此处 g 表示在文件

ex0404_03 中从第 1 行到最后一行进行搜索。

而执行"1，$ s/three/003/g"命令，则会对 ex0404_03 文件的所有行进行查找，并将所有找到的"three"字符串全部替换为"003"。此时 g 表示对找到的所有目标字符串进行替换。

4.5 文本复制、剪切和粘贴

为了可以更好地处理文本内容，本节将学习对文本内容进行复制、剪切以及粘贴的操作。在本节开始前，请自行创建一个含有以下内容的文件 ex0405_01，用于之后的学习。

```
January February
March April
May June
July August
September October
November December

Monday
Tuesday
Wednesday
Thursday
Friday
Saturday
Sunday
```

4.5.1 复制和粘贴字符

在对文档进行编辑时，复制、剪切以及粘贴都是必不可少的操作。本节先学习如何对字符进行复制及粘贴，请按以下步骤执行。

（1）打开 ex0405_01 文件。

（2）在当前光标默认的位置，执行下述命令。

yl

（3）再将光标移动至空行处后执行下述命令。

p

上述操作执行完毕后，效果如图 4-59 所示。

图 4-59　复制和粘贴单个字符后的界面效果

　　文件打开后，光标默认停留在第 1 行第 1 个字符 J 处并闪烁。此时执行复制命令将其内容进行复制并在输入 p 命令后，粘贴到用户指定的位置上。

4.5.2　剪切和粘贴字符

　　在 4.5.1 节中，我们已经学习了如何对字符进行复制和粘贴的操作。在本节中，我们将学习如何剪切和粘贴字符，具体操作如下。

　　（1）打开 ex0405_01 文件。

　　（2）将光标移动至最后一行。

　　（3）执行下述命令。

x

　　（4）再将光标移至第 7 行，并执行下述命令。

p

　　执行完毕后，效果如图 4-60 所示。

图 4-60　剪切和粘贴单个字符后的界面效果

4.5.3　复制、剪切和粘贴指定字符

　　到目前为止，已经学习了如何替换光标与特定字符之间的文本内容。在本节中，请执行以下步骤实现复制、剪切和粘贴光标所在位置与指定字符之间的文本内容。

　　（1）打开 ex0405_01 文件。

　　（2）在当前光标默认位置，执行下述命令。

yfy

　　（注：此处第 2 个 y 是指所选择单词 January 的最后一个字符。）

　　（3）将光标移动到文本最末行，执行下述命令。

p

　　上述操作执行完毕后，效果如图 4-61 所示。

　　（4）将光标移回本行行首字符 J 处，执行下述命令。

dfy

　　（5）再将光标移回第 7 行，执行下述命令。

图 4-61　复制和粘贴指定字符后的界面效果

p

执行完毕后,效果如图 4-62 所示。

图 4-62　剪切和粘贴指定字符后的界面效果

4.5.4　复制和粘贴单词

除了可以用字符为单位进行复制和粘贴,还可以以单词为单位进行相关操作。请按以下步骤执行。

(1)继续打开 ex0405_01 文件。

(2)在当前光标默认位置执行下列命令。

yw

(3)将光标移动至最后一行,再执行下列命令。

p

执行完毕后,效果如图 4-63 所示。

图 4-63　复制和粘贴单词后的界面效果

除此之外，还可以通过以下操作实现一次性复制多个单词至空白行处。

（1）将光标移回第 1 行行首。

（2）执行下列命令。

2yw

（3）再将光标移至最后一行，按下小写字母 p 完成粘贴操作。

执行完毕后，效果如图 4-64 所示。

图 4-64　一次性复制和粘贴两个单词后的界面效果

4.5.5　剪切和粘贴单词

在 4.5.4 节中，我们学习了以单词为单位进行复制与粘贴操作。本节继续以单词为单位，对文本内容进行剪切并粘贴的操作。

（1）打开之前的文件 ex0405_01。

（2）将光标移动至第 2 行第 1 个字符处。

（3）执行下列命令。

dw

（4）再将光标移动至最后一行，按下小写字母 p 完成粘贴操作。

执行完毕后，效果如图 4-65 所示。

图 4-65　剪切和粘贴单词后的界面效果

（5）若想一次性剪切多个单词，也可在 dw 命令前加数字键（如 2dw）。读者可自行尝试。

4.5.6　复制和粘贴行

在学习了以字符和单词为单位进行复制、剪切和粘贴的操作后，接下来学习如何以行为单位来进行操作。本节中先学习对某行的文本内容进行复制与粘贴。

（1）打开前面创建的文件 ex0405_01。

（2）在光标默认行，执行下列命令。

yy

此时，屏幕上并未发生变化，但编辑器已经将当前行的内容进行了复制。

（3）将光标下移一行，执行下列命令。

P

或

p

注意：大写字母 P 将复制文本粘贴至光标位置的上一行，而小写字母 p 命令则将复制的文本粘贴至光标位置的下一行。文本被成功复制后，在下一次复制文本前，可无限制粘贴至不同位置。

执行完毕后，效果如图 4-66 所示。

图 4-66　复制并粘贴后的界面效果

（4）还可以执行以下命令一次性复制多行，并粘贴。

7yy
p

注意：yy 命令前的数字代表须一次性复制的行数，即 7yy 表明从光标的当前位置向下连续复制 7 行，还可以结合 4.2 节中所学操作快速移动光标到指定位置进行粘贴。

（5）若需要复制当前光标处至行尾的全部内容，则可以使用下列命令进行操作。

y$
p

（6）可自行尝试上述对多行内容的复制与粘贴。

4.5.7　剪切和粘贴行

学习完以行为单位进行复制与粘贴的操作后，接下来继续学习以行为单位进行剪切与粘贴。继续在 ex0405_01 文件中按以下步骤执行。

（1）将光标移动至第 10 行。

（2）执行下列命令

dd

（3）此时再将光标移动至文件末尾处，在键盘上按下小写字母 p 完成粘贴操作。

（4）同复制与粘贴行操作一样，若想一次性剪切多行可在 dd 命令前加上数字来表示想要剪切的行数。若想一次性剪切当前光标至行尾的全部内容，则可以按下述命令进行操作。

d$
p

至此，以字符、单词和行为单位进行复制、剪切与粘贴操作的基本命令如表 4-8 所示。

表 4-8　复制、剪切与粘贴操作命令合集

操　作	操 作 对 象		
	字　符	单　词	行
复制	yl	yw	yy
剪切	x	dw	dd
粘贴	p	p	p

说明：在对上述 3 个对象进行复制或剪切操作时，都可以在命令前加入相应的数字来代表要复制或剪切的数量。在粘贴的过程中，可以与 4.2 节中所学的移动光标操作相结合，将光标快速移动至所需位置进行文本的粘贴

4.5.8　复制和移动文本块

在对文本内容进行编辑时，除了可以对单个字符、单词以及行中的内容进行剪切、复制和粘贴，还可以对文本块进行上述操作。请按以下步骤进行。

（1）打开 ex0405_01 文件。

（2）使用以下命令让编辑器显示行号。

`:set number`

执行完毕后，效果如图 4-67 所示。

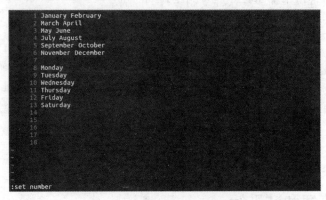

图 4-67　显示行号的界面效果

（3）执行下列命令。

`:2 copy 15`

执行完毕后，效果如图 4-68 所示。

（4）除此之外，还可以执行以下操作复制一段文本内容至指定位置。

`:1,6 copy 16`

（注：将第 1～6 行定义为一个文本块。）

执行完毕后，效果如图 4-69 所示。

注意：在输入行号时，一定是小的行号在前，大的行号在后，不可调换顺序。若想复制文本块（文本块指用户自定义的连续或者不连续的文本）到文件的开头，则可在 copy 后加

图 4-68　将单行文本进行复制并移动后的界面效果

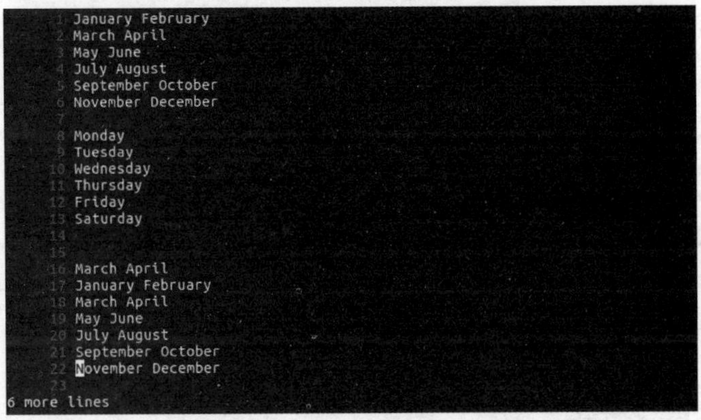

图 4-69　文本块的复制与移动

0。若想复制文本块到文件的末尾,则可在 copy 后加 $ 。

　　(5)除了复制文本块到文件的不同位置,还可以用下述命令实现对文本块的移动。

:8,13 move 23

　　执行过程如图 4-70 所示。

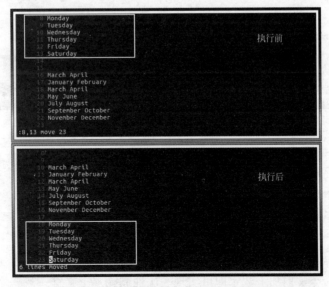

图 4-70　文本块移动操作过程界面效果图

4.6 文本删除和撤销

本节将介绍删除和撤销文本的具体操作。

在本节开始前，请创建一个含有以下内容的文件 ex0406_01，执行完每小节的操作后自行对文件进行保存。

```
January February
March April
May June
July August
September October
November December


Step 1
Basic Concepts
First, some important but often neglected facts.
Important
Remember that journals give "Instructions for Authors" always.
Very important
Read the guidelines given in "Instructions for Authors" thoroughly.
Most important
Follow the instructions given in "Instructions for Authors" meticulously
```

4.6.1 删除字符

在本小节中，将分两部分来介绍删除字符的具体操作。

1. 删除单个字符

请读者执行以下步骤：

（1）打开 ex0406_01 文件。

（2）在当前光标默认位置处，执行下述命令。

```
x
```

执行完毕后，效果如图 4-71 所示。

图 4-71   删除单个字符后的界面效果

2. 删除多个字符

在删除一个字符的基础上，还可以通过下列步骤实现一次性删除多个字符。

（1）继续打开 ex0406_01 文件。

（2）在当前光标默认位置处，执行下述命令。

```
7x
```

执行完毕后，效果如图 4-72 所示。

在删除单个命令 x 前加上数字即可实现一次性删除多个字符。被删除的字符个数由用

图 4-72 删除 7 个字符后的界面效果

户输入的数字决定。

4.6.2 删除单词

接下来继续学习删除单词的具体操作,我们也将其分为两部分来介绍。

1. 删除一个单词

请执行以下步骤。

(1) 打开 ex0406_01 文件。

(2) 在当前光标所在位置,执行以下命令。

dw

执行完毕后,效果如图 4-73 所示。

图 4-73 删除一个单词后的界面效果

2. 删除多个单词

还可以通过下述操作实现一次性删除多个单词。

(1) 继续打开 ex0406_01 文件。

(2) 将光标移动至第二行第一个单词的首字母处,执行下述命令。

2dw

执行完毕后,效果如图 4-74 所示。

图 4-74 删除两个单词后的界面效果

4.6.3 删除整行

在学习了以字符和单词为单位进行删除操作后,接下来学习如何以行为单位进行上述操作。本节将分为两部分来具体介绍删除单行的不同情况。

1. 删除整行

请执行以下步骤。

(1) 打开 ex0406_01 文件。

(2) 执行以下命令,打开行号。

:set number

（3）将光标移至第 3 行，执行下述命令。

dd

上述操作执行前后，效果如图 4-75 所示。

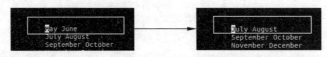

图 4-75　执行删除整行命令前后的界面效果

第 3 行的内容被删除后，其后的文本内容全部自动向前移动一行。

2．删除一行中的一部分

若只想删除某行光标所在位置后的一部分内容，又该怎么做呢？可以通过执行以下步骤实现。

（1）继续打开 ex0406_01 文件。

（2）将光标移动至第 3 行第 5 个字符（即空格）处。

（3）执行下述命令。

D

执行完毕后，效果如图 4-76 所示。

3．删除指定文本

若想删除该行中光标到某个字符之间的指定文本，则可通过以下步骤实现。

（1）继续打开 ex0406_01 文件。

（2）将光标移动至第 3 行第 1 个字符处。

（3）执行下述命令。

dfy

（注：此处 y 为单词 July 中的最后一个字符。）

执行完毕后，效果如图 4-77 所示。

图 4-76　删除一行中的一部分内容后的界面效果　　　图 4-77　删除指定文本的界面效果

此时光标至指定字符 y 之间的文本被删除。

4.6.4　删除多行

下面我们来学习一次性删除多行的具体操作，请按以下步骤进行。

（1）打开 ex0406_01 文件。

（2）在当前光标默认位置，执行下述命令。

3dd

效果如图 4-78 所示。

注意：执行完该命令后，从光标位置起的连续 3 行均被删除，其后续行自动向前移动。

图 4-78　执行删除多行操作前后的界面效果

在删除单行命令 dd 前加上数字即可实现一次性删除多行的效果。删除的行数由用户输入的数字决定。

4.6.5　删除指定行

我们除了可以删除单行和多行，还可以删除指定行。请执行以下步骤。

（1）打开 ex0406_01 文件。

（2）打开行号。

（3）在命令模式下，执行下述命令。

```
:2d
```

执行完毕后，效果如图 4-79 所示。

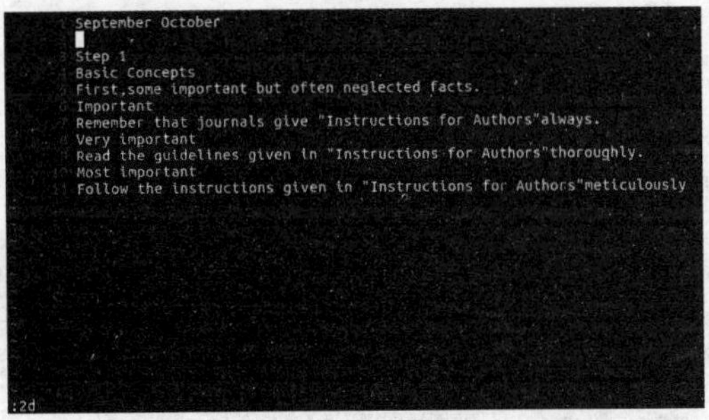

图 4-79　删除指定行后的界面效果

对比图 4-78，第二行原来的文本"November December"已被删除，其后的文本内容全部自动向前移动一行。

（4）除了指定删除某行之外，我们还可以指定删除文本块，执行下述命令。

```
:1,4d
```

执行完毕后，效果如图 4-80 所示。

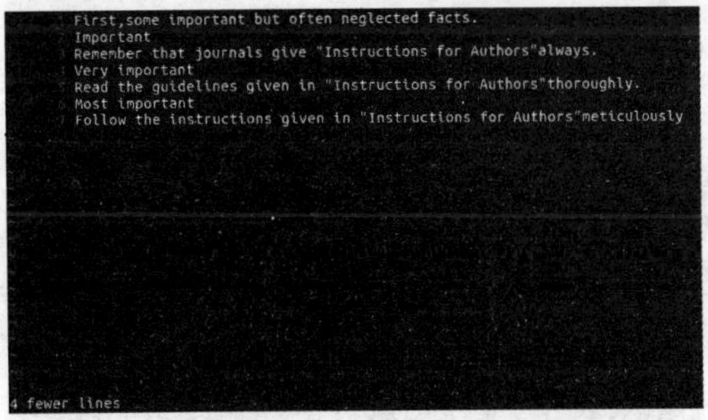

图 4-80　删除指定文本块后的界面效果

若想删除全部文本内容，可执行以下命令实现，读者可自行尝试。

```
:1,$d
```

4.6.6　重复删除

若想重复执行之前的删除操作，可执行以下
步骤。

（1）打开 ex0406_01 文件。

（2）在当前模式下，执行下述命令。

dw

（3）按下"."。

（4）再按下"."。

第（2）至第（4）步执行过程如图 4-81 所示。

图 4-81　执行重复删除命令时的界面效果

4.6.7　撤销最近一次删除

如果想对最近一次的删除操作进行撤销，执行以下步骤即可实现。

（1）打开 ex0406_01 文件。

（2）执行下述命令，删除光标所在行的内容。

dd

执行完毕后，效果如图 4-82 所示。

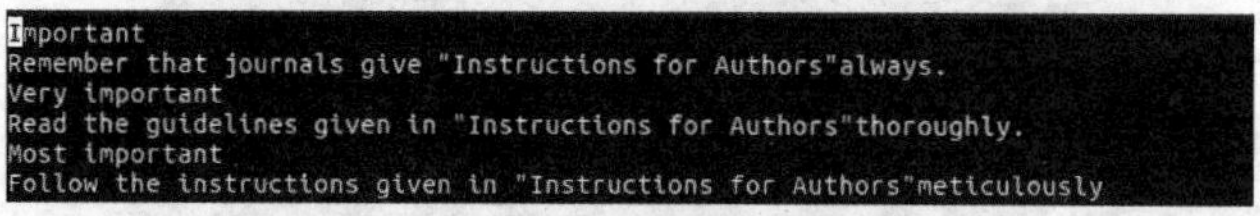

图 4-82　删除单行内容后的界面效果

（3）按下 u。

执行完毕后，效果如图 4-83 所示。

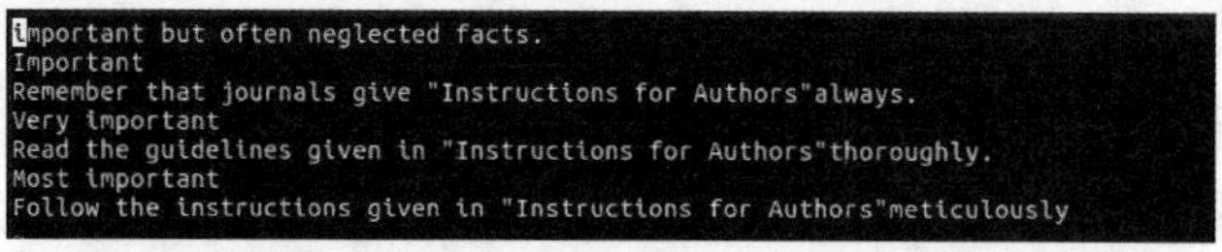

图 4-83　撤销最近一次删除操作的界面效果

执行 u 命令不仅可以撤销删除操作，还可对最近一次执行的其他操作（如覆盖、替换等）
进行撤销。

4.6.8　连续撤销删除

在 vi 编辑器中，可以通过执行 4.6.7 节的命令撤销最近一次的文本操作。若希望连续
撤销对文件的操作，则可在 vim 编辑器中执行以下步骤。

（1）若当前计算机中未安装 vim，可先执行下述命令进行安装。

sudo apt - get install vim

（2）执行下述命令，打开 ex0406_01 文件。

vim ex0406_01

（3）在当前模式下，执行下述命令完成连续删除单词的操作。

dw
dw
dw

（4）连续按下 u 3 次。

该步骤依次执行的效果如图 4-84 所示。

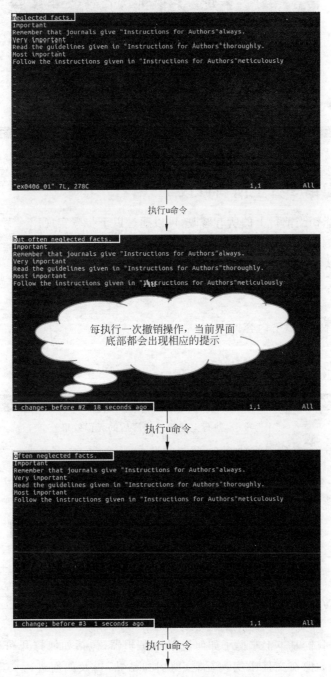

图 4-84　连续执行 3 次 u 命令的界面效果

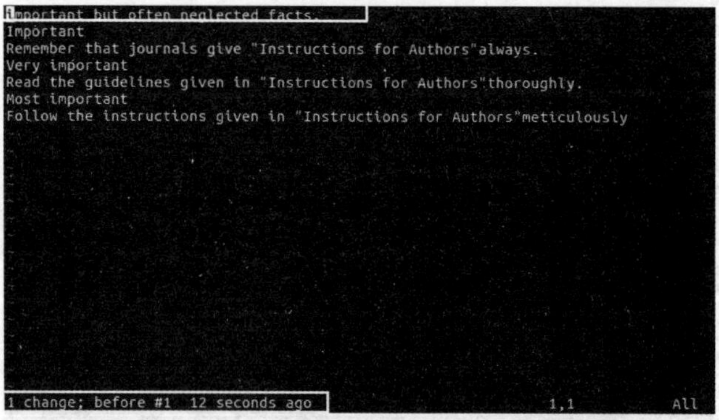

图 4-84　（续）

注意：当用户无法再进行撤销时，底线行将出现图 4-85 中的提示。

图 4-85　无法进行撤销操作时的提示

4.6.9　撤销一行上所有修改

若想一次性撤销当前行上的所有修改，可以通过以下步骤实现。

（1）打开 ex0406_01 文件。

（2）在光标默认行，执行以下命令。

```
dw
x
```

（3）在当前行输入以下内容。

```
one two three
```

执行完毕后，效果如图 4-86 所示。

图 4-86　执行上述输入内容后的界面效果

（4）在命令模式下，执行下述命令。

```
U
```

命令执行完毕后，效果如图 4-87 所示。

图 4-87　执行行内撤销命令后的界面效果

4.7　更改 vi 编辑器设置

到目前为止，我们基本上掌握了如何使用 vi 编辑器，包括如何打开和关闭文件，如何在文件中添加文本，如何在文件中实现复制、剪切和粘贴，以及如何进行文本的查找和替换。接下来将学习如何修改编辑器的设置，以实现对其的定制，从而能够更加便捷地使用 vi 编辑器。在开始本节的学习前,先创建一个包含下列内容的文件 ex0407_01。

```
Step 1
Basic Concepts
First, some important but often neglected facts.
Important
Remember that journals give "Instructions for Authors" always.
Very important
Read the guidelines given in "Instructions for Authors" thoroughly.
Most important
Follow the instructions given in "Instructions for Authors" meticulously
```

4.7.1　显示和隐藏行号

当文件的行数较多时,用户在编辑器中可通过执行相关命令将行号显示出来,以方便快速定位到某一行。具体操作如下:

(1) 新建 ex0407_02 文件,并输入以下内容。

```
# include < stdio. h >
void insert(int a[ ],int len)
{
    int i,j,t;
    for(i = 1;i < len;i++){
        t = a[i];
        for(j = i - 1;j > = 0&&a[j]> t;j -- )
            {a[j + 1] = a[j];
        a[j + 1] = t;
    }
}
int main(){
    int a[10]; int i;
    for(i = 0;i < 10;i++)
        scanf(" % d",a[i]);
    insert(a,10);
    for(i = 0;i < 10;i++)
        printf(" % d ",a[i]);
}
```

注意:此段代码中含有错误,我们将在后面的学习过程中,逐一执行相应的命令对其中的错误进行修改。

执行完该步骤后,效果如图 4-88 所示。

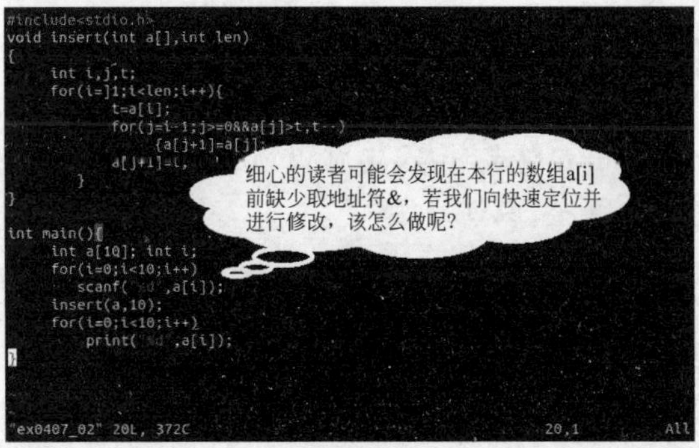

图 4-88　新建 ex0407_02 文件并输入相应内容后的界面效果

（2）在命令模式下，执行以下命令。

`:set number`

命令执行完毕后，每一行的行首均自动显示出相应的行号。效果如图 4-89 所示。

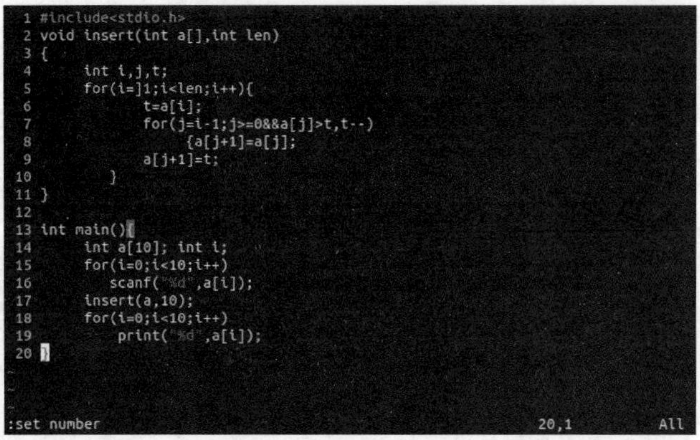

图 4-89　显示行号的界面效果

（3）此时可以清楚看到上述错误位于第 16 行，因此可以执行下述命令将光标定位到该错误所在行并进行修改。

`16G`

修改完毕后，效果如图 4-90 所示。

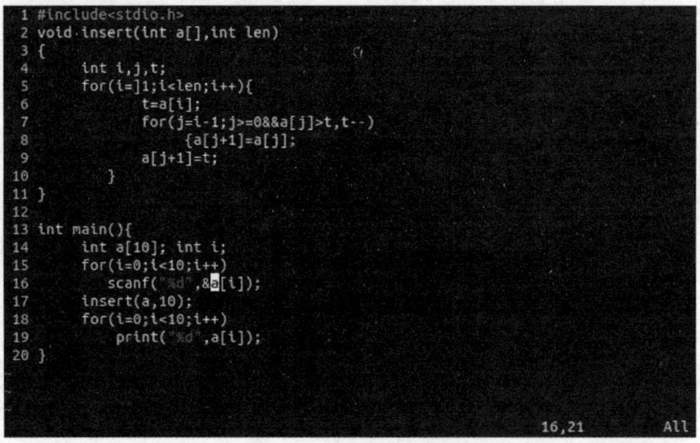

图 4-90　定位并修改某行内容的界面效果

（4）若想关闭行号，也可通过下述命令实现。

`:set nonumber`

注意：我们除了可以显示或隐藏行号，还可以通过“:set nu”和“:set nonu”两条命令实现相应的功能。读者可自行尝试。

4.7.2　设置和取消字符自动缩进

在本小节中，将学习如何设置和取消对字符的自动缩进，请按以下步骤执行。

（1）打开 ex0407_01 文件并执行显示行号的命令。

（2）此时光标默认停留在当前文件的第 1 行，按下 O 后，可以看到在文件第 1 行之前增加了1个新的空行,接下来我们按下 Tab 键并输入以下内容。

    one

(3) 输入完毕后,按下 Enter 键。

上述3个步骤执行完毕后,效果如图 4-91 所示。

图 4-91　输入文本后的界面效果

如图 4-91 所示,光标默认停留在第2行第一个字符处。

(4) 在命令模式下执行以下命令。

:set autoindent

(5) 将光标移回到第1行最后一个字符处,然后执行相应命令转到插入模式下,按下 Enter 键后,此时一个新的空行将被创建,同时光标将在该行上自动缩进。

该步骤执行完毕后,效果如图 4-92 所示。

图 4-92　设置自动字符缩进后的界面效果

(6) 若想取消字符自动缩进,则可继续执行以下命令。

:set noautoindent

(7) 若只想取消对某一行的自动缩进,则可以在插入模式下,按下 Ctrl+D 键实现对某一行取消自动缩进。

关于自动缩进须注意以下两点。

① 我们除了可以用以上两条命令来设置和取消字符的自动缩进,还可以通过":set ai"和":set noai"两条命令实现相应的功能。读者可自行尝试。

② 无论设置或隐藏自动缩进,都是在设置后对新输入的内容有效,不会影响设置前已存在的内容。

4.7.3　显示或隐藏当前编辑状态

我们知道了 vi 编辑器有3种模式:命令模式、插入模式和底线模式。在命令模式下执行相应命令,就可以切换至 vi 编辑器的插入模式,显示或隐藏当前的编辑状态。读者可通过下述步骤实现。

(1) 打开 ex0407_01 文件。

(2) 在命令模式下,执行下列命令。

:set showmode

(3) 然后切换至插入模式,此时在屏幕下方会出现如图 4-93 所示内容。

(4) 如果我们想隐藏当前的编辑状态,可以从插入模式中返回命令模式中,再执行以下命令。

:set noshowmode

图 4-93　显示当前编辑状态的界面效果

4.7.4　搜索时忽略大小写

在搜索过程中,编辑器会自动区分大小写,如"A"与"a"被视为不同的字符。若想要编辑器忽略大小写进行搜索,该如何做呢? 可以通过执行下列步骤,更改编辑器的设置,使其可以在搜索时,自动忽略大小写。

(1) 打开 ex0407_01 文件。

(2) 在命令模式下,执行下述命令。

:set ignorecase

(3) 搜索所有的单词"important"。

/IMPORTANT

注意：因为通过":set ignorecase"命令,成功设置了搜索时忽略大小写,所以此时搜索单词 important 将不会区分大小写,我们在搜索时可输入全为大写的 IMPORTANT。

该命令执行完毕后,效果如图 4-94 所示。

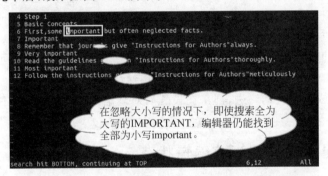

图 4-94　忽略大小写查找单词"important"的界面效果

(4) 按下 n,可继续向下查找。

(5) 若想进行搜索时区分大小写,可通过执行以下命令实现。

:set noignorecase

上述命令执行完毕后,搜索时将会自动区分大小写。若执行(3)中的"/IMPORTANT"命令,就会出现图 4-95 中的提示。

图 4-95　查找内容未存在的错误提示

注意：我们除了可以用以上 2 条命令来决定是否忽略大小写,还可以通过":set ic"和

"：set noic"2 条命令实现相应的功能。读者可自行尝试。

4.7.5　显示和隐藏特殊字符

特殊字符在编辑文档的过程中不可或缺,但为了界面简洁,在一般情况下是无法直接看到特殊字符的,因为它默认是被隐藏的。可以通过以下方法来设置编辑器,从而实现显示和隐藏特殊字符。

（1）打开 ex0407_02 文件。

（2）在命令模式下,输入下述命令。

`:set list`

执行完毕后,效果如图 4-96 所示。

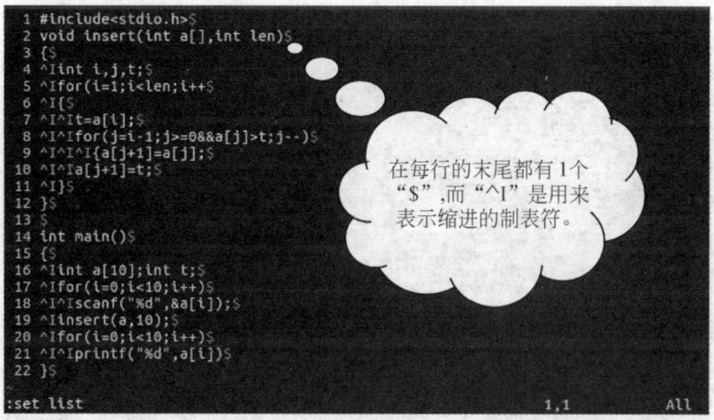

图 4-96　显示特殊字符的界面效果

（3）若想隐藏特殊字符,执行以下命令即可实现。

`:set nolist`

4.7.6　特殊字符匹配

在编写程序时,经常会遇到圆括号和花括号匹配错误而导致命令无法正常执行的情况。在本节中,将介绍如何让编辑器打开特殊字符匹配的功能,从而使其自动匹配。请按以下步骤执行。

（1）打开 ex0407_02 文件。

（2）在命令模式下,执行以下命令。

`:set showmatch`

（3）移动光标至第 2 行 insert 后的左圆括号处,该行末的右圆括号自动高亮并与之匹配。效果如图 4-97 所示。

（4）将光标移动至第 3 行行首的左花括号处,会发现没有与之自动匹配的右花括号。效果如图 4-98 所示。

（5）将光标移动至第 9 行,并在行末加上对应的花括号。此时它将被自动匹配并高亮显示,效果如图 4-99 所示。

（6）若想关闭特殊字符匹配,可通过下述命令实现。

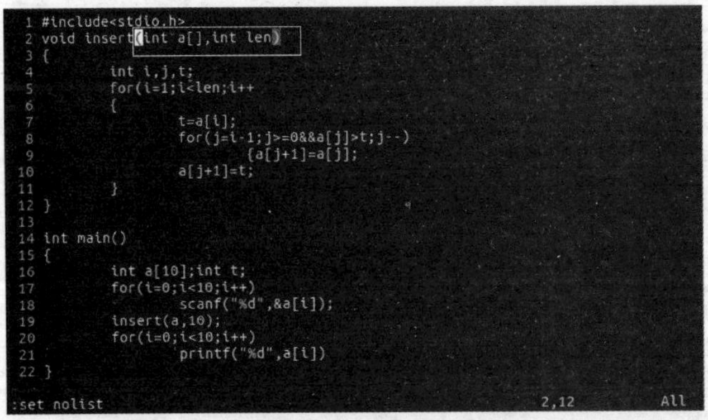

图 4-97　自动匹配圆括号的界面效果

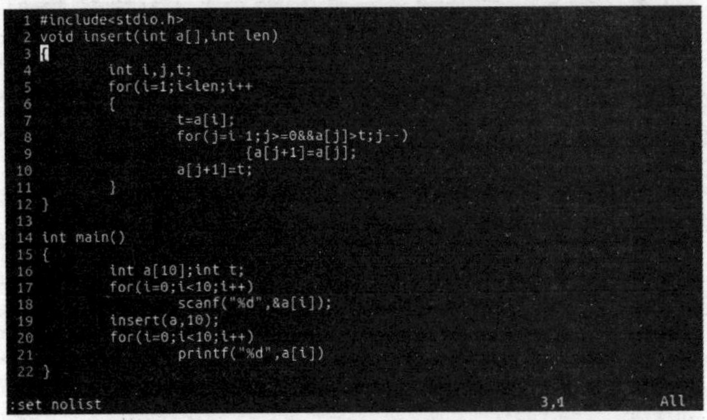

图 4-98　未正确匹配到花括号的界面效果

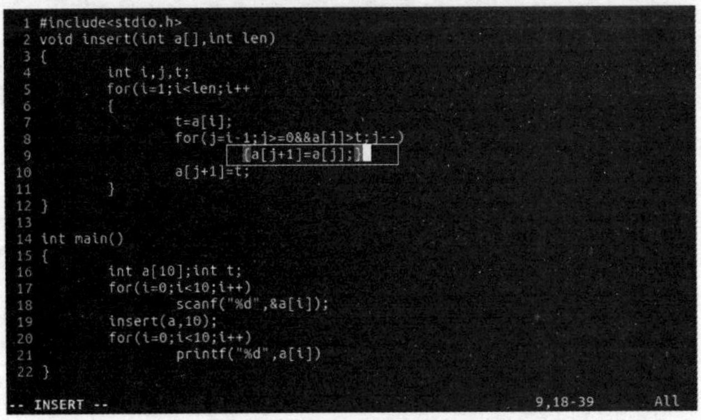

图 4-99　自动匹配花括号的界面效果

```
:set noshowmatch
```

注意：我们除了可以用以上2条命令来打开或关闭特殊字符匹配的功能，还可以通过"：set sm"和"：set nosm"2条命令实现相应的功能。

4.7.7　显示长文本行

由于显示器屏幕宽度存在限制，在输入的内容超过这一限制时，编辑器将自动换行以方便用户继续输入。事实上，还可以通过修改 vi 编辑器的设置，对长文本行的内容进行强制换行,将其拆分为多个新行来显示。请执行以下步骤。

(1) 新建 ex0407_03 文件。

(2) 在命令模式下,执行以下命令。

```
:set number
:set wrapmargin = 10
```

注意:wrapmargin=10 表示当输入的内容距离屏幕右边界 10 个字符时,vi 编辑器将强制换行,光标也会自动移动至下一新行的行首。

(3) 在插入模式下,将以下内容输入文件中。

Remember that journals give "Instructions for Authors" always. Read the guidelines given in "Instructions for Authors" thoroughly.

上述操作执行完毕后,效果如图 4-100 所示。

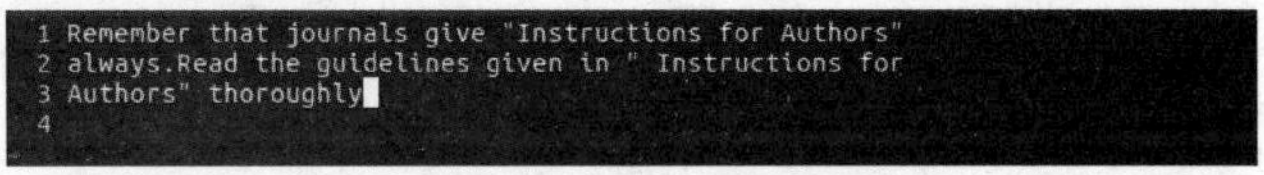

图 4-100 插入内容后的界面效果

(4) 返回命令模式,执行以下命令。

```
:set wrapmargin = 0
```

(5) 在插入模式下,将以下内容输入文件末尾。

Follow the instructions given in "Instructions for Authors" meticulously Follow the instructions given in "Instructions for Authors" meticulously

输入完毕后,效果如图 4-101 所示。

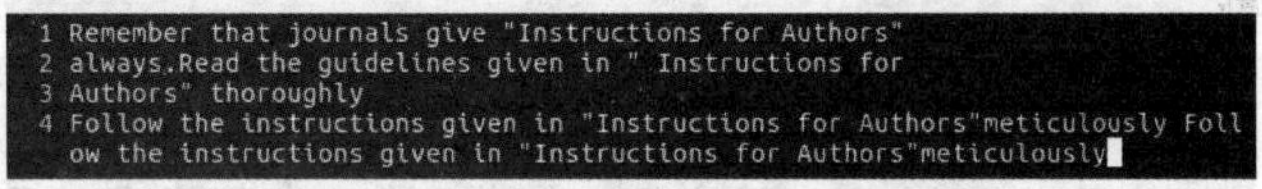

图 4-101 输入内容后的界面效果

此时可以看到,当输入的内容超过屏幕右边界时,编辑器只会自动将后续内容作为该行的延续,显示到新的一行中,而不会给其分配新的行号。

关于自动换行须注意以下两点。

① 除了可以用":set wrapmargin"命令来设置每行中最后一个字符到屏幕右边界的字符个数(此时一行可输出的最大字符数为屏幕在一行上可显示的最大字符数减去 wrapmargin 的值),还可以通过":set wm"实现该功能;

② 通过设置 wrapmargin 的值,可以间接地控制一行允许输入的最大字符数,即 wrapmargin 的值越小,输入的文本内容就离屏幕右边界越近。如果想要关闭该功能,可将其值设置为 0(此时可输入的字符总宽度与屏幕同宽)。

4.7.8 查看编辑器当前设置

到目前为止,已经学习了如何修改编辑器的一些基本设置。若想查看编辑器设置的各种参数值,该如何实现呢?可以按以下方式进行查看。

1. 查看当前值

（1）打开 ex0407_02 文件。

（2）在命令模式下，执行以下命令。

`:set wrapmargin`

该命令执行完毕后，在屏幕底部将会出现如图 4-102 所示的信息。

```
wrapmargin=0                              4,143          All
```

图 4-102　查看 wrapmargin 当前值的界面效果

如上所述，若想查看之前所学的各种参数的值，也可以通过"`:set 参数名`"的命令进行查看。

2. 查看所有值

（1）打开 ex0407_02 文件。

（2）在命令模式下，执行以下命令。

`:set all`

该命令执行完毕后，效果如图 4-103 所示。

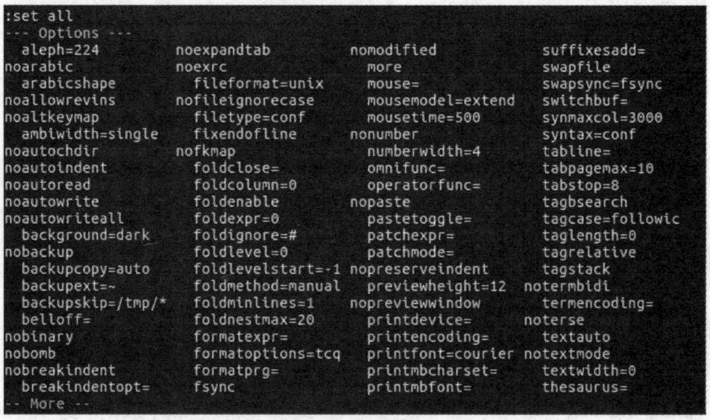

```
:set all
--- Options ---
  aleph=224          noexpandtab          nomodified          suffixesadd=
noarabic             noexrc                                   swapfile
  arabicshape        fileformat=unix      mouse=              swapsync=fsync
noallowrevins        nofileignorecase     mousemodel=extend   switchbuf=
noaltkeymap          filetype=conf        mousetime=500       synmaxcol=3000
  ambiwidth=single   fixendofline         nonumber            syntax=conf
noautochdir          nofkmap              numberwidth=4       tabline=
noautoindent         foldclose=           omnifunc=           tabpagemax=10
noautoread           foldcolumn=0         operatorfunc=       tabstop=8
noautowrite          foldenable           nopaste             tagsearch
noautowriteall       foldexpr=0           pastetoggle=        tagcase=followic
  background=dark    foldignore=#         patchexpr=          taglength=0
nobackup             foldlevel=0          patchmode=          tagrelative
  backupcopy=auto    foldlevelstart=-1    nopreserveindent    tagstack
  backupext=         foldmethod=manual    previewheight=12    notermbidi
  backupskip=/tmp/*  foldminlines=1       nopreviewwindow     termencoding=
  belloff=           foldnestmax=20       printdevice=        noterse
nobinary             formatexpr=          printencoding=      textauto
nobomb               formatoptions=tcq    printfont=courier   notextmode
nobreakindent        formatprg=           printmbcharset=     textwidth=0
  breakindentopt=    fsync                printmbfont=        thesaurus=
-- More --
```

图 4-103　查看所有选项值的界面效果

4.7.9　编辑器的配置文件

vi 编辑器启动时，将会自动读取其配置文件，并按照该文件中提供的参数值对其进行初始化，以实现对编辑器的定制。因此可以编辑这一配置文件，通过修改这些参数值，实现对编辑器的自定义。请按以下步骤进行操作。

（1）在当前用户名的主目录下，创建一个 .vimrc 文件。

`cd ~`

（注：此处这个"~"代表的就是当前用户的默认目录。）

`vi .vimrc`

（2）将以下内容输入文件中。

```
set number
set autoindent
set showmode
```

```
set ignorecase
set list
set showmatch
set wrapmargin = 10
```

输入完毕后,效果如图 4-104 所示。

图 4-104 输入文件后的界面效果

(3) 对文件进行保存后,退出。此时再次打开 ex0407_02 文件。

```
vi ex0407_02
```

该命令执行完毕后,效果如图 4-105 所示。

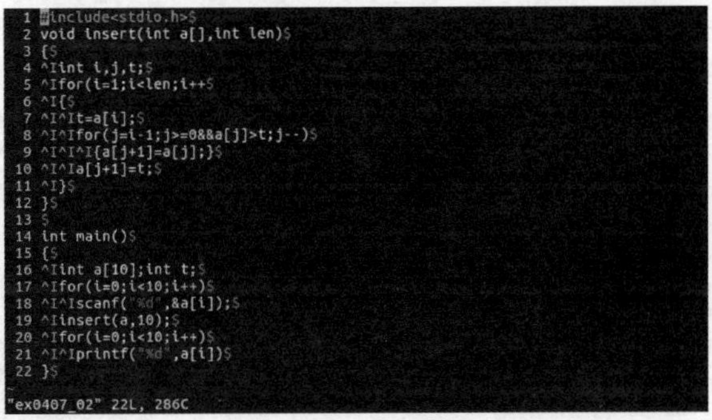

图 4-105 打开 ex0407_02 文件的界面效果

此时,可以清楚地看到编辑器自动显示出行号与特殊字符。同时,编辑器还被设置了自动缩进、显示当前编辑状态、搜索时忽略大小写、特殊字符匹配,以及每行最后一个字符到屏幕右边界的距离为 10 个字符等功能。读者可自行验证。

4.8 高级功能

通过之前的学习,我们对 vi 编辑器的基本功能有了大致了解,本节将进一步学习 vi 编辑器的高级功能,以便能更好地使用它。

4.8.1 在 vi 中执行 Shell 命令

在 vi 编辑器中,可以通过下述操作运行 Shell 执行相关命令。

(1) 新建一个 ex0408_01 文件。

(2) 在该文件中的命令模式下,执行以下命令。

```
:!date
```

执行完毕后,效果如图 4-106 所示。

(3) 按下 Enter 键,此时界面跳转回 ex0408_01 文件,在命令模式下继续执行以下命令。

图 4-106　执行"：! date"命令后的界面效果

```
:!cal
```

该命令执行完毕后，效果如图 4-107 所示。

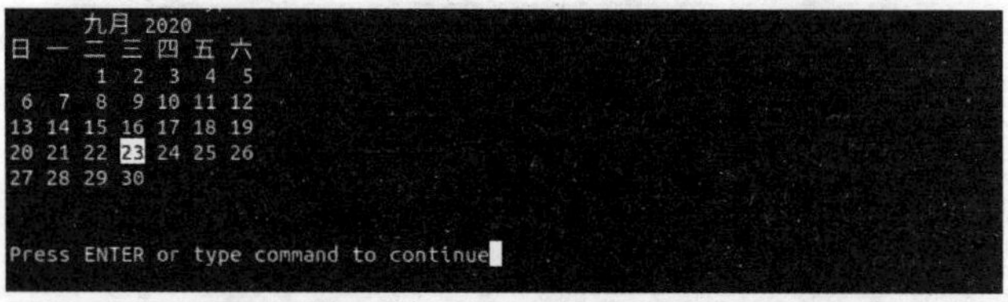

图 4-107　执行"：! cal"命令后的界面效果

（4）按下 Enter 键，此时界面再次跳转回 ex0408_01 文件，在命令模式下继续执行以下命令，以完成对这一文件的保存。

```
wq
```

4.8.2　读入文件和 Shell 命令

当需要从另外一个文件中导入部分内容到正在编辑的某个文件中时，除了使用复制和粘贴，还可以通过 read 命令，将另一文件中的部分文本读入当前文本。请按以下步骤执行。

（1）新建 ex0408_01 文件。

（2）在命令模式下，执行以下命令。

```
:1 read ex0407_01
```

该命令执行完毕后，效果如图 4-108 所示。

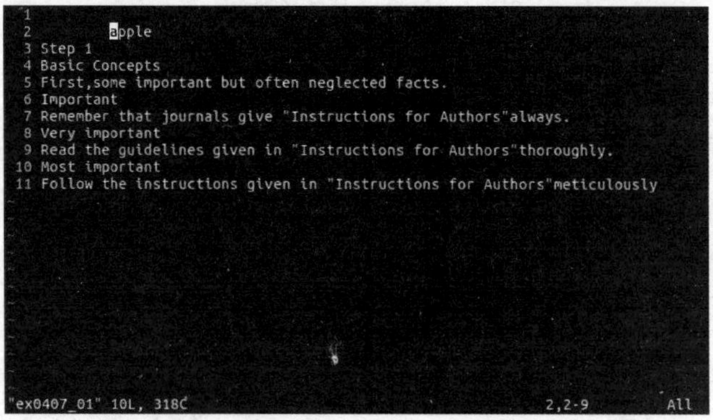

图 4-108　执行 read 命令读取文件后的界面效果

注意：此时，ex0407_01 文件的全部内容被导入 ex0408_01 文件的第 1 行，除了可以将现有的文件内容读入新文件，还可以将 Shell 命令的执行结果读入文件，请继续执行以下操作。

（3）将光标移动至第 1 行行首，在命令模式下执行以下命令。

:read !date

（注意：“!”与单词 date 间没有空格。）

该命令执行完毕后，效果如图 4-109 所示。

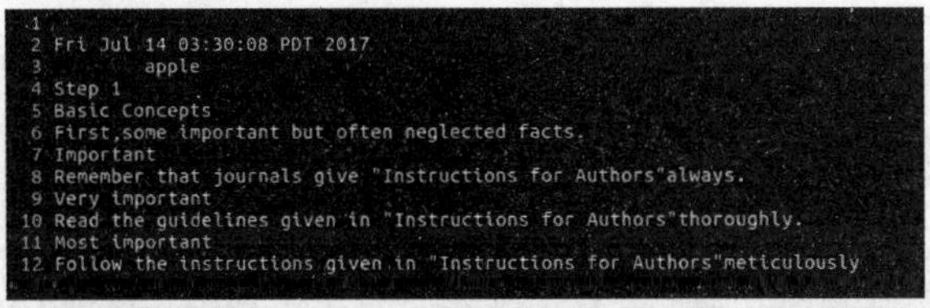

图 4-109　执行 Shell 命令导入当前日期的界面效果

（4）执行以下命令，也可以将部分指定内容读入当前文件。

:12 read !head − 5 ex0407_01

该命令执行完毕后，效果如图 4-110 所示。

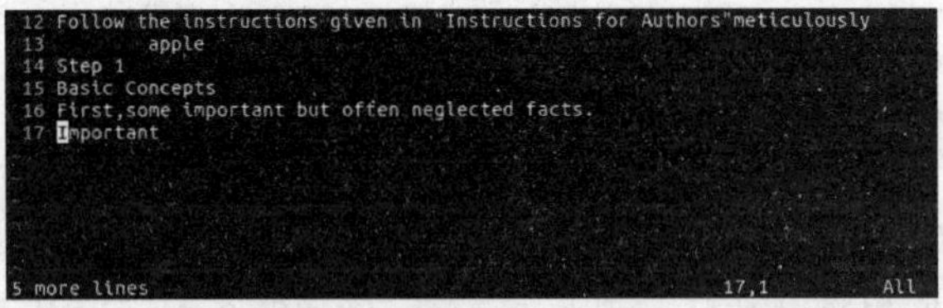

图 4-110　执行 Shell 命令导入文件 ex0407_01 中的部分内容

此时，ex0407_01 文件的前 5 行被导入 ex0408_01 文件的第 12 行之后。

注意：“read”命令也可简写为“r”，读者可自行尝试。

4.8.3　编辑命令

在打开已有文件时，很有可能因为拼错文件名而打开了一个新的文件或编辑了一个错误的文件。例如，想对 ex0408_01 文件进行编辑，但错误地将数字 1 输成数字 2，在不退出当前编辑器的情况下，有什么办法可以让我们回到正确的文件中进行编辑呢？通过下述操作即可实现。

（1）错误打开 ex0408_01 文件。

vi ex0408_02

执行完毕后，效果如图 4-111 所示。

图 4-111　打开 ex0408_02 文件的界面效果

（2）在命令模式下，执行以下命令。

`:edit! ex0408_01`

注意：edit 命令与感叹号之间没有空格，执行完毕后，效果如图 4-112 所示。

```
 1
 2 Fri Jul 14 03:30:08 PDT 2017
 3        apple
 4 Step 1
 5 Basic Concepts
 6 First,some important but often neglected facts.
 7 Important
 8 Remember that journals give "Instructions for Authors"always.
 9 Very important
10 Read the guidelines given in "Instructions for Authors"thoroughly.
11 Most important
12 Follow the instructions given in "Instructions for Authors"meticulously
13        apple
14 Step 1
15 Basic Concepts
16 First,some important but often neglected facts.
17 Important



"ex0408_01" 17L, 435C                            1,0-1          All
```

图 4-112   在 ex0408_02 文件中打开 ex0408_01 文件的界面效果

4.8.4 控制字符

在 ASCII 表中，有可显示字符亦有不可显示字符。其中 0～31 及 127 是控制字符或通信专用的字符。若我们想将其转化为可显示字符，该如何实现呢？在本节中，我们就来学习如何正确地在文本中输入并显示控制字符。请读者按以下步骤操作。

（1）因为控制字符是不可显示字符，所以在文本中输入控制字符时，我们首先需要将控制字符结合脱字符（^）转化为可显示的形式，具体规则如下。

脱字符（^）为某一控制字符的编码加 64 后所得结果对应的字符。例如：CR（回车）所对应的 ASCII 编码为 0x0D，加上 64 后结果为 4D（对应的字符为 M）。所以 ^M 表示回车。读者可查阅 ASCII 表，按照上述规则自行转换控制字符。

（2）新建 ex0408_02 文件。

（3）进入插入模式，按下 Ctrl+V 键。

该命令执行完毕后，效果如图 4-113 所示。

图 4-113   按下 Ctrl+V 键后的界面效果

注意：此时在文件中出现被高亮为蓝色的脱字符与我们在键盘上按下脱字符是有区别的。若我们直接在键盘按下“^”，其仅仅是作为一个可显示的字符输入文本，没有任何其他的含义；若是通过按下 Ctrl+V 键显示出的脱字符，则表明读者可在其后输入某一控制功能所对应的可显示字符，实现控制字符的显示。

（4）按下 Ctrl+M 键。

该命令执行完毕后，效果如图 4-114 所示。

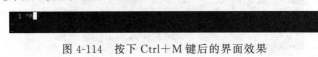

图 4-114   按下 Ctrl+M 键后的界面效果

想要在文本中输入控制字符，只需将其 ASCII 编码加上 64 后找到对应的字符，按下 Ctrl＋V 键再按下"Ctrl＋对应字符"即可。

4.8.5　命令映射

当我们需要实现的功能较为复杂时，可以通过命令映射的方式，将一条或多条命令与单键联系起来，实现一次按键完成一个复杂的任务。请读者执行以下步骤。

（1）新建 ex0408_02 文件。

（2）在命令模式下，执行以下命令。

```
:map # oI have a pen I have an apple
```

（注意：o 与 I 之间无空格，并且 o 一定为小写字母。）

输入完毕后，按 Enter 键结束。

（3）返回命令模式，按下"♯"键。

该命令执行完毕后，效果如图 4-115 所示。

```
1
2 I have a pen I have an apple
3
```

图 4-115　按下"♯"键后的界面效果

注意：字母 o 在此处的作用是让编辑器进入插入模式，并新建一行，从而使其后的文本内容在该行输入。

（4）还可以通过在命令模式下执行以下命令，查看当前映射。

```
:map
```

我们除了可以将一段文本内容映射至某一个单键命令上，还可以将某一代码段映射至某一个单键上，请继续执行下述步骤。

（5）在命令模式下，输入以下命令。

```
:map @ oifX Ctrl＋V Ctrl＋M Ctrl＋V Ctrl＋I then a Ctrl＋V Ctrl＋M Ctrl＋V Ctrl＋I else b Ctrl＋M fi
```

注意：在上述命令中，"Ctrl＋V""Ctrl＋M""Ctrl＋I"等是为了在文本中输入控制字符，通过在键盘上按下相应的操作按键实现，而非将"Ctrl＋V"这 6 个字符输入其中。有关控制字符的具体内容可参考第 4.8.4 节。上述命令输入完毕后，按 Enter 键结束。

（6）将光标移至第 3 行，按下"@"键。

该命令执行完毕后，效果如图 4-116 所示。

```
1
2 I have a pen I have an apple
3
4 ifX
5          then a
6          else b
7 fi
```

图 4-116　按下"@"键后的界面效果

4.8.6　命令缩写

通过 4.8.5 节的学习，我们知道了在完成一项复杂任务时，可以通过命令映射的方式来实现。在本节中，我们将学习如何使用命令缩写的方式实现类似的效果。请按以下步骤操作。

（1）打开 ex0408_02 文件。

（2）在命令模式下，输入以下命令。

```
:ab ift ifX Ctrl + V Ctrl + M Ctrl + V Ctrl + I then a Ctrl + V Ctrl + M Ctrl + V Ctrl + I else b Ctrl
+ M fi
```

注意：在上述命令中，"Ctrl＋V""Ctrl＋M""Ctrl＋I"等是为了在文本中输入控制字符，其是通过在键盘上按下相关的操作按键实现的，而非将"Ctrl＋V"这6个字符输入其中。有关控制字符的具体内容可参考 4.8.4 节。上述命令输入完毕后，按 Enter 键结束。

（3）将光标移至第 7 行，按下 o 键进入插入模式。

（4）将以下内容输入文件第 8 行，输入完毕后按下 Enter 键。

```
ifX
```

上述操作执行完毕后，效果如图 4-117 所示。

图 4-117　执行上述操作后的界面效果

在按下 Enter 键后，被缩写的内容自动扩展并显示在文件中。

（5）我们还可以通过下述命令，查看当前编辑器中的命令缩写。读者可自行尝试。

```
:ab
```

本章小结

本章系统全面地介绍了 vi 编辑器的基本知识及具体用法。我们从使用 vi 编辑器创建、保存和修改文件开始，到在 vi 编辑器中如何移动光标，再到如何使用 vi 编辑器对文本进行添加、查找和替换，如何对文本进行复制、剪切和粘贴，如何对文本进行删除和撤销，最后介绍了如何更改 vi 编辑器的设置及一些更为高级的功能。

在完成本章的学习后，读者能够熟练使用 vi 编辑器进行文本编辑。

习题 4

1．选择题

（1）下述关于模式转换的说法正确的是（　　）。

  A. 若想从插入模式返回命令模式，可通过按下 Esc 键实现

  B. 从命令模式进入插入模式，可通过在键盘上按下任何一个字母键实现

  C. 在 vi 编辑器中，按下";"键可从命令模式进入底线模式

  D. 可以直接从底线模式进入插入模式

（2）在 Shell 中使用 vi 编辑器打开 practice040102 文件的正确命令是（　　）。

  A. vipractice040102   B. vi 040102

  C. vi practice040102   D. v practice040102

（3）在文件的命令模式中输入":wq"命令,可实现（　　）。

  A. 退出当前文件   B. 保存当前文件

  C. 保存并退出当前文件   D. 强制保存并退出当前文件

（4）双引号中的（　　）命令可实现将当前文件中的第 5 至 10 行的内容追加至文件 practice040104 中。

  A. :5,10 w ＞ practice040104   B. :5,10 w ≫ practice040104

  C. :5 10 w ≫ practice040104   D. 5,10 w ≫ practice040104

（5）双引号中（　　）命令可实现将内容保存到 practice040105 文件中。

  A. :w practice040105   B. w practice040105

  C. :wpractice040105   D. :w ＞ practice040105

（6）下列移动光标的命令与结果对应的是（　　）。

  A. "8h"将光标向右移动 8 个字符

  B. "3w"将光标移动至第 3 个单词词尾

  C. "＄"将光标移动至该行末尾

  D. "10G"将光标移动至第 10 行末尾

（7）下列（　　）说法是正确的。

  A. 执行"Ctrl＋D"操作可使当前文本内容向下移动半屏

  B. 执行"Ctrl＋U"操作可使当前文本内容向下移动至下一屏

  C. 执行"Ctrl＋F"操作可使当前文本内容向上移动半屏

  D. 执行"Ctrl＋B"操作可使当前文本内容向下移动至下一屏

（8）想要在当前光标的上方或下方插入文本,可通过（　　）命令实现。

  A. "O"与"o"   B. "o"与"O"

  C. "A"与"a"   D. "I"与"i"

（9）想要在当前光标的左侧或右侧插入文本,可通过（　　）命令实现。

  A. "a"与"i"   B. "i"与"o"

  C. "i"与"a"   D. "O"与"a"

（10）在文件中查找字符串"apple"时,（　　）命令可以正确实现向前或向后继续查找目标字符串的效果。

  A. "? apple"与"/apple"   B. "n"与"M"

  C. "N"与"n"   D. "/apple"与"? apple"

（11）若想将文件中的单词"apple"替换为"pear",下述操作正确的是（　　）。

  A. 先使用查找命令"/apple"查找所有的单词 apple,再从键盘上输入修改单词的 cw 命令,再将单词"paer"输入其中

  B. 先使用查找命令"/apple"查找所有的单词 apple,再从键盘上输入修改单词的 cw 命令,再将单词"pear"输入其中

  C. 先使用查找命令"? apple"查找所有的单词 apple,再从键盘上输入修改单词的

cw 命令，再将单词"pear"输入其中

　　D. 从键盘上输入修改单词的 cw 命令，将单词"pear"输入其中

(12) 若想把文件中所有的"one"替换为"two"，可以通过(　　)命令来实现。

　　A. :1,$ s/one/two/g　　　　　　　　　B. :1,$ s/one/two

　　C. :1,$ s/g/one/two/　　　　　　　　D. :1,$ g/s/one/two/

(13) 复制并粘贴 3 个字符，正确的命令操作是(　　)。

　　A. 3yl p　　　　　　B. 3y p　　　　　　C. 3yy p　　　　　D. 3yw p

(14) 剪切并粘贴 5 个字符，正确的命令操作是(　　)。

　　A. 5dd p　　　　　　B. 5xx p　　　　　C. 5x p　　　　　D. 5dw p

(15) 复制 2 个单词与复制 4 行的命令是(　　)。

　　A. 5x p　　　　　　B. 5xx p　　　　　C. 2yw 4yy　　　　D. 5dw p

(16) 剪切 1 个单词与剪切 6 行的命令是(　　)。

　　A. dw 6dd　　　　　B. x 6yy　　　　　C. yw 6yy　　　　D. dw p

(17) 以下命令中，可实现对文本内容以单词为单位进行删除的是(　　)。

　　A. yw　　　　　　　B. dx　　　　　　　C. dw　　　　　D. dy

(18) 以下命令中，可实现对文本内容以行为单位进行删除的是(　　)。

　　A. xx　　　　　　　B. dd　　　　　　　C. yy　　　　　D. cc

(19) 想要撤销最近一次的修改操作，可通过(　　)命令实现。

　　A. u!　　　　　　　B. 按 Esc 键　　　C. U　　　　　　D. u

(20) 若想在 Shell 中查看 practice040120 文件的具体内容，可用(　　)命令实现。

　　A. more practice040120　　　　　　B. morepractice040120

　　C. catpractice040120　　　　　　　D. more! practice040120

(21) (　　)设置可让编辑器在搜索时自动忽略大小写的区别。

　　A. :set nu　　　B. :set ic　　　C. :set ai　　　D. :set wm

(22) 若我们想隐藏特殊字符，则可通过(　　)命令实现。

　　A. :set nolist　　B. :set list　　C. :set no-list　　D. :setnolist

(23) 我们在控制一行可输出的最大字符数时，可通过修改(　　)参数的值实现。

　　A. wrapmargin　　B. autoindent　　C. ignorecase　　D. showmatch

(24) 当我们在当前文件中，想要直接编辑 practice040124 文件时，可通过(　　)命令实现。

　　A. :!edit practice040124　　　　　　B. :edit!practice040124

　　C. :edit!Practice040124　　　　　　D. :edit practice040124

(25) 下列有关命令映射的命令，书写正确的是(　　)。

　　A. :map #oI Love you　　　　　　　B. :map# I Love you

　　C. :map # I Love you　　　　　　　D. :map I Love you

2. 填空题

(1) 在本书中，vi 编辑器有_____种模式。

(2) 在_____模式下，我们可向文件中添加文本内容。

(3) _____命令可实现对文件的强制保存与退出。

（4）我们可通过_____命令来实现光标在不同行上的移动。

（5）在编辑文件时，我们在命令模式中输入双引号中的''命令可实现的效果是_____。

（6）若想在当前行行末插入文本，可通过在键盘上按下_____键进入插入模式后直接输入文本内容。

（7）在某文件的命令模式中连续输入'O'、'p'、'e'、'n'，会出现_____的效果。

（8）若想直接替换文件中某一行的文本内容，可先通过_____命令删除当前行中的内容再输入新内容实现。

（9）我们可通过_____将某文件中的第1至第8行复制到该文件的末尾。

（10）通过_____命令我们可一次删除单个字符。

（11）若想删除全部文本内容，则可执行_____实现。

（12）若需撤销某行上做的所有修改，则可通过在键盘上按下_____实现。

（13）若需在编辑器显示行号，则可在命令模式下执行_____命令实现。

（14）实现在编辑文件时字符能自动缩进，则可通过在命令模式下执行_____命令实现。

（15）我们通过_____命令可让编辑器显示当前编辑状态。

（16）若需关闭编辑器对长文本行显示的设置，可将"wrapmargin"的值设置为_____。

（17）在一次性编辑多个文件的情况下，通过_____命令就可直接返回至第一个文件中重新编辑。

（18）若需编辑器自动匹配特殊字符，则可通过_____命令设置编辑器开启该功能。

（19）通过_____命令可查看编辑器当前设置的所有值。

（20）在命令模式中，我们可通过_____命令将date实用程序输出的内容读入当前文件中。

（21）我们可通过在某新建文件中执行_____命令将文件practice040214中的内容读入该新建文件的第2行。

（22）在输入控制字符前，需要在键盘上按下_____后，再输入某控制字符所对应的字符。

（23）通过_____命令可将"We are the world"映射至单键♯中。

（24）命令映射的输入必须在_____模式下进行。

（25）命令缩写的输入必须在_____模式下进行。

3. 简答题

（1）在本书中，vi编辑器一共有哪几种模式？几种模式之间又是如何转换的？

（2）若打开某个文件后，光标默认停留在第1行行首处。依次执行完下述命令，简述光标的移动情况。

```
5l
5h
3w
2b
:^
```

```
++
Ctrl + D
```

（3）创建 practice040303 文件，并按以下要求依次添加对应文本至当前文件中。

① 在光标左侧添加以下内容并返回命令模式。

```
Although at times,
```

② 在当前光标右侧添加以下内容并返回命令模式。

```
learning a language was frustrating, it was well worth the effort.
```

③ 在当前光标上方添加以下内容并返回命令模式。

```
Learning a foreign language
```

④ 在当前光标下方添加以下内容并返回命令模式。

```
Learning a foreign language was one of the most difficult yet most rewarding experiences of my
life.
```

⑤ 将以下内容输入 practice040303 文件的末尾。

```
My experience with a foreign language began in junior middle school, when I took my first English
class.
I had a kind and patient teacher who often praised all of the students.
Because of this positive method, I eagerly answered all the questions I could, never worrying
much about making mistakes.
I was at the top of my class for two years.
```

（4）在 practice040303 文件中查找所有的单词 language。

（5）在 practice040303 文件中将所有的单词 foreign 替换为 native。

（6）创建 practice040306 文件，并按以下要求对其进行操作。

① 将 practice040303 文件中第 1 至 5 行内容读入文件 practice040306。

② 复制前 3 行内容至文件第 6 行。

③ 剪切文件第 4、5 行中的内容并粘贴至文件最后。

（7）创建 practice040307 文件，并按以下要求对其进行操作。

① 将 practice040306 文件中的所有内容读入 practice040307 文件。

② 删除单个字符。

③ 删除两个单词。

④ 删除三行。

⑤ 撤销最后一次操作。

（8）根据以下要求创建 practice040308 文件。

① 将 who 实用程序执行结果写入该文件。

② 将 pwd 实用程序执行结果写入该文件。

③ 将 date 实用程序执行结果写入该文件。

（9）按照下述要求创建一个编辑器的配置文件。

① 打开文件时，编辑器将自动显示行号。

② 打开文件时，编辑器将自动显示当前编辑状态。

③ 打开文件时，编辑器将自动匹配特殊字符。

④ 文件中"wrapmargin"的值为 10。

（10）创建 practice040310 文件，并按以下要求对文件进行操作。

① 将以下内容映射至单键♯中。执行完毕后将其输入文件。

```
if a
then b
else c
fi
```

② 将以下命令用命令缩写 ifte 来替代。执行完毕后将其输入文件。

```
if a
then b
elif c
then d
else e
fi
```

第5章

实用程序初步

经过第 3 章的学习,读者应该掌握了在 Ubuntu 字符界面下进行的基本操作。本章将介绍一些常用的实用程序来帮助读者在字符界面下更好地使用 Ubuntu。它们分别是多列内容输出 column,文件内容查找 grep,基本数学计算 bc,文件内容排序 sort,文件内容比较 uniq、comm 和 diff,文件内容替换 tr,单行数据编辑 sed 和数据操作工具 awk。

本章学习目标

- 掌握如何使用 column 输出多列内容;
- 熟练掌握如何使用 grep 在文件中查找不同的内容;
- 熟练掌握如何使用系统自带的计算器 bc 进行数学运算;
- 熟练掌握使用 sort 对文件内容进行排序;
- 熟练掌握文件内容比较命令 uniq、comm 和 diff 用法;
- 掌握文件内容替换命令 tr 的用法;
- 掌握单行数据编辑工具 sed 的用法;
- 掌握数据操作工具 awk 的基本用法。

5.1 多列内容输出

在字符界面中查看文件的内容时,数据大都是靠屏幕最左方单列由上至下显示,除此列显示数据之外的屏幕区域均为空白,因此需要在屏幕上调整文件内容的输出样式,以实现更多内容在同一屏幕上显示。本节将介绍如何使用 column 实现文件按多列格式输出。

5.1.1 按多列格式输出

(1) 执行以下命令创建一个名为 ex0501_column 的文件。

vi ex0501_column

在当前文件中输入以下信息并保存,注意其格式为单列多行。

```
Monday
Tuesday
Wednesday
Thursday
Friday
Saturday
```

```
Sunday
```

(2) 执行 more 命令查看文件内容。

```
more ex0501_column
```

结果如图 5-1 所示，文件内容以单列显示。

(3) 执行以下命令以完成用 column 程序显示文件内容。

```
column ex0501_column | more
```

结果如图 5-2 所示，文件内容以多列显示。

joy@ubuntu:~/chapter05$ more ex0501_column
Monday
Tuesday
Wednesday
Thursday
Friday
Saturday
Sunday

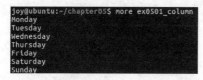

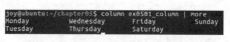

图 5-1　使用 more 查看时单列显示效果

joy@ubuntu:~/chapter05$ column ex0501_column | more
Monday Wednesday Friday Sunday
Tuesday Thursday Saturday

图 5-2　使用 column 的多列显示效果

5.1.2　按不同行列顺序

使用 column 显示文件时，可以选择带-x 选项和不带此选项，以得到不同的显示效果。

(1) 首先执行以下命令。

```
column -x ex0501_column | more
```

效果如图 5-3 所示。

joy@ubuntu:~/chapter05$ column -x ex0501_column | more
Monday Tuesday Wednesday Thursday Friday
Saturday Sunday

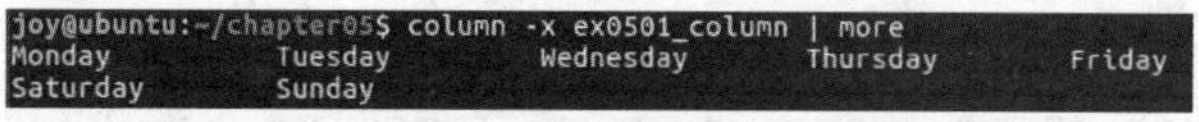

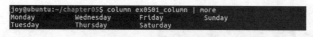

图 5-3　带-x 选项的效果

(2) 再次执行以下命令。

```
column ex0501_column | more
```

效果如图 5-4 所示。

joy@ubuntu:~/chapter05$ column ex0501_column | more
Monday Wednesday Friday Sunday
Tuesday Thursday Saturday

图 5-4　不带-x 选项的效果

可以注意到，带-x 和不带-x 的输出是不同的。其中：带-x 选项的输出是先从左到右显示，再从上到下显示(即先行后列)；不带-x 选项的输出是先从上到下显示，再从左到右显示(即先列后行)。

5.2　文件内容查找

在第 3 章我们已经学习了 grep 的基本功能，本节将介绍 grep 的其他功能。

5.2.1　在多个文件中查找

如果用户想要在多个文件中查找指定内容，可以使用 grep 命令来实现，其格式如下。

```
grep string file1 file2 …
```

其中：参数 string 为待查找的内容（通常称其为目标字符串），file1、file2 则用待查找的文件名代替，省略号表明还可以添加更多文件。

请按以下步骤实现在多个文件中查找。

（1）首先，使用 vi 命令创建两个文件。

ex0502_01_grep 文件内容为：

```
Check the facts for accuracy.
Check for formatting of references.
```

ex0502_02_grep 文件内容为：

```
Give me my bag.
Give me my computer.
```

（2）然后，执行下列四条命令。

```
grep e ex0502_01_grep ex0502_02_grep
grep f ex0502_01_grep ex0502_02_grep
grep G ex0502_01_grep ex0502_02_grep
grep Z ex0502_01_grep ex0502_02_grep
```

结果如图 5-5 所示。其中：第 1 条命令结果表明在两个文件中都查找到了"e"；第 2 条命令结果表明只在文件 ex0502_01_grep 中查找到了"f"；第 3 条命令结果表明只在 ex0502_02_grep 文件中查找到了"G"；第 4 条命令无任何输出结果，这是因为在 2 个文件中都未查找到"Z"。

如果想在当前目录下的所有文件中查找字符串，则需要用到通配符"＊"。通配符"＊"表示当前目录下的所有文件，它指示 grep 命令要在当前目录下的所有文件中查找。下面给出一个关于 grep 命令用法的例子。

假定需要在当前目录下的所有文件中查找字符串 computer，可执行以下命令。

```
grep computer ＊
```

结果如图 5-6 所示，即在当前目录下的所有文件中只有 ex0502_02_grep 文件中包含字符串 computer。

图 5-5　在多个文件中查找　　　　　　　　图 5-6　在当前目录下的所有文件中查找

5.2.2　在文件中查找多个单词

5.2.1 节已介绍在文件中查找单个单词，本节将学习如何查找多个单词。具体步骤如下。

（1）首先，使用 vi 命令创建 ex0502_03_grep 文件，内容如下。

```
my name is joy chen
（注意此行为空行）
This is a test
and
^a
txt
```

（2）然后，执行以下命令查找字符串 joy chen，注意在 grep 命令中字符串两侧为单引号。

```
grep 'joy chen'ex0502_03_grep
```

结果如图 5-7 所示，因为字符串两侧有单引号，所以 grep 命令会将"joy chen"这个整体识别为目标字符串。

如果"joy chen"两侧不加单引号，grep 命令会将"joy"和"chen"作为分开的两个参数传递给 grep，即"joy"将被认为是目标字符串，"chen"将被认为是待查找的第 1 个文件，"ex0502_03_grep"将被认为是待查找的第 2 个文件。然而，因为当前目录下不存在名为"chen"的文件，所以系统会显示警告信息，提醒此文件不存在，但仍会在正常文件 ex0502_03_grep 中查找并显示结果。如图 5-8 所示。

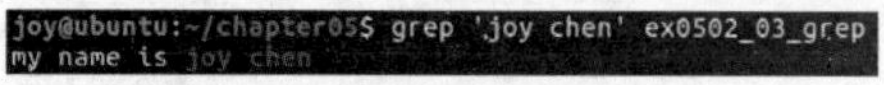

```
joy@ubuntu:~/chapter05$ grep 'joy chen' ex0502_03_grep
my name is joy chen
```

图 5-7 查找字符串"joy chen"

```
joy@ubuntu:~/chapter05$ grep joy chen ex0502_03_grep
grep: chen: No such file or directory
ex0502_03_grep:my name is joy chen
```

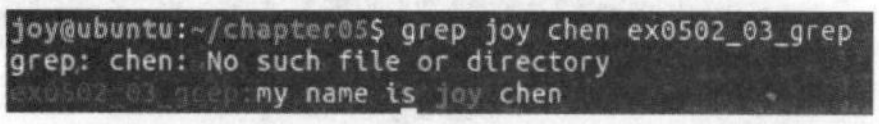

图 5-8 在文件查找字符串"joy chen"（不加单引号）

5.2.3 查找单词时忽略字母的大小写

grep 命令还可以实现区分目标字符串中字母大小写的功能。

（1）首先，执行以下命令。

```
grep Joy ex0502_03_grep
```

按 Enter 键后没有输出结果，说明在 ex0502_03_grep 文件中查找不到字符串"Joy"。

（2）然后，执行以下命令。

```
grep - i Joy ex0502_03_grep
```

结果如图 5-9 所示，-i 选项可以让 grep 在查找字符串时忽略字母的大小写（即会认为大写字母"J"和小写字母"j"是同一个字符）。可以看到，虽然我们的目标字符串是"Joy"，但仍显示了包含"joy"的行。

```
joy@ubuntu:~/chapter05$ grep -i Joy ex0502_03_grep
my name is joy chen
```

图 5-9 带-i 选项的结果

5.2.4 查找目标内容的文件名

接下来介绍一些 grep 的其他用法，具体如下。

（1）使用-v 选项。

在 grep 命令中，如果使用-v 选项，则输出不包含目标字符串的行。

请执行以下命令。

```
grep - v joy ex0502_03_grep
```

图 5-10　带-v 选项的结果

输出包含目标字符串文件的文件名。

请执行以下命令。

```
grep － l joy ex0502_03_grep
```

结果如图 5-11 所示，可以注意到 ex0502_03_grep 文件中包含"joy"的那行未被输出。

（2）使用-l 选项。

如果使用-l（连字符和小写字母 l）选项，那么只输出包含目标字符串文件的文件名。

结果如图 5-11 所示，ex0502_03_grep 文件中包含"joy"，因此它的文件名被输出了。

（3）使用-n 选项。

如果使用-n 选项，那么会输出文件中包含目标字符串的行及其行号，两者以冒号隔开。请执行以下命令。

```
grep － n joy ex0502_03_grep
```

结果如图 5-12 所示，其中冒号之后的内容表示 ex0502_03_grep 文件中包含"joy"，冒号之前的"1"表示"joy"位于第 1 行。

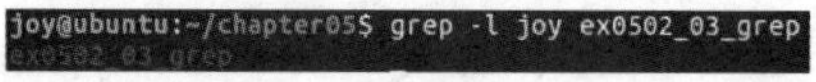

joy@ubuntu:~/chapter05$ grep -l joy ex0502_03_grep
ex0502_03_grep

图 5-11　带-l 选项的结果

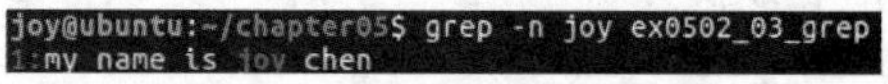

joy@ubuntu:~/chapter05$ grep -n joy ex0502_03_grep
1:my name is joy chen

图 5-12　带-n 选项的结果

5.2.5　使用正则表达式

正则表达式是一种特殊的字符串，可以用于文件内容的查找。下面将正则表达式使用到 grep 中。表 5-1 给出了 3 个在正则表达式中具有特殊意义的字符以及它们的功能。

表 5-1　具有特殊意义的字符

字　　符	功　　能	字　　符	功　　能
.	匹配单个普通字符	$	指示某行的末尾
^	指示某行的起始		

下面根据表 5-1 的内容，给出一些正则表达式的用法。

1．查找以某一字符开头的行

（1）首先，创建 ex0502_04_grep 文件，其内容如下。

```
apple
^appear
hat
ht
```

（2）然后，执行以下命令在文件中查找所有以字符"a"开头的行。

```
grep '^a'ex0502_04_grep
```

结果如图 5-13 所示，可以发现 apple 被输出了，但是以"^a"开头的那行未被输出，因为"a"不是该行的第 1 个字符。

（3）最后，执行以下命令。

```
grep '\^a'ex0502_04_grep
```

结果如图 5-14 所示。与 (1) 不同的是,在这里"^"不被 grep 认为是特殊字符,因为如果"^"的前面紧接着的是"\"(反斜杠),那么"^"将会失去其特殊字符的作用,而被 grep 认为是普通字符,所以此命令的意思是在 ex0502_04_grep 文件中查找以"^a"开头的行。

图 5-13　查找以"a"开头的行 　　　　　图 5-14　查找以"^a"开头的行

2. 查找以某一字符结尾的行

执行以下命令在文件中查找以字符"t"结尾的行。

```
grep 't$' ex0502_04_grep
```

结果如图 5-15 所示,因为"$"是特殊字符,用来规定行的末尾字符,所以可以看到输出了所有以"t"结尾的行。

图 5-15　查找以"t"结尾的行

3. 查找指定长度的行

(1) 首先,创建 ex0502_05_grep 文件,其内容如下。

```
line
lineorline
```

(2) 然后,执行以下命令。

```
grep ^....$ 'ex0502_05_grep
```

结果如图 5-16 所示,4 个"."代表 4 个字符,"^"指明行的起始,"$"指明行的末尾,可以看到查找到了长度为 4 的行。

4. 查找指定长度的字符串

执行以下命令。

```
grep '....'ex0502_05_grep
```

结果如图 5-17 所示,由于未指明行的起始和末尾,grep 将会查找文件中所有长度为 4 的字符串,而不是只查找长度为 4 的行。

图 5-16　查找长度为 4 的行　　　　　图 5-17　查找长度为 4 的字符串

5.3　基本数学运算

实用程序 bc 可以进行基本的数学运算,本节将介绍使用 bc 进行整数运算和浮点运算。

5.3.1　整数运算

(1) 首先执行以下命令以启动实用程序 bc。

```
bc
```

　　结果如图 5-18 所示，出现了一段关于自由软件基金会（Free Software Foundation）的版权信息，没有命令提示符，且光标停留在新的一行并不断闪烁，说明系统在等待用户输入运算表达式。

```
joy@ubuntu:~/chapter05$ bc
bc 1.06.95
Copyright 1991-1994, 1997, 1998, 2000, 2004, 2006 Free Software Foundation, Inc.
This is free software with ABSOLUTELY NO WARRANTY.
For details type `warranty'.
```

图 5-18　调用实用程序 bc

　　（2）再输入以下表达式，然后按 Enter 键。

6 + 9

　　如图 5-19 所示，bc 立即输出了 6＋9 的计算结果 15。

```
joy@ubuntu:~/chapter05$ bc
bc 1.06.95
Copyright 1991-1994, 1997, 1998, 2000, 2004, 2006 Free Software Foundation, Inc.
This is free software with ABSOLUTELY NO WARRANTY.
For details type `warranty'.
6+9
15
```

图 5-19　计算 6＋9

　　（3）除了加法，bc 还可以做整数运算中的乘法、除法、减法和幂运算等，接下来输入以下表达式。

6 * 6
8/2
100 − 10
2^4

图 5-20　用 bc 做整数运算

　　如图 5-20 所示，每输入一个运算式，按 Enter 键后，立即会在新行中显示该运算式的结果。最后一条 2^4 是幂运算，意思是进行 2 的 4 次幂运算，即 $2 \times 2 \times 2 \times 2$，可以看到结果为 16。

5.3.2　浮点运算

　　在 5.3.1 节中，如果使用 bc 做除法运算，默认输出商的整数部分，小数部分不被输出。但实际上我们可以通过指定 scale 的值（scale 的默认值为 0），来调整输出商的小数位数。

　　（1）先查看整数形式的商，输入以下表达式并按 Enter 键。

12/7

　　如图 5-21 所示，默认的运算结果为 1（它是 12/7 的商的整数部分）。

　　（2）接着执行以下命令指定变量 scale 的值，并再次计算 12/7。

scale = 2
12/7

　　如图 5-22 所示，这里设置了 scale＝2，即设置了输出 2 位小数，可以看到运算结果为 1.71。

图 5-21　scale 默认值的结果　　　　　　　图 5-22　指定 scale 值后的结果

（3）若想退出 bc，则只要执行以下命令即可。

```
quit
```

图 5-23 为成功执行 quit 后的界面。

bc 的运算顺序与基本数学运算一样，还可以用小括号
来调整运算的优先级，读者可以输入以下运算式进行练习。

图 5-23　退出 bc

```
(1 + 2) * 3
8/(6 - 2)
2^(1 + 1)
```

5.4　文件内容排序

实用程序 sort 可以实现文件内容的排序，本节将介绍 sort 的几种不同用法。

由于 sort 的标准排序规则是按 ASCII 码表的值升序排列，因此我们需要先了解 ASCII
码。ASCII 码是美国信息交换标准代码（American Standard Code for Information
Interchange），它将 128 个人们最常用的符号依次编号。在 Ubuntu 中，我们可以使用以下
命令查看关于 ASCII 码的详细信息。

```
man ascii
```

图 5-24 所示为 ASCII 码表。可以看到在表的表头中，"Char"表示被编码的符号，
"Oct"表示编码数值的八进制形式，"Dec"表示十进制形式，"Hex"表示十六进制形式。比
如，表中右侧第 2 行的大写字母"A"的十进制 ASCII 码值为 65。

因为不同的系统环境会影响 sort 的排序结果，所以我们在使用 sort 前，需要执行以下
命令来还原传统的排序规则（按 ASCII 码值排序）。

如果在 bash/ksh 中，就输入：

```
export LC_ALL = "POSIX"
```

如果在 csh/tcsh 中，就输入：

```
setenv LC_ALL = "POSIX"
```

接下来请按以下步骤进行操作。

（1）首先，创建 ex0504_01_sort 文件，内容如下。

```
bear
^ant
cat
 ant
 （注意此行为空行）
ant
America
Above all
```

```
* ant
25
1
39
```

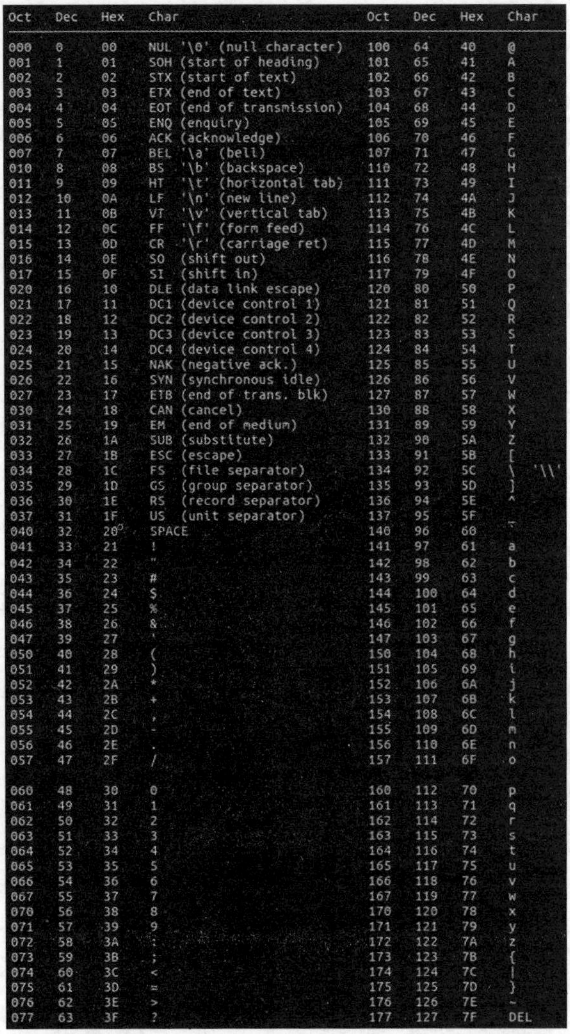

Oct	Dec	Hex	Char	Oct	Dec	Hex	Char
000	0	00	NUL '\0' (null character)	100	64	40	@
001	1	01	SOH (start of heading)	101	65	41	A
002	2	02	STX (start of text)	102	66	42	B
003	3	03	ETX (end of text)	103	67	43	C
004	4	04	EOT (end of transmission)	104	68	44	D
005	5	05	ENQ (enquiry)	105	69	45	E
006	6	06	ACK (acknowledge)	106	70	46	F
007	7	07	BEL '\a' (bell)	107	71	47	G
010	8	08	BS '\b' (backspace)	110	72	48	H
011	9	09	HT '\t' (horizontal tab)	111	73	49	I
012	10	0A	LF '\n' (new line)	112	74	4A	J
013	11	0B	VT '\v' (vertical tab)	113	75	4B	K
014	12	0C	FF '\f' (form feed)	114	76	4C	L
015	13	0D	CR '\r' (carriage ret)	115	77	4D	M
016	14	0E	SO (shift out)	116	78	4E	N
017	15	0F	SI (shift in)	117	79	4F	O
020	16	10	DLE (data link escape)	120	80	50	P
021	17	11	DC1 (device control 1)	121	81	51	Q
022	18	12	DC2 (device control 2)	122	82	52	R
023	19	13	DC3 (device control 3)	123	83	53	S
024	20	14	DC4 (device control 4)	124	84	54	T
025	21	15	NAK (negative ack.)	125	85	55	U
026	22	16	SYN (synchronous idle)	126	86	56	V
027	23	17	ETB (end of trans. blk)	127	87	57	W
030	24	18	CAN (cancel)	130	88	58	X
031	25	19	EM (end of medium)	131	89	59	Y
032	26	1A	SUB (substitute)	132	90	5A	Z
033	27	1B	ESC (escape)	133	91	5B	[
034	28	1C	FS (file separator)	134	92	5C	\ '\\'
035	29	1D	GS (group separator)	135	93	5D	]
036	30	1E	RS (record separator)	136	94	5E	^
037	31	1F	US (unit separator)	137	95	5F	_
040	32	20	SPACE	140	96	60	`
041	33	21	!	141	97	61	a
042	34	22	"	142	98	62	b
043	35	23	#	143	99	63	c
044	36	24	$	144	100	64	d
045	37	25	%	145	101	65	e
046	38	26	&	146	102	66	f
047	39	27	'	147	103	67	g
050	40	28	(	150	104	68	h
051	41	29	)	151	105	69	i
052	42	2A	*	152	106	6A	j
053	43	2B	+	153	107	6B	k
054	44	2C	,	154	108	6C	l
055	45	2D	-	155	109	6D	m
056	46	2E	.	156	110	6E	n
057	47	2F	/	157	111	6F	o
060	48	30	0	160	112	70	p
061	49	31	1	161	113	71	q
062	50	32	2	162	114	72	r
063	51	33	3	163	115	73	s
064	52	34	4	164	116	74	t
065	53	35	5	165	117	75	u
066	54	36	6	166	118	76	v
067	55	37	7	167	119	77	w
070	56	38	8	170	120	78	x
071	57	39	9	171	121	79	y
072	58	3A	:	172	122	7A	z
073	59	3B	;	173	123	7B	{
074	60	3C	<	174	124	7C	|
075	61	3D	=	175	125	7D	}
076	62	3E	>	176	126	7E	~
077	63	3F	?	177	127	7F	DEL

图 5-24   ASCII 码表

```
joy@ubuntu:~/chapter05$ sort ex0504_01_sort
 ant
*ant
1
25
39
Above all
America
^ant
ant
bear
cat
```

图 5-25   sort 的排序结果

（2）然后，执行 sort 命令来对文件内容进行排序。

sort ex0504_01_sort

结果如图 5-25 所示，可以看到文件中每行内容都按 ASCII 码的值升序排列。sort 首先比较每行第 1 个字符的 ASCII 码值，并进行排序；如果出现值相同的行，则接着比较那些行第 2 个字符的 ASCII 码值。以此类推得到最终的排序结果。

5.4.1 对文件内容按字典顺序排序

sort 中的-d 选项可以使 sort 忽略标点符号等特殊符号，而只对字母、数字和空格进行排序。请执行以下命令实现按字典顺序排序。

sort – d ex0504_01_sort

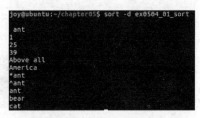

图 5-26 按字典顺序的排序结果

结果如图 5-26 所示，sort 忽略了特殊符号"＊"和"＾"，按字典顺序排序。

5.4.2 对文件内容不区分字母大小写排序

sort 中的-f 选项可以使 sort 在排序时忽略字母的大小写。请执行以下命令。

sort – f ex0504_01_sort

结果如图 5-27 所示，sort 忽略了字母的大小写，并进行排序。

5.4.3 对文件内容反向排序

sort 中的-r 选项可以使 sort 对文件内容反向排序（降序排序）。请执行以下命令。

sort – r ex0504_01_sort

结果如图 5-28 所示。

图 5-27 不区分字母大小写的排序结果　　　　　图 5-28 反向排序结果

5.4.4 对文件内容按数值大小排序

sort 中的-n 选项可以使 sort 在对文件中的数值进行排序时，按数值的大小排序，而不是按数值中数字的 ASCII 码值排序。请执行以下命令。

（1）首先，创建 ex0504_02_sort 文件，内容如下。

```
9
56
2
100
7.4
43
```

（2）然后，执行不加任何选项的 sort 命令。

sort ex0504_02_sort

结果如图 5-29 所示，文件内容按 ASCII 码值升序排列。

（3）最后，执行带-n 选项的 sort 命令。

```
sort - n ex0504_02_sort
```

结果如图 5-30 所示，文件内容按数值的大小升序排列。

图 5-29 不加任何选项的排序结果

图 5-30 带-n 选项的排序结果

注意： ex0504_02_sort 文件中仅含有数字，因此排序结果如图 5-30 所示；若创建一个既含有数字又含有字符的文件，那么执行带-n 选项的 sort 命令后，数字将按数值大小排序，字符将按 ASCII 码值排序。

5.4.5 对文件内容按某一字段排序

sort 在对文件内容排序时，默认情况下是从每行的第 1 个字符开始比较。若第 1 个字符相同，则继续比较第 2 个字符、第 3 个字符……，以此类推得出最终排序结果。但实际上可以指定排序时的待比较字段，接下来将介绍根据某一字段进行的排序方法。

（1）首先，创建 ex0504_03_sort 文件，内容如下。

```
Amy mathematics June potato
Mike chemistry August tomato
Tom biology September carrot
John physics October bean
Linda physics May onion
```

可以看到以上内容第 1 列为人名，第 2 列为课程名称，第 3 列为月份，第 4 列为蔬菜名称，以上内容每行相邻字段均使用一个空格隔开。

（2）然后，执行以下命令。

```
sort - k 1 ex0504_03_sort
```

结果如图 5-31 所示，-k 选项用来指定待比较的字段，此条命令指示 sort 根据人名进行排序。

（3）如果指定字段中出现重复内容，那么 sort 便根据重复字段的下一字段继续排序。请执行以下命令。

```
sort - k 2 ex0504_03_sort
```

结果如图 5-32 所示，可以注意到第 2 列字段中出现重复的"physics"，sort 便根据第 3 列字段中的"May"和"October"继续排序。

图 5-31 根据人名进行排序

图 5-32 根据第 2 字段进行排序

5.4.6 对文件内容限定排序

在 5.4.5 节中，已经学习了如何使用 sort 指定某一字段进行排序，本节将介绍限定字段的排序方法。

(1) 首先,执行以下命令。

```
sort +1 - 3 ex0504_03_sort
```

结果如图 5-33 所示,其中,"+1"是指从第 1 列分隔符开始,"-3"是指到第 3 列分隔符结束,也就是将待比较内容限定在第 2、3 列字段。可以看到,图中包含"physics"的第 4、5 行是按第 3 列字段来进行排序的。

(2) 然后,执行以下命令。

```
sort +1 - 2 + 3 - 4 ex0504_03_sort
```

结果如图 5-34 所示,其中,"+1 -2"限定了第 1 组待比较内容(通常称为主关键字段)为第 2 列字段,"+3 -4"限定了第 2 组待比较内容(通常称为次关键字段)为第 4 列字段。可以看到,图中出现重复字段"physics"的第 4、5 行是按第 4 列字段来进行排序的。

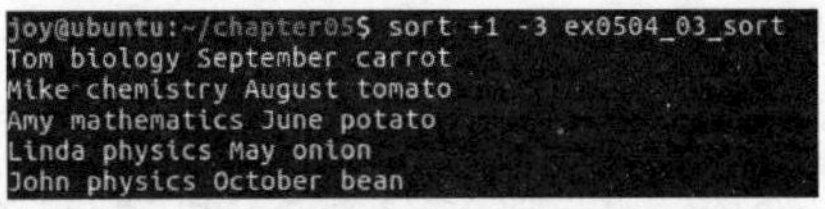

图 5-33 限定在第 2、3 列字段的排序

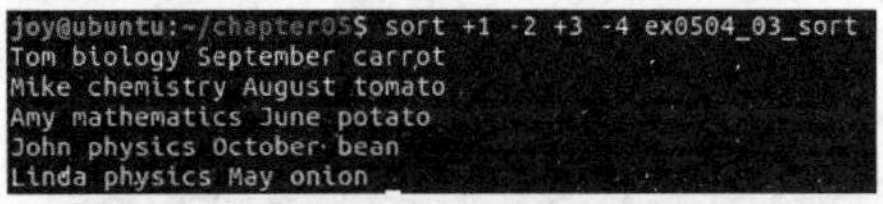

图 5-34 带次关键字段的排序

(3) 最后,执行以下命令。

```
sort +1 - 2 + 3r - 4 ex0504_03_sort
```

结果如图 5-35 所示,可以注意到"+3"后紧接着代表按降序排序的"r",这条命令的意思是将主关键字段按默认的升序排序,次关键字段则按降序排序。因此,可以看到图中出现重复字段的第 4、5 行是按降序排序的。

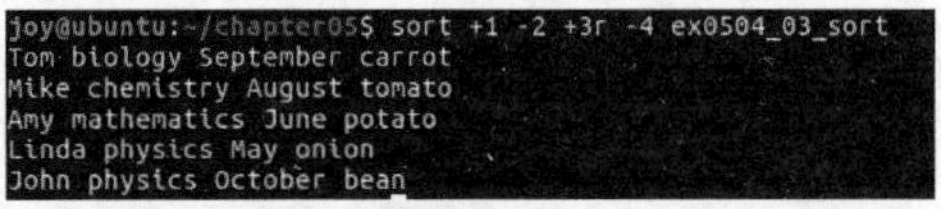

图 5-35 次关键字段的降序排序

5.4.7 在不同字段分隔符下使用 sort

在 5.4.6 节中,使用 sort 排序的默认字段分隔符是空格,本节将学习在不同字段分隔符下使用 sort。

(1) 首先,创建 ex0504_04_sort 文件,内容如下。

```
Arm Eye:Leg:Foot
Leg Arm:Foot:Eye
Eye Foot:Arm:Leg
```

注意:第 1、2 列字符串之间为空格,其余列字符串之间为冒号。

(2) 然后,执行以下命令。

```
sort - k 2 ex0504_04_sort
```

结果如图 5-36 所示,由于默认分隔符是空格,因此在未指定其他分隔符的情况下,sort 根据第 2 列字符串(空格后)进行排序。

(3) 最后,执行以下命令。

```
sort - k 2 - t: ex0504_04_sort
```

结果如图 5-37 所示，-t 选项后紧接着的是用户指定的分隔符冒号。因此，可以看到 sort 按第 3 列字符串(第 1 列冒号后)进行排序。

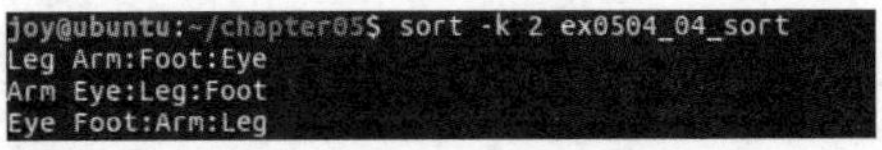

```
joy@ubuntu:~/chapter05$ sort -k 2 ex0504_04_sort
Leg Arm:Foot:Eye
Arm Eye:Leg:Foot
Eye Foot:Arm:Leg
```

图 5-36　使用默认分隔符的排序

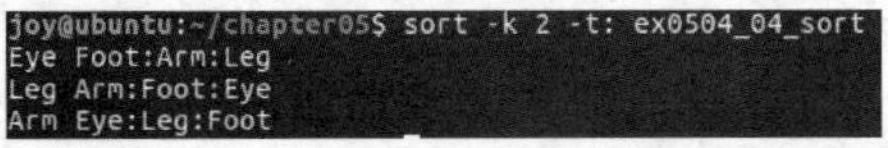

```
joy@ubuntu:~/chapter05$ sort -k 2 -t: ex0504_04_sort
Eye Foot:Arm:Leg
Leg Arm:Foot:Eye
Arm Eye:Leg:Foot
```

图 5-37　用户指定分隔符的排序

5.4.8　对文件排序后重写

到目前为止，sort 的排序结果都被输出到屏幕上，方便我们查看，但实际上我们还可以将 sort 的排序结果写入指定文件。若指定文件为待排序文件，则能实现对指定文件的重写。

(1) 首先，将 ex0504_03_sort 文件的排序结果写入 ex0504_05_sort 新文件，并使用 more 查看新文件的内容。请执行以下命令。

```
sort ex0504_03_sort > ex0504_05_sort
more ex0504_05_sort
```

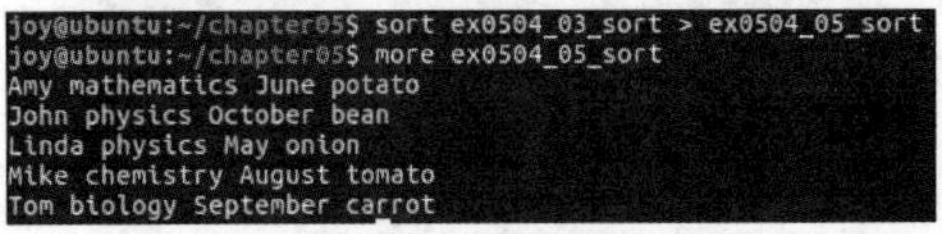

```
joy@ubuntu:~/chapter05$ sort ex0504_03_sort > ex0504_05_sort
joy@ubuntu:~/chapter05$ more ex0504_05_sort
Amy mathematics June potato
John physics October bean
Linda physics May onion
Mike chemistry August tomato
Tom biology September carrot
```

图 5-38　将排序结果写入指定文件

如图 5-38 所示，“>”为重定向符，指示 sort 将排序结果写入指定的文件 ex0504_05_sort。

(2) 然后，将 ex0504_03_sort 文件内容复制进 ex0504_06_sort 新文件中，使用 more 确认新文件后，对新文件进行排序后重写，并再次使用 more 查看新文件。请依次执行以下命令。

```
cp ex0504_03_sort > ex0504_06_sort
more ex0504_06_sort
sort ex0504_06_sort > ex0504_06_sort
more ex0504_06_sort
```

如图 5-39 所示，新文件经过排序并重写后，其内容变为空；这是因为当 Shell 被指示将信息写入一个已存在的文件时，Shell 会事先将此文件清空，所以 ex0504_06_sort 文件的内容变为空。

(3) 要想成功将被排序文件重写，只需要在 sort 命令中添加-o 选项。请执行以下命令。

```
cp ex0504_03_sort > ex0504_07_sort
more ex0504_07_sort
sort -o ex0504_07_sort ex0504_07_sort
more ex0504_07_sort
```

图 5-40 显示了上述命令执行的全过程。读者可以注意到，ex0504_07_sort 文件排序后被成功重写。

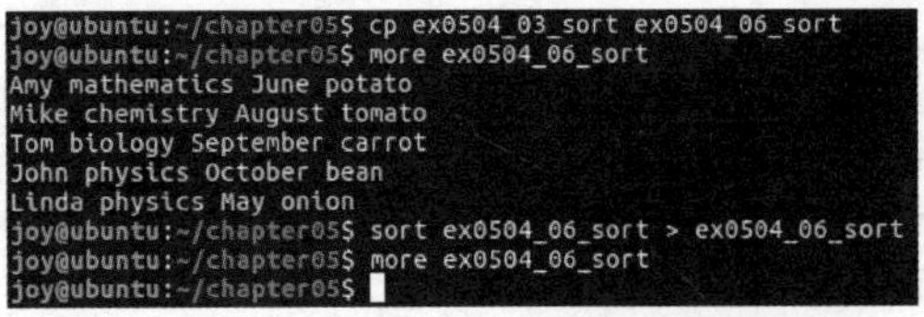

```
joy@ubuntu:~/chapter05$ cp ex0504_03_sort ex0504_06_sort
joy@ubuntu:~/chapter05$ more ex0504_06_sort
Amy mathematics June potato
Mike chemistry August tomato
Tom biology September carrot
John physics October bean
Linda physics May onion
joy@ubuntu:~/chapter05$ sort ex0504_06_sort > ex0504_06_sort
joy@ubuntu:~/chapter05$ more ex0504_06_sort
joy@ubuntu:~/chapter05$
```

图 5-39　ex0504_06_sort 文件的内容变为空

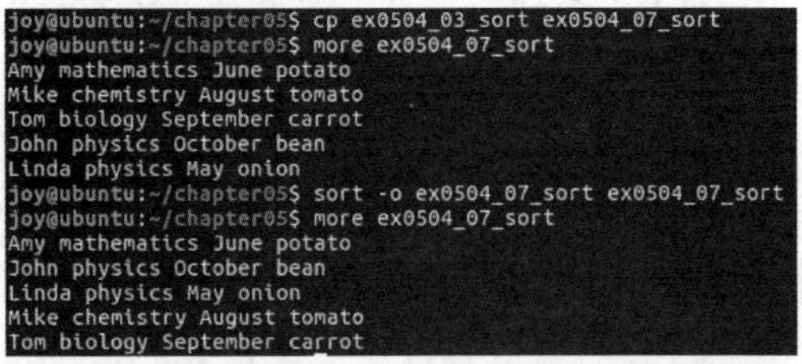

```
joy@ubuntu:~/chapter05$ cp ex0504_03_sort ex0504_07_sort
joy@ubuntu:~/chapter05$ more ex0504_07_sort
Amy mathematics June potato
Mike chemistry August tomato
Tom biology September carrot
John physics October bean
Linda physics May onion
joy@ubuntu:~/chapter05$ sort -o ex0504_07_sort ex0504_07_sort
joy@ubuntu:~/chapter05$ more ex0504_07_sort
Amy mathematics June potato
John physics October bean
Linda physics May onion
Mike chemistry August tomato
Tom biology September carrot
```

图 5-40　对 ex0504_07_sort 文件进行排序后重写

5.5 文件内容比较

在处理文件时,有时需要对文件内容进行比较,或者删除内容中的重复行,本节将介绍如何使用 3 种不同实用程序对文件内容进行比较。

5.5.1 识别和删除重复行

实用程序 uniq 可以识别和删除文件内容中相邻的重复行,具体介绍如下。

1. 统计行的相邻重复次数

(1)首先,创建 ex0505_01_uniq 文件,内容如下。

```
apple
cherry
banana
banana
banana
date
lemon
cherry
cherry
```

以上内容共有 9 行,其中 apple 为第 1 行,cherry 为第 2 行,banana 为第 3 行,……,以此类推。各行之间的关系可分为 4 种(相邻且重复,相邻但不重复,不相邻但重复,不相邻且不重复),如表 5-2 所示。

表 5-2 行之间的关系

关系	相邻且重复	相邻但不重复	不相邻但重复	不相邻且不重复
示例数据	第 3 行的 banana 和第 4 行的 banana	第 6 行的 date 和第 7 行的 lemon	第 2 行的 cherry 和第 8 行的 cherry	第 1 行的 apple 和第 6 行的 date

(2)然后,执行以下命令。

```
uniq - c ex0505_01_uniq
```

结果如图 5-41 所示,-c 选项可以将相邻且重复行的重复次数显示在行首,可以发现"banana"相邻且重复了 3 次,"cherry"相邻且重复了 2 次。

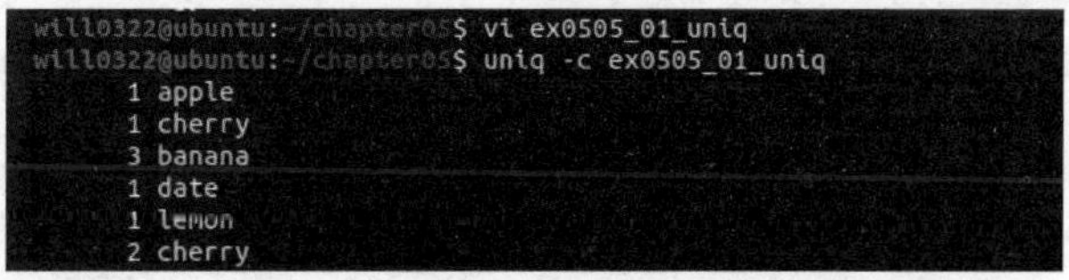

图 5-41 统计行的相邻且重复次数

2. 查看相邻且重复行的其中一行

使用-d 选项可以查看文件中相邻且重复行的其中一行,请执行以下命令。

```
uniq - d ex0505_01_uniq
```

结果如图 5-42 所示。

3. 查看不相邻但重复的行

使用-u选项可以查看文件中不相邻但重复的行。请执行以下命令。

uniq – u ex0505_01_uniq

结果如图 5-43 所示,可以看到不相邻但重复的行被输出了。

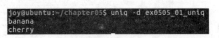

图 5-42　查看相邻且重复行的其中一行 　　　　图 5-43　查看不相邻但重复的行

注意：如何理解不相邻且不重复？从上述结果来看,不相邻且不重复更偏向于不相邻。

4. 识别和删除所有的重复行

（1）首先,执行以下命令。

uniq ex0505_01_uniq

结果如图 5-44 所示,可以看到 uniq 删除了所有相邻且重复行的重复部分,但是未识别出不相邻的重复行"cherry"。

（2）然后,执行以下命令。

sort ex0505_01_uniq | uniq

结果如图 5-45 所示,文件中的所有重复行都被删除了。此条命令先使用 sort 对文件内容排序,经过排序后所有的重复行都彼此相邻,接着再使用 uniq 删除所有的重复行。

图 5-44　使用 uniq 后的结果 　　　　图 5-45　识别和删除所有的重复行

5.5.2　按行比较两个文件

实用程序 comm 可以按行比较两个有序文件的异同,具体介绍如下。

（1）首先,创建两个文件。

ex0505_01_comm 文件内容如下。

```
Venus
Earth
Mars
Saturn
```

ex0505_02_comm 文件内容如下。

```
Saturn
Uranus
Mars
Neptune
```

（2）然后,执行以下命令使用 comm 按行比较两个文件的异同。

```
comm ex0505_01_comm ex0505_02_comm
```

结果如图 5-46 所示。可以看到,不仅输出结果混乱,还提示这两个待比较文件是无序的。这说明我们在使用 comm 之前,一定要保证待比较文件是有序的。

(3)接下来,对两个文件排序重写,并执行 comm 命令。

```
sort -o ex0505_01_comm ex0505_01_comm
sort -o ex0505_02_comm ex0505_02_comm
comm ex0505_01_comm ex0505_02_comm
```

如图 5-47 所示,上述命令执行完毕后,可以看到出现了 3 列内容。

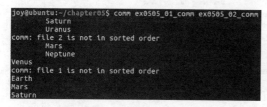

图 5-46 无序文件的比较结果

图 5-47 有序文件的比较结果

上述 3 列内容所代表的含义如表 5-3 所示。

表 5-3 执行 comm 的结果解释

列号	含 义	内 容
1	只存在于 ex0505_01_comm 文件中的行	Earth Venus
2	只存在于 ex0505_02_comm 文件中的行	Neptune Uranus
3	两个文件中都存在的行	Mars Saturn

(4)最后,请执行以下命令。

```
comm -3 ex0505_01_comm ex0505_02_comm
```

结果如图 5-48 所示,"-3"表示不输出第 3 列("两个文件中都存在的行"那一列内容),可以看到 comm 只输出了第 1 和第 2 列。

图 5-48 只输出第 1 和第 2 列的结果

5.5.3 查看文件不同之处

实用程序 diff 也可以用来比较两个文件的不同之处,但与 comm 不同的是,它的输出结果会告诉用户如何将前一文件内容转换为后一文件内容。

下面给出一个例子。

(1)首先,创建两个文件。

ex0505_01_diff 文件内容如下。

```
pull
push
hit
lip
kiss
kick
```

ex0505_02_diff 文件内容如下。

```
abuse
push
lip
kiss
eat
beat
kick
```

（2）然后，执行以下命令使用 cat 查看两个文件的内容，并输出行号。

```
cat - n ex0505_01_diff
cat - n ex0505_02_diff
```

结果分别如图 5-49 和图 5-50 所示。

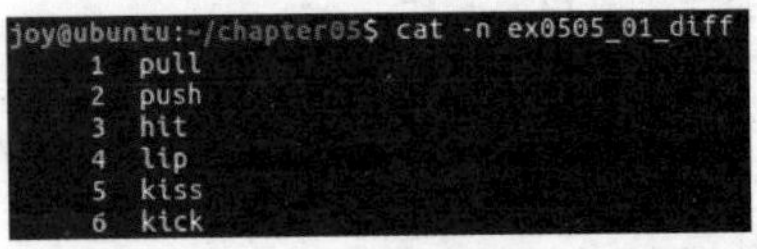

图 5-49　查看 ex0505_01_diff 文件内容 　　　　图 5-50　查看 ex0505_02_diff 文件内容

（3）最后，使用 diff 对两个文件内容进行比较，请执行以下命令。

```
diff ex0505_01_diff ex0505_02_diff
```

结果如图 5-51 所示，可以发现 3 个两侧带数字的特殊字母"c""d""a"，它们分别代表修改、删除、添加这 3 个操作，并且字母左侧的数字是前一文件（ex0505_01_diff）的行号，字母右侧的数字是后一文件（ex0505_02_diff）的行号，行号之间用逗号隔开。

图 5-51　使用 diff 比较两个文件内容

下面进一步解释 diff 的比较结果，如表 5-4 所示。

表 5-4　进一步解释 diff 的比较结果

内容	解　　释
1c1 < pull --- > abuse	前一文件中的行用"<"开头，后一文件中的行用">"开头，以下两行内容同理； 将前一文件的第 1 行"pull"改为后一文件的第 1 行"abuse"； "---"为分隔符

续表

内容	解　释
3d2 < hit	若将前一文件的第 3 行"hit"删除,则前一文件和后一文件的第 2 行便相同了
5a5,6 > eat > beat	前一文件的第 5 行"kiss"之后添加后一文件的第 5 行"eat"和第 6 行"beat"

5.6　文件内容替换

实用程序 tr 可以实现对文件内容的替换,本节将介绍 tr 的几种不同用法。

5.6.1　替换指定字符

tr 可以替换文件内容中的指定字符,接下来给出一个例子。

(1) 首先,创建 ex0506_01_tr 文件,内容如下。

```
epoch
grape
pear
a－e
```

(2) 然后,使用 tr 将文件中的"r"全部替换成"R",请执行以下命令。

```
tr 'r''R'< ex0506_01_tr
```

结果如图 5-52 所示,"< ex0506_01_tr"的意思是将 ex0506_01_tr 文件的内容作为 tr 的输入,以此来实现对文件内容的操作。可以发现,文件中所有"r"都被替换成了"R"。

(3) 最后,执行以下命令。

```
tr '\n'""< ex0506_01_tr
```

结果如图 5-53 所示,可以看到文件中的所有换行符("\n")都被替换成了空格。

图 5-52　替换某个字母

图 5-53　替换某个字符

(4) 此外,tr 还可以替换多个字符。请执行以下命令。

```
tr 'pe－''PE,'< ex0506_01_tr
```

结果如图 5-54 所示,可以看到,文件中的所有"p"都被替换成了"P",所有"e"都被替换成了"E","－"被替换成了","。

图 5-54　替换多个字符

注意:待替换字符串"pe-"并不是一个整体,tr 会将它们分成 3 个不同字符来分别处理,这样一来它们的顺序也就不重要了,因此文件中的"ep"被替换成了"EP"。

5.6.2 按范围替换

5.6.1 节已经介绍了如何使用 tr 按指定字符进行替换，本节将学习如何按范围进行替换。

(1) 首先，执行以下命令。

```
tr '[a-g]''[A-G]'< ex0506_01_tr
```

结果如图 5-55 所示，此命令的意思是将所有小写字母 a 至 g，都替换成对应的大写字母 A 至 G。

(2) 字母不仅可以替换成字母，还可以替换成数字，接下来请执行以下命令。

```
tr '[a-g]''[1-7]'< ex0506_01_tr
```

结果如图 5-56 所示，可以发现“a”被替换成了“1”，“c”被替换成了“3”，“e”被替换成了“5”，“g”被替换成了“7”。

```
joy@ubuntu:~/chapter05$ tr '[a-g]' '[A-G]' < ex0506_01_tr
EpoCh
GrApE
pEAr
A-E
```

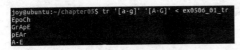

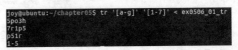

图 5-55 将小写字母替换成大写字母

```
joy@ubuntu:~/chapter05$ tr '[a-g]' '[1-7]' < ex0506_01_tr
5po3h
7r1p5
p51r
1-5
```

图 5-56 将字母替换成数字

5.6.3 删除指定字符

tr 不仅可以实现指定字符的替换，还可以删除指定字符，具体介绍如下。

(1) 创建 ex0506_02_tr 文件，内容如下。

```
Use      commas to add clarity and emphasis.

Do not use       double parentheses in text.
Put other ideas into your own       words.
```

(2) 通过-d 选项可以删除所有指定字符，请执行以下命令。

```
tr -d 'o'< ex0506_02_tr
```

结果如图 5-57 所示，可以看到文件中的字母“o”都被删除了。

```
joy@ubuntu:~/chapter05$ tr -d 'o' < ex0506_02_tr
Use      cmmas t add clarity and emphasis.

D nt use       duble parentheses in text.
Put ther ideas int yur wn          wrds.
```

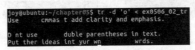

图 5-57 删除字母

(3) 还可以删除文件中所有的换行符(“\n”)，请执行以下命令。

```
tr -d '\n'< ex0506_02_tr
```

结果如图 5-58 所示，可以发现文件中所有的换行符都被删除了。

```
joy@ubuntu:~/chapter05$ tr -d '\n' < ex0506_02_tr
Use      commas to add clarity and emphasis.Do not use       double parentheses in text
.Put other ideas into your own         words.joy@ubuntu:~/chapter05$
```

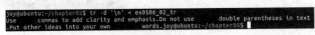

图 5-58 删除换行符

(4) 添加-s 选项后，可以检测出文件中的连续重复字符，并将第 1 个连续重复字符之后的所有连续重复字符删除，接下来以删除文件中连续重复空格为例，演示 tr 的此功能。请执行以下命令。

```
tr – s ' '< ex0506_02_tr
```

结果如图 5-59 所示。

图 5-59 删除空格

5.6.4 结合管道替换

tr 还可以结合管道来使用。"|"为管道符,其左侧命令的输出会作为右侧命令的输入,接下来给出几个例子。

(1)结合管道,对文件每行进行连续编号,并输出其大写字母形式,请执以下命令。

```
cat – n ex0506_02_tr | tr '[a – z]' '[A – Z]'
```

结果如图 5-60 所示。

(2)有时需要得到一个有序的文件,结合管道便可以对文件进行排序并删除重复空格,请执行以下命令。

```
sort ex0506_02_tr | tr – s ' '
```

结果如图 5-61 所示,此命令先将 ex0506_tr 文件排序,再将排序结果作为 tr 的输入,经过处理后再输出。

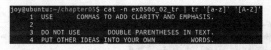

图 5-60 结合管道使用 cat 和 tr   图 5-61 结合管道使用 sort 和 tr

(3)还可以利用 tr 对文字内容进行过滤,请执行以下命令。

```
echo s4ync hr on i5za9ti0on | tr – d '[0 – 9]'
```

结果如图 5-62 所示,过滤了全部数字和空格后,得到了清晰的文字内容。

图 5-62 结合 echo 使用 tr

5.7 单行编辑数据

实用程序 sed 可以实现对文件的按行编辑,本节将介绍 sed 的几种不同用法。

5.7.1 修改指定单词

sed 可以修改指定的单词,接下来给出一个例子。

(1)首先,创建 ex0507_sed 文件,内容如下。

```
court court legal
court legal legal
legal court court
reply legal
```

然后,执行以下命令。

```
sed 's/court/fee/' ex0507_sed
```

结果如图 5-63 所示，其中斜杠之前的"s"表示替换每行的第 1 个指定单词。可以看到，此命令将每行的第 1 个"court"替换成"fee"，而第 1、3 行中的第 2 个"court"都未被替换。

（2）接着，执行以下命令。

```
sed 's/court/fee/g' ex0507_sed
```

结果如图 5-64 所示，此命令中的"g"表示替换文件中所有的指定单词，因此可以看到文件中所有的"court"都被替换成了"fee"。

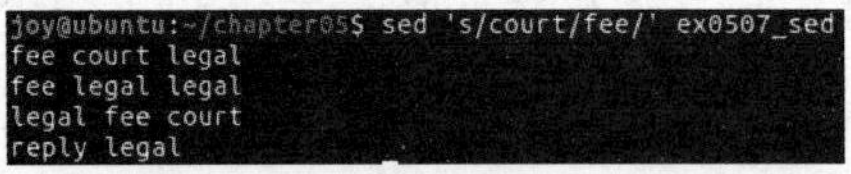

图 5-63　替换每行的第 1 个指定单词　　　图 5-64　替换文件中所有的指定单词

（3）最后，执行以下命令。

```
sed '/court/s/legal/fee/g' ex0507_sed
```

结果如图 5-65 所示，此命令将所有包含"court"的行中的"legal"全部替换成"fee"，即包含"court"的前 3 行中的"legal"全部都被替换成了"fee"，而未包含"court"的第 4 行，其中的"legal"未被替换。

图 5-65　指定行替换

5.7.2　删除指定行

除了替换，sed 还可以删除文件中指定的行，下面给出一个例子。

（1）首先，执行以下命令。

```
sed '/court/d' ex0507_sed
```

结果如图 5-66 所示，"d"表示删除，此命令将所有包含"court"的行全部删除，即包含"court"的前 3 行都被删除了，而未包含"court"的第 4 行则被保留。

（2）然后，执行以下命令。

```
sed '4d' ex0507_sed
```

结果如图 5-67 所示，其中"4d"表示删除第 4 行，可以发现文件的前 3 行被输出了，而第 4 行被删除。

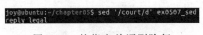

图 5-66　按指定单词删除行　　　图 5-67　按行号删除行

5.7.3　结合正则表达式修改

跟 grep 一样，sed 也可以结合正则表达式来使用，接下来给出几个例子。

（1）我们可以指定待替换的行首字符，请执行以下命令。

sed '/^c/s/legal/fee/g' ex0507_sed

结果如图 5-68 所示，可以发现所有以
"c"开头的行中的"legal"都被替换成了
"fee"。

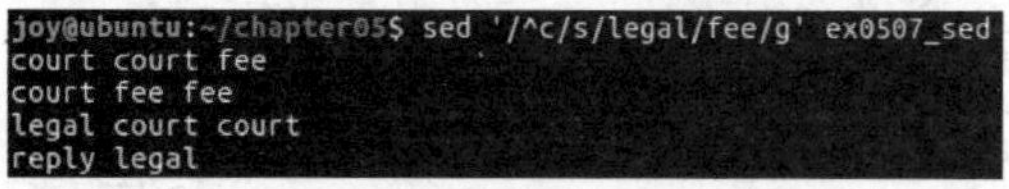

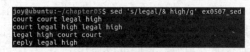

（2）还可以指定待替换的行尾字符，请
执行以下命令。

图 5-68   按行开头字符修改

sed '/l$/d' ex0507_sed

（注意："$"前是小写字母"l"。）

结果如图 5-69 所示，可以看到以"l"结尾的行都被删除了。

（3）不仅如此，正则表达式甚至可以实现对指定字符串的替换，请执行以下命令。

sed 's/^legal/& high/g' ex0507_sed

结果如图 5-70 所示，其中的"&"指代了被替换的单词，可以发现所有的单词"legal"都
被替换成了"legal high"。

图 5-69   按行末尾字符修改   图 5-70   按指定单词修改

5.8 数据操作工具

实用程序 awk 主要用来对数据进行操作。它可对文件内容进行各种检索（这一点与之
前介绍的 grep 类似），还可以直接使用预定义变量，甚至可以结合正则表达式和逻辑判断语
句来使用，必要时还可与之前介绍的 bc 一样，进行简单的数学运算。接下来，本节将具体介
绍实用程序 awk。

5.8.1 数据操作工具介绍

在使用 Ubuntu 时，经常需要对文件中的内容进行各种处理。例如：使用 grep 在某一
文件中查找指定单词；使用 tr 将文件中的换行符都替换成空格；使用 sed 将文件中的某一
单词替换成另一单词。上述操作在本质上都是针对数据所做的处理。

数据是对客观世界的一种抽象，是千百年来人类智慧的结晶。我们在前述章节中输入
的命令、操作的文件均可被视为数据的一种。随着人们需要记载的信息越来越多，尤其是随
着信息技术与人们日常生活的深度融合，计算机系统中的数据呈爆发式增长，以至于对数据
的操作和管理变得极为复杂。因此，合理存储数据并对其进行全面管理和高效利用，对人们
的日常生活具有十分重要的意义。

最初我们对数据的管理采用纯手工的方式，使用这一方式对数据进行管理，最大的弊端
是人工成本高。某些工作理论上可行，实际上由于复杂度太高而难于实现。假定一个大学
在校学生有 4 万人，如果一张纸上可以记录 40 条学生的基本信息，则需要 1000 张纸才可以

记录所有学生的基本信息。若该校名字为"张三"的学生共有 10 位，他们的信息分别随机出现在第 900 至第 1000 页，我们事先不可能知道这些信息，此时使用纯手工方式来统计这一信息将极为困难，并且容易出现错误。若需要统计全校所有姓名相同的学生则情况更为复杂，且手工统计结果的可信度不高。

为了解决类似问题，可先将上述数据整理成文件，然后由计算机进行存储和处理。仍以统计全校姓名相同的学生为例，如果我们先将学生基本信息组织成文件，然后使用实用程序 sort 去处理这一文件，那么立即可得到准确可信的结果。和上述纯手工管理数据的方式相比，这种将数据整理成文件并由计算机直接处理的方法可极大地提高工作效率。不过在实际使用时仍存在以下问题：不同文件之间的关系不够明确，导致文件中数据冗余度较高，一旦数据量很大，将会造成存储空间的极大浪费；文件内部的数据格式无法统一，因此在处理文件内容时会存在无法对齐的问题。

越来越多的程序员发现仅用文件来处理数据存在诸多弊端。20 世纪 70 年代，E. F. Code 便提出了关系数据库理论，试图解决这一问题。关系数据库中的所有数据都被排列成一张二维表。首行显示某类事物的不同属性名称，如学生基本信息表中的学号、姓名、性别、年龄等；之后的每一行便是相应的记录，它表示某个事物的具体属性，如某一学生的学号为"201526703014"，姓名为"李华"，性别为"男"，年龄为"20"岁等。

我们在学习过程中使用的文本文件通常也被认为是数据库的一种，其内容与关系数据库中的二维表相似。我们可以使用 grep、tr、sed、awk 等实用程序对其进行操作，但与 awk 相比，grep、tr、sed 的数据处理能力较为单一，而 awk 则具有极为强大的数据处理能力。它可以选择行并输出指定字段、修改字段分隔符、操作数据库和选择记录、使用预定义变量和正则表达式，以及在输出结果中插入空格、进行数学运算。接下来将逐一介绍 awk 的上述用法。

5.8.2　选择行并输出字段

awk 可以对文件内容实现按行检索，若检索成功则会输出相应的结果。这些结果为若干字段所对应的数据，它们来源于目标字符串所在的行。接下来给出一个例子。

（1）首先，在当前目录下将 ls 的结果保存到 ex0508_01_awk 新文件中，并使用 cat 查看新文件的内容。请执行下列命令以完成上述操作。

```
ls > ex0508_01_awk
cat ex0508_01_awk
```

结果如图 5-71 所示。

（2）然后，使用 tr 将 ex0508_01_awk 文件中的下画线都替换成空格，再将替换结果保存到 ex0508_02_awk 新文件中，并使用 cat 查看新文件内容。请执行下列命令以完成上述操作。

```
tr '_' ' ' < ex0508_01_awk > ex0508_02_awk
cat ex0508_02_awk
```

结果如图 5-72 所示。

（3）最后，请执行以下命令。

```
awk '/ex0505/ {print $ 3}' ex0508_02_awk
```

结果如图 5-73 所示。

图 5-71　将 ls 结果保存到 ex0508_01_awk
　　　　　文件中

图 5-72　将替换结果保存到 ex0508_02_awk 文件中

图 5-73　输出符合检索条件的行的某一字段

awk 默认的字段分隔符是空格,它将 ex0508_02_awk 文件的内容分成了 3 列,每列对应一个字段。上述命令的参数释义如表 5-5 所示。

表 5-5　命令的参数释义

参数	/ex0505/	{print $ 3}	ex0508_02_awk
释义	双斜杠中间的"ex0505"是待检索的字符串	"print $ 3"指明了对符合检索条件的行所要执行的操作,其中"print"表示输出,"$ 3"表示第 3 个字段。这一参数表示输出目标文件中的第 3 个字段	待检索的文件

可以看到符合检索条件的行的第 3 个字段都被输出了。

(4) 此外,还可以指定输出多个字段,请执行以下命令。

```
awk '/ex05/ {print $ 2, $ 3}'ex0508_02_awk
```

结果如图 5-74 所示,花括号中的多个变量($ 2 和 $ 3)使用逗号隔开,可以看到输出了符合检索条件的行的第 2 个字段和第 3 个字段。

5.8.3　指定字段分隔符

使用 awk 命令时默认的字段分隔符是空格,在 5.8.2 节中使用的字段分隔符是空格,可以使用-F 选项指定某一符号为分隔符。接下来请执行以下命令。

```
awk － F_ '/ex/ {print $ 3, $ 1}' ex0508_01_awk
```

结果如图 5-75 所示,在上述命令中使用-F 指定下画线为字段分隔符,并在参数中设置

```
joy@ubuntu:~/chapter05$ awk '/ex05/ {print $2,$3}' ex0508_02_awk
column
01 grep
02 grep
03 grep
04 grep
05 grep
01 sort
02 sort
03 sort
04 sort
05 sort
06 sort
07 sort
01 comm
01 diff
01 uniq
02 comm
02 diff
02 uniq
03 uniq
01 tr
02 tr
sed
01 awk
```

图 5-74　输出符合检索条件的行的某些字段

了先输出第 3 个字段，再输出第 1 个字段，字段间使用空格分隔。

```
joy@ubuntu:~/chapter05$ awk -F_ '/ex/ {print $3,$1}' ex0508_01_awk
 ex0501
grep ex0502
grep ex0502
grep ex0502
grep ex0502
grep ex0502
sort ex0504
sort ex0504
sort ex0504
sort ex0504
sort ex0504
sort ex0504
comm ex0505
diff ex0505
uniq ex0505
comm ex0505
diff ex0505
uniq ex0505
uniq ex0505
tr ex0506
tr ex0506
 ex0507
awk ex0508
```

图 5-75　分隔符为下画线

注意：花括号中的变量 $3 和变量 $1 以逗号分开，这使得输出结果中的所有字段均以空格分开。

此外，还可以使用 awk 删除指定的字符。接下来请执行以下命令。

```
awk -F0 '/ex/ {print $1 $2 $3 $4}' ex0508_01_awk
```

结果如图 5-76 所示，-F 指定字段分隔符为数字 0，使用这种方法成功删除了数字 0。

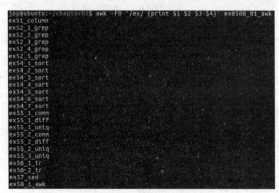

```
joy@ubuntu:~/chapter05$ awk -F0 '/ex/ {print $1 $2 $3 $4}' ex0508_01_awk
ex51_column
ex52_1_grep
ex52_2_grep
ex52_3_grep
ex52_4_grep
ex52_5_grep
ex54_1_sort
ex54_2_sort
ex54_3_sort
ex54_4_sort
ex54_5_sort
ex54_6_sort
ex54_7_sort
ex55_1_comm
ex55_1_diff
ex55_1_uniq
ex55_2_comm
ex55_2_diff
ex55_2_uniq
ex55_3_uniq
ex56_1_tr
ex56_2_tr
ex57_sed
ex58_1_awk
```

图 5-76　分隔符为数字 0

注意：与之前的 awk 命令不同，花括号中的所有变量均以空格分开，这使得输出结果中的所有字段均无分隔符。

5.8.4 awk 命令语法

我们在前几节中已经介绍了如何使用 awk 来操作文件，接下来学习 awk 命令的语法。此命令的语法如下。

awk 选项 '模式 {操作}' 文件名

每个参数的释义如表 5-6 所示。

表 5-6 awk 命令的参数的释义

参数	选 项	模 式	操 作	文件名
释义	能使 awk 完成某种特定功能的参数，比如用来指定字段分隔符的-F 选项	待检索的字符串，通常是正则表达式或者关系表达式	对检索成功的行执行相应的操作，默认的操作是按指定格式输出检索成功行中的若干字段	待检索文件的名称

在使用 awk 时，表 5-6 中所示的"模式"和"操作"参数是可选的，即可仅使用"模式"参数或仅使用"操作"参数。接下来给出其具体用法。

1. 仅使用"操作"参数

请执行以下命令。

awk '{print}' ex0508_02_awk

在仅使用"操作"参数时，使用 awk 命令对 ex0508_02_awk 文件执行的结果如图 5-77 所示。

注意：由于"{print}"中未指定输出的字段，awk 便输出了检索成功行的所有字段。

2. 仅使用"模式"参数

请执行以下命令。

awk '/sort/' ex0508_02_awk

在仅使用"模式"参数时，使用 awk 命令对 ex0508_02_awk 文件执行的结果如图 5-78 所示。

图 5-77 仅使用"操作"参数

图 5-78 仅使用"模式"参数

5.8.5　使用 awk 操作数据库

在之前的各节中，使用 awk 时，其操作对象都是文件。从本节开始，将学习如何使用 awk 操作数据库。

（1）使用 vi 创建一个数据库 ex0508_03_awk，内容如下。

```
201501 Amy f 19 89.3
201502 Mike m 20 70.6
201503 John m 23 64.9
201504 Linda f 18 82.7
201505 Cindy f 20 0.0
201506 Frank m 21 75.0
201507 Gina f 20 95.1
201508 Herry m 19 96.0
201509 Nike m 20 85.0
201510 Kathy f 22 80.5
```

ex0508_03_awk 中共有 5 列数据，每列之间均使用一个空格隔开，与关系数据库中的二维表相似。我们可以将其看成某学校的学生基本信息表，给每列数据赋予一个属性名称，第 1 列是学号，第 2 列是姓名，第 3 列是性别，第 4 列是年龄，第 5 列是平均成绩。每一行数据都是一条记录，存储了某位学生的具体属性，比如，由第 2 行数据可知，姓名为"Mike"的学生，其学号为"201502"，性别为"男"，年龄为"20"岁，平均成绩为"70.6"分。

请执行以下命令使用 awk 操作数据库 ex0508_03_awk。

```
awk '/2015/ {print $1, $2, $4}' ex0508_03_awk
```

结果如图 5-79 所示。

（2）为了增强可读性，首先输出每一列的属性名称，然后再输出每一列的数据。接下来请执行下列命令。

```
awk '{print "Num Name Sex Age Score";exit}' ex0508_03_awk; awk '{print}' ex0508_03_awk
```

结果如图 5-80 所示，先在首行输出了每一列的属性名称，第 1 列是"Num"，第 2 列是"Name"，第 3 列是"Sex"，第 4 列是"Age"，第 5 列是"Score"，然后输出了每一列的数据。

图 5-79　使用 awk 操作数据库　　　　　　图 5-80　在输出结果中加入字符串

5.8.6　选择输出数据库的字段

使用 awk 时，在对数据库的字段进行输出时，可以根据需求选择输出数据库中的某一个字段，或是某一些字段，甚至全部字段。

1. 输出数据库中的某个字段

请执行以下命令输出数据库中的第 1 个字段。

```
awk '{print $1}' ex0508_03_awk
```

结果如图 5-81 所示。

2. 输出数据库中的某些字段

请执行以下命令输出数据库中的第 1 个、第 2 个和第 3 个字段。

```
awk '{print $1, $2, $3}' ex0508_03_awk
```

结果如图 5-82 所示。

图 5-81 输出数据库中的某个字段	图 5-82 输出数据库中的某些字段

3. 输出数据库中的全部字段

请执行以下命令输出数据库中的全部字段。

```
awk '{print $0}' ex0508_03_awk
```

结果如图 5-83 所示,参数"$0"代表某一行的全部字段,可以看到输出了数据库中的全部字段。

执行以下命令也可达到上述同样的效果。

```
awk '{print}' ex0508_03_awk
```

结果如图 5-84 所示。

图 5-83 输出数据库中的全部字段	图 5-84 输出数据库中的全部字段

从上述被执行命令可看出"{print $0}"和"{print}"的输出结果是一致的。

5.8.7 使用 awk 的预定义变量

awk 中有一些事先定义的变量,它们被称为预定义变量,本节将介绍 3 个常用预定义变量的用法。

使用前,先来了解这些常用预定义变量的释义,如表 5-7 所示。

表 5-7 预定义变量的释义

预定义变量	$n(某个或某些字段)	NF(Number of Fields in the Current Record,当前记录的字段总个数)	NR(Current Record Number in the Total Input Stream,当前记录的编号)

续表

释义	当 $n>0$ 时，n 表示待检索文件中的第 n 个字段。当 $n=0$ 时，0 表示待检索文件中的所有字段	在 awk 检索文件时，表示当前被检索行的字段个数	在 awk 检索文件时，表示当前被检索行的行号

由于在之前的各节中已经介绍过预定义变量"$n"的用法，接下来就只介绍预定义变量"NF"和"NR"的用法。

1. 当前记录的字段总个数（NF）

（1）可以使用"NF"得到文件中每行的字段个数。请执行以下命令完成上述操作。

```
awk '{print NF}' ex0508_03_awk
```

结果如图 5-85 所示，在 ex0508_03_awk 文件中，每一行都有 5 个字段。

（2）还可以在"NF"前面加上"$"来输出每一行的最后一个字段。请执行以下命令。

```
awk '{print $NF, $5}' ex0508_03_awk
```

结果如图 5-86 所示，因为在 ex0508_03_awk 文件中，每一行都只有 5 个字段，所以"$NF"和"$5"相同，因此预定义变量"$NF"和"$5"的输出结果是一致的。

图 5-85　使用"NF"输出字段个数

图 5-86　使用"$NF"输出字段

（3）通过"NF"可以进行某些数学运算。请执行以下命令。

```
awk '{print $(NF-1)}' ex0508_03_awk
```

如图 5-87 所示，因为此处"NF"先减 1 再进行取值运算，所以结果输出了每行的倒数第 2 个字段。

注意：若想让"NF"先进行数学运算再进行取值运算，必须在数学运算式的两侧使用小括号，以此来划分"NF"的数学运算范围。

2. 当前记录的编号（NR）

可以使用"NR"来输出文件中每一行的行号。请执行以下命令。

```
awk '{print NR, $0}' ex0508_03_awk
```

结果如图 5-88 所示。

图 5-87　使用"$(NF-1)"输出字段

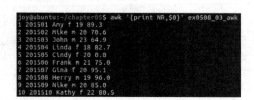

图 5-88　使用"NR"输出行号

5.8.8 使用自定义变量、字符串和数字

在使用 awk 时,正确使用自定义变量、字符串和数字都是非常有必要的,本节将学习如何使用它们。

1. 使用自定义变量

(1) 需要先通过使用-v 选项设置一个自定义变量,然后才可以在进行操作时使用它。请执行以下命令完成上述操作。

```
awk  v tcst - 'otudont' '{print test}' ex0508_03_awk
```

结果如图 5-89 所示,接在-v 后面的"test"为一个自定义变量,将其赋值为"student"后,接着使用"{print test}"输出它的值。可以看到在检索文件 ex0508_03_awk 的每一行时都成功输出了"student"。

```
joy@ubuntu:~/chapter05$ awk -v test='student' '{print test}' ex0508_03_awk
student
student
student
student
student
student
student
student
student
student
```

图 5-89 使用自定义变量

(2) 在 awk 中还可以同时使用自定义变量和预定义变量,以下命令展示了这一用法。

```
awk - v test = 'student:' '{print test, $ 0}' ex0508_03_awk
```

如图 5-90 所示,先输出自定义变量"test"的值"student:",接着输出预定义变量"$0"的值。

```
joy@ubuntu:~/chapter05$ awk -v test='student:' '{print test,$0}' ex0508_03_awk
student: 201501 Amy f 19 89.3
student: 201502 Mike m 20 70.6
student: 201503 John m 23 64.9
student: 201504 Linda f 18 82.7
student: 201505 Cindy f 20 0.0
student: 201506 Frank m 21 75.0
student: 201507 Gina f 20 95.1
student: 201508 Herry m 19 96.0
student: 201509 Nike m 20 85.0
student: 201510 Kathy f 22 80.5
```

图 5-90 自定义变量和预定义变量结合使用

(3) 若我们未使用-v 选项设置自定义变量"test"而直接使用它,输出时这一变量将会被忽略,无任何输出,以下命令的执行结果清楚地展示了这一点。

```
awk '{print test, $ 0}' ex0508_03_awk
```

结果如图 5-91 所示,仅输出了"$0"所指示的结果。

```
joy@ubuntu:~/chapter05$ awk '{print test,$0}' ex0508_03_awk
 201501 Amy f 19 89.3
 201502 Mike m 20 70.6
 201503 John m 23 64.9
 201504 Linda f 18 82.7
 201505 Cindy f 20 0.0
 201506 Frank m 21 75.0
 201507 Gina f 20 95.1
 201508 Herry m 19 96.0
 201509 Nike m 20 85.0
 201510 Kathy f 22 80.5
```

图 5-91 使用未定义的变量

2. 使用字符串

在使用 awk 时,可以通过使用双引号输出若干字符串。请执行以下命令完成上述

操作。

```
awk '{print "Num:" $ 1,"Name:" $ 2}' ex0508_03_awk
```

结果如图 5-92 所示，双引号中的字符串被原样输出。

```
joy@ubuntu:~/chapter05$ awk '{print "Num:"$1,"Name:"$2}' ex0508_03_awk
Num:201501 Name:Amy
Num:201502 Name:Mike
Num:201503 Name:John
Num:201504 Name:Linda
Num:201505 Name:Cindy
Num:201506 Name:Frank
Num:201507 Name:Gina
Num:201508 Name:Herry
Num:201509 Name:Nike
Num:201510 Name:Kathy
```

图 5-92　使用字符串

3．使用数字

（1）在 awk 中，除了可以使用自定义变量和字符串，还可以使用数字。请执行以下命令。

```
awk '{print 78.9}' ex0508_03_awk
```

结果如图 5-93 所示。

（2）在 awk 中可执行以下命令进行数学运算。

```
awk '{print 78.9 - 1}' ex0508_03_awk
```

结果如图 5-94 所示。

```
joy@ubuntu:~/chapter05$ awk '{print 78.9}' ex0508_03_awk
78.9
78.9
78.9
78.9
78.9
78.9
78.9
78.9
78.9
78.9
```

图 5-93　使用数字

```
joy@ubuntu:~/chapter05$ awk '{print 78.9-1}' ex0508_03_awk
77.9
77.9
77.9
77.9
77.9
77.9
77.9
77.9
77.9
77.9
```

图 5-94　进行数学运算

（3）在 awk 中，数字的数学运算结果与普通字符串是不同的。

```
awk '{print "78.9 - 1",78.9 - 1}' ex0508_03_awk
```

结果如图 5-95 所示，两侧使用双引号的为普通字符串，可以发现 awk 对普通字符串原样输出，而对数字则是先进行数学运算再输出。

```
joy@ubuntu:~/chapter05$ awk '{print "78.9-1",78.9-1}' ex0508_03_awk
78.9-1 77.9
78.9-1 77.9
78.9-1 77.9
78.9-1 77.9
78.9-1 77.9
78.9-1 77.9
78.9-1 77.9
78.9-1 77.9
78.9-1 77.9
```

图 5-95　区别普通字符串和数字

5.8.9　使用正则表达式

正则表达式不仅可以在 grep 命令中使用，还可以在 awk 命令中使用。之前在学习 grep 命令时简要介绍了如何使用正则表达式，本小节将结合 awk 命令，进一步介绍正则表达式的其他用法。

（1）首先，创建数据库 ex0508_04_awk，内容如下。

```
bus   1
bike
Bus   2
plane  604
subway  5
ship  200
train  150
Train  100
taxi  10
```

（2）然后，执行以下命令在数据库中查找并包含字母"T"或"t"的行。

```
awk '/[Tt]/ {print}' ex0508_04_awk
```

如图 5-96 所示，结果输出了数据库中"T"或"t"所在的行。

图 5-96　查找包含字母"T"或"t"的行

注意：在 awk 中字母是区分大小写的。

（3）再执行以下命令。

```
awk '/[p-z]/ {print}' ex0508_04_awk
```

上述命令中的"[p-z]"表示按字母表顺序逐行查找从"p"到"z"内的所有字母，因此只要某一行包含了"p"到"z"中的任意一个字符，该行就会被输出。如图 5-97 所示，输出结果的所有行中都包含了"p"到"z"的任意一个字符，而"bike"中的"b""i""k""e"均不在"p"到"z"的范围内，因此只含"bike"的行未被输出。

（4）接着执行以下命令。

```
awk '/^[a-s]/ {print}' ex0508_04_awk
```

"[ ]"外面的"^"指示了行的起始，"[a-s]"表示按字母表顺序逐行查找从"a"到"s"的所有字母，因此"^[a-s]"表示查找所有起始字符为"a"到"s"的任意一个字母的行。结果如图 5-98 所示，输出了起始字符为"b""p"和"s"的行，而未输出起始字符为"B""T""t"的行。

图 5-97　查找符合条件的结果　　　图 5-98　查找"^[a-s]"的结果

（5）再执行以下命令。

```
awk '/[^a-z]/ {print}' ex0508_04_awk
```

与上一条命令不同的是，此处的"^"在"[ ]"里面，"[^a-z]"表示按字母表顺序逐行查找从"a"到"z"的所有字母，只要某一行包含了"a"到"z"以外的任意一个字符，这一行就会被输出。结果如图 5-99 所示,只包含"bike"的那一行未被输出,而既包含字母又包含数字的剩余所有行都被输出了。

（6）最后,请执行以下命令。

```
awk '/[1-4]/ {print}' ex0508_04_awk
```

与之前的"[p-z]"类似,"[1-4]"表示逐行查找"1"到"4"的任意一个字符,只要某一行包含了从"1"到"4"的任意一个字符,这一行就会被输出。如图 5-100 所示,可以看到结果中的每一行均包含"1"到"4"的任意一个字符。

图 5-99　查找"[^a-z]"的结果　　　　　图 5-100　查找"[1-4]"的结果

5.8.10　使用指定的字段选择记录

在之前的小节中,是通过查找每一个字段来完成记录的选择,而在本节中将学习查找指定字段并使用一些逻辑运算符来选择记录。

首先学习如何通过查找指定字段来选择记录。

（1）首先,执行以下命令。

```
awk '$3 == "f" {print}' ex0508_03_awk
```

此条命令中的 "$3=="f"" 是用来查找数据库中的第 3 个字段的值等于"f"的记录。结果如图 5-101 所示,可以看到输出了第 3 个字段的值等于"f"的所有记录。

注意:在比较字符串时,一定要在待比较的内容两侧加双引号。

（2）然后,执行以下命令。

```
awk '$4 > 19 {print}' ex0508_03_awk
```

此条命令中 "$4>19" 是用来查找数据库中的第 4 个字段的值大于 19 的记录。结果如图 5-102 所示,可以看到所有输出行的第 4 个字段值均大于 19。

图 5-101　输出第 3 个字段等于"f"的行　　　图 5-102　输出第 4 个字段的值大于 19 的行

（3）接着,执行以下命令。

```
awk '$1~/[Bb]us/ {print}' ex0508_04_awk
```

此条命令中的 "$1~/[Bb]us/" 是用来查找数据库中的第 1 个字段匹配"/[Bb]us/"的记录。如图 5-103 所示,"Bus"和"bus"均符合检索条件。

图 5-103　输出符合正则表达式"/[Bb]us/"的行

（4）最后，执行以下命令。

```
awk '$1!~/[Tt]rain/ {print}' ex0508_04_awk
```

此条命令中的"$1! ~/[Tt]rain/"是用来查找数据库中的第1个字段不匹配"/[Tt]rain/"的记录。结果如图 5-104 所示，输出的行均为不匹配的记录。

图 5-104 输出不符合正则表示式"/[Tt]rain/"的行

接下来将学习使用与、或、非这 3 个逻辑运算符。

① 运算符与

运算符与"&&"用来连接多个不同的查找条件，仅当满足所有条件时整个表达式的值为真。

请执行以下命令。

```
awk '$3=="m" && $4>20 {print}' ex0508_03_awk
```

结果如图 5-105 所示，输出的行均满足第 3 个字段为"m"且第 4 个字段的值都大于 20。

```
joy@ubuntu:~/chapter05$ awk '$3=="m" && $4>20 {print}' ex0508_03_awk
201503 John m 23 64.9
201506 Frank m 21 75.0
```

图 5-105 使用与运算符

② 运算符或

运算符或"||"用来连接多个不同的查找条件，只要满足其中一个条件，整个表达式的值就为真。

请执行以下命令。

```
awk '/[Bb]us/ || $2>=150 {print}' ex0508_04_awk
```

结果如图 5-106 所示，前 2 行都满足了条件"/[Bb]us/"，后 3 行都满足了条件"$2>=150"。

```
joy@ubuntu:~/chapter05$ awk '/[Bb]us/ || $2>=150 {print}' ex0508_04_awk
bus      1
Bus      2
plane    604
ship     200
train    150
```

图 5-106 使用或运算符

③ 运算符非

运算符非"!"表示否定，通常放在查找条件的前面使用，使用时需要在条件的两侧加上小括号。

请执行以下命令。

```
awk '!(NF==1) {print}' ex0508_04_awk
```

"!(NF==1)"表示查找所有字段总数不等于 1 的行。结果如图 5-107 所示，可以看到所有输出行的字段总数都为 2，都不等于 1。

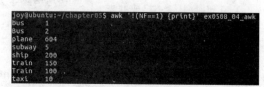

图 5-107 使用非运算符

5.8.11　使用 awk 命令文件

在之前的学习中，都是通过在命令行中输入命令来使用 awk 的，当需要使用更加复杂的 awk 语句时，临时输入命令既费时费力又容易出错，若把那些复杂的 awk 语句放在一个单独的 awk 命令文件中，使用 awk 命令直接调用这些文件内容，便可使操作更加简单。本节将介绍如何使用 awk 命令文件。

（1）首先，使用 vi 创建一个 awk 命令文件 ex0508_05_awk，内容如下。

```
/Amy/ || $4>=20 {print $2, $4}
```

（2）然后，执行以下命令来调用 ex0508_05_awk 文件的内容。

```
awk - f ex0508_05_awk ex0508_03_awk
```

这条命令使用-f 选项来调用 ex0508_05_awk 文件的内容，并对 ex0508_03_awk 文件执行 ex0508_05_awk 文件中的操作（即查找包含"Amy"或第 4 个字段大于等于 20 的记录，并输出这些记录的第 2 个字段和第 4 个字段）。该命令的执行结果如图 5-108 所示。

使用直接输入命令的方式也可以达到上述效果，请执行以下命令。

```
awk '/Amy/ || $4>=20 {print $2, $4}' ex0508_03_awk
```

结果如图 5-109 所示。

图 5-108　使用 awk 命令文件　　　　　　　图 5-109　直接输入命令

可以看到上述 2 条命令的执行结果是相同的，但使用 awk 命令文件的方式可以实现复用，后续将会详细介绍。

在使用 awk 时，可以指定查找和输出时使用的分隔符，接下来将学习 4 个用来指定分隔符的预定义变量，它们的释义如表 5-8 所示。

表 5-8　预定义变量的释义

预定义变量	FS（Splits Records Into Fields as a Regular Expression，查找时使用的字段分隔符）	RS（Input Record Separator，查找时使用的记录分隔符）	OFS（Inserted between Fields on Output，输出时使用的字段分隔符）	ORS（Terminates Each Record on Output，输出时使用的记录分隔符）
释义	在 awk 对文件进行检索时使用的字段分隔符，默认为空格或制表符（键盘的 Tab 键）	在 awk 对文件进行检索时使用的记录分隔符，默认为换行符	在 awk 输出检索结果时使用的字段分隔符，默认为空格	位于每一条记录的末尾，是在 awk 输出检索结果时使用的记录分隔符，默认为换行符

接下来将介绍上述预定义变量的用法。

（1）首先，创建 awk 命令文件 ex0508_06_awk，内容如下。

```
BEGIN{
```

```
FS = "_"
OFS = "～"
}
{
print $ 1, $ 2
}
```

其中的"FS="_""指定了检索时的字段分隔符为"_"，"OFS="～""指定了输出时的字段分隔符为"～"。

（2）然后，执行以下命令。

```
awk – f ex0508_06_awk ex0508_01_awk
```

结果如图 5-110 所示，awk 在检索时使用"_"作为字段分隔符，输出时使用"～"将第 1 个字段和第 2 个字段分隔开。

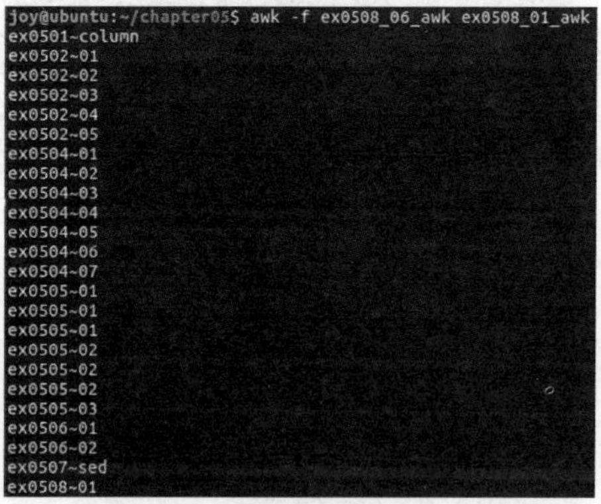

（3）接下来创建 3 个文件。

ex0508_07_awk 文件内容为：

```
2017 – 01 – 10 * 2017 – 02 – 10 * 2017 – 03 – 10 *
2017 – 04 – 10
```

（4）将 ex0508_06_awk 文件复制并重命名为 ex0508_08_awk 文件，再使用 vi 编辑器对其进行修改，修改后的内容如下所示。

图 5-110　使用预定义变量"FS"和"OFS"

```
BEGIN{
FS = " – "
RS = " * "
}
{
print $ 1, $ 2
}
```

ex0508_08_awk 文件中的"FS="-""指定了检索时的字段分隔符为"-"，"RS=" * ""指定了检索时的记录分隔符为" * "。

（5）将 ex0508_06_awk 文件复制并重命名为 ex0508_09_awk 文件，再使用 vi 编辑器对其进行修改，修改后的内容如下所示。

```
BEGIN{
FS = " – "
RS = " * "
ORS = "…… "
}
{
print $ 1, $ 2
}
```

与 ex0508_08_awk 文件不同的是，ex0508_09_awk 文件中新增的"ORS="……""指定了输出时的记录分隔符为"……"。

（6）再执行以下命令。

```
awk – f ex0508_08_awk ex0508_07_awk
```

如前所述，此时 awk 在检索文件时不再以默认的换行符作为记录分隔符，而是以"＊"作为记录分隔符，又因为"-"为检索时的字段分隔符，且默认输出时的记录分隔符为换行符。因此结果如图 5-111 所示，输出了每条记录的第 1 个字段和第 2 个字段，相邻记录之间使用换行符分开。

（7）接着，执行以下命令。

```
awk －f ex0508_09_awk ex0508_07_awk
```

与上一条命令不同的是，ex0508_09_awk 文件中新增的"ORS＝"……""指定了输出时的记录分隔符为"……"。因此结果如图 5-112 所示，输出的相邻记录之间使用省略号分开。

图 5-111　使用预定义变量"FS"和"RS" 　　　　图 5-112　使用预定义变量"FS""RS"和"ORS"

5.8.12　awk 命令的拓展

在 5.8.11 节中，学习了如何使用 awk 命令文件，本小节将学习一些 awk 命令的拓展用法。接下来给出一些示例。

（1）首先，创建 awk 命令文件 ex0508_10_awk，内容如下。

```
/Mike/ || /Amy/ {
print $1
print $2, $4
}
```

注意以下两点。

①"｛"必须跟在待检索内容的末尾，不能另起一行，比如此文件中的"｛"必须跟在"/Mike/ || /Amy/"的末尾。

② 在"｛ ｝"中，必须一条语句单独占一行，比如此文件中的两条输出语句"print ＄1"和"print ＄2,＄4"之间必须换行。

（2）然后，依次执行下列命令。

```
awk '/Mike/ || /Amy/ {print $1"\n" $2, $4}' ex0508_03_awk
awk －f ex0508_10_awk ex0508_03_awk
```

这两条命令的执行结果如图 5-113 所示。虽然这两条命令的输出结果是相同的，但是第 1 条命令比第 2 条更加简洁，且可读性更强。

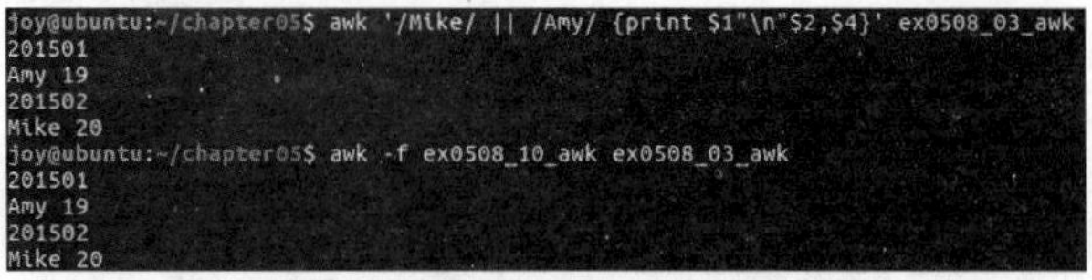

图 5-113　两条命令的执行结果

（3）接着，创建 awk 命令文件 ex0508_11_awk，内容如下。

```
/Mike/ || /Amy/ {
name = $2
```

```
age = $ 4
print name,age
}
```

与之前使用的比较符号"=="不同，"="为赋值符号，它表示将其右侧变量的值赋给其左侧的变量，因此"name=$2"表示将其右侧变量"$2"的值赋给其左侧变量"name"，"age=$4"表示将其右侧变量"$4"的值赋给其左侧变量"age"。"print name,age"表示依次打印自定义变量"name"和"age"的值。

（4）然后，执行以下命令。

```
awk - f ex0508_11_awk ex0508_03_awk
```

结果如图 5-114 所示。与直接使用"$2"和"$4"不同的是，此处先将上述预定义变量的值赋给具有特定含义的自定义变量，当我们想打印姓名时只需输入"name"，而不用去寻找姓名是在第几个字段。

图 5-114　使用自定义变量

（5）最后，请执行以下命令。

```
awk '{print NR,"t\Num:" $ 1,"t\Name:" $ 2,"t\Score:" $ 5}' ex0508_03_awk
```

结果如图 5-115 所示。在 awk 中加入"Num:""NR"等标注语句可以提高输出结果的可读性，制表符"\t"可以让输出结果排列整齐。

```
joy@ubuntu:~/chapter05$ awk '{print NR,"\tNum:"$1,"\tScore:"$5}' ex0508_03_awk
1        Num:201501      Score:89.3
2        Num:201502      Score:70.6
3        Num:201503      Score:64.9
4        Num:201504      Score:82.7
5        Num:201505      Score:0.0
6        Num:201506      Score:75.0
7        Num:201507      Score:95.1
8        Num:201508      Score:96.6
9        Num:201509      Score:85.0
10       Num:201510      Score:80.5
```

图 5-115　添加一些标注语句

5.8.13　在 awk 中进行数学运算

在之前已经学习了使用 bc 进行数学运算，本节将介绍如何在 awk 中对数据库中的各项元素进行数学运算。

请读者按以下步骤操作。

（1）首先，创建一个数据库文件 ex0508_12_awk，内容如下。

```
potato      3.5       2      vegetable
pepper      4.2       1      vegetable
soap        5.6       1      daily necessities
towel       9.1       2      daily necessities
crisps      5.5       1      snacks
carrot      2.5       3      vegetable
raisin      4.0       1      snacks
bean        1.5       4      vegetable
clock       10.0      1      daily necessities
tomato      3.7       2      vegetable
```

我们可以将 ex0508_12_awk 文件视为一张购物小票，第 1 列为商品名称，第 2 列为商品单价，第 3 列为商品数量，第 4 列为商品类别。

（2）然后，创建 awk 命令文件 ex0508_13_awk，内容如下。

```
{
name = $ 1
unitprice = $ 2
quantity = $ 3
category = $ 4
price = unitprice * quantity
print name "\t" price
}
```

在此文件中，我们先将第 1 个字段的值赋给"name"，第 2 个字段的值赋给"unitprice"，第 3 个字段的值赋给"quantity"，第 4 个字段的值赋给"category"，再使用"price＝unitprice＊quantity"来计算每种商品的总价，最后将计算结果打印成表。

（3）再将计算结果存储到 ex0508_14_awk 文件中并查看其中的内容，请执行下列命令完成上述操作。

```
awk － f ex0508_13_awk ex0508_12_awk > ex0508_14_awk
cat ex0508_14_awk
```

结果如图 5-116 所示。

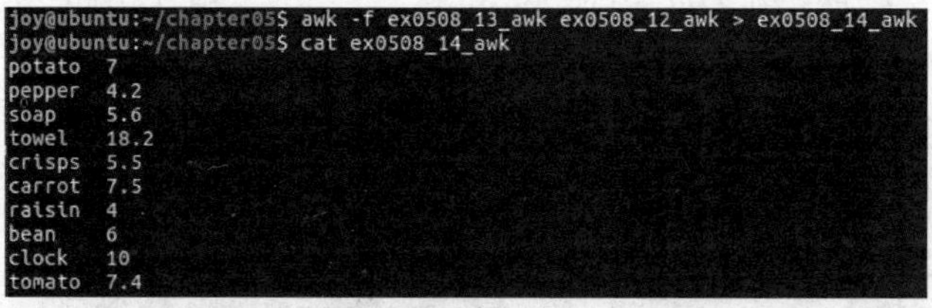

图 5-116　计算并显示每种商品的总价

（4）接着，将 ex0508_13_awk 文件复制并重命名为 ex0508_15_awk 文件，再使用 vi 编辑器对其进行修改，修改后的内容如下所示。

```
{
name = $ 1
unitprice = $ 2
quantity = $ 3
category = $ 4
price = unitprice * quantity
totalprice = totalprice + price
print name "\t" price "\t" totalprice
}
```

在此文件中，我们使用"totalprice＝totalprice＋price"来计算所有商品的总价。

（5）再执行以下命令。

```
awk － f ex0508_15_awk ex0508_12_awk
```

"totalprice＝totalprice＋price"表示 awk 先将"totalprice"的值初始化为 0，在之后检索每一行时都会将当前行的"totalprice"和"price"的值相加再赋给"totalprice"，并将其显示在当前行的第 3 个字段，当检索完毕时便计算出所有商品的总价。如图 5-117 所示，在输出结果中,最后一行的第 3 个字段为所有商品的总价。

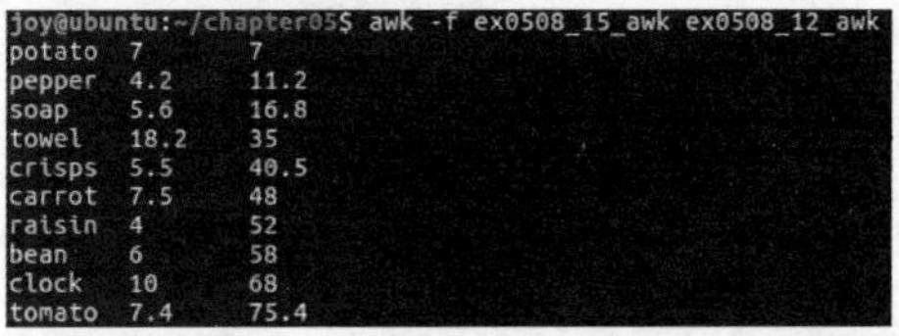

图 5-117　计算所有商品的总价

注意:"totalprice = totalprice + price"可以简写成"totalprice + = price"。

(6) 将 ex0508_15_awk 文件复制并重命名为 ex0508_16_awk 文件,再使用 vi 编辑器对其进行修改,修改后的内容如下。

```
$ 4 == "vegetable" {
name = $ 1
unitprice = $ 2
quantity = $ 3
price = unitprice * quantity
everytotalprice += price
print name "\t" price "\t" everytotalprice
}
```

此文件中的"$ 4 == "vegetable""将操作范围限制为类别是"vegetable"的商品,使用这种方法可以实现对商品的分类统计。

(7) 最后,执行以下命令。

```
awk - f ex0508_16_awk ex0508_12_awk
```

如图 5-118 所示,在输出结果中,最后一行的第 3 个字段为所有蔬菜的总价。

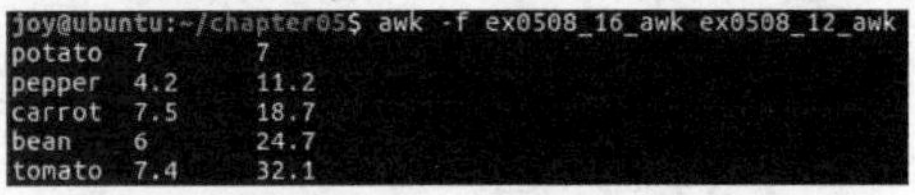

图 5-118　计算所有蔬菜的总价

本章小结

在本章中,我们学习了多种进行文本操作的实用程序,包括使用 column 输出文本内容,使用 sort 进行排序,使用 comm、diff 和 uniq 进行文件内容的比较,使用 tr 和 sed 进行文件内容的修改,使用 grep 和 awk 进行文件内容的检索,并具体介绍了 awk 的使用方法;另外,还介绍了如何使用 bc 进行数学计算。

习题 5

1. 选择题

(1) 执行(　　)命令在 practice050101 文件中查找字符串"turn on"。

　　A. grep turn on practice050101

　　B. grep 'turn on' practice050101

  C. grep 'turnon' practice050101

  D. grep 'turn'&'on' practice050101

（2）使用（ ）选项让 grep 在查找时忽略字母的大小写。

  A. -v   B. -i   C. -1   D. -n

（3）使用（ ）选项让 grep 输出不包含目标字符串的行。

  A. -v   B. -i   C. -1   D. -n

（4）执行（ ）命令仅输出 practice050104 文件中的空行。

  A. grep '^. $ ' practice050104   B. grep ^ $ practice050104

  C. grep '^ $ ' practice050104   D. grep ' $ ' practice050104

（5）在实用程序 bc 中，如果未事先设置 scale 的值，那么 10/3 的输出结果应该是（ ）。

  A. 3.333   B. 3.3   C. 3.0   D. 3

（6）使用 sort 中的（ ）选项对文件内容按字典顺序排序。

  A. -n   B. -f   C. -r   D. -d

（7）如果想要在对文件内容排序时忽略字母的大小写，那么需要使用 sort 中的
（ ）项。

  A. -n   B. -f   C. -r   D. -d

（8）使用 sort 中的（ ）选项对文件内容实现按数值大小排序。

  A. -v   B. -i   C. -1   D. -n

（9）如果想要对文件内容按某一指定字段排序，那么需要使用 sort 中的（ ）选项。

  A. -k   B. -f   C. -r   D. -d

（10）以下（ ）命令指定分隔符的选项是-t。

  A. sort   B. awk   C. uniq   D. diff

（11）以下（ ）命令可以识别和删除文件中的相邻重复行。

  A. diff   B. comm   C. uniq   D. tr

（12）执行 uniq -cd ex0505_01_uniq 命令的输出结果为（ ）。

  A. banana   B. 3 banana
    cherry   2 cherry

  C. 1 apple   D. 3 cherry
    1 cherry   2 banana
    1 date

（13）执行（ ）命令可以得到如下结果：

Mars
Saturn

  A. comm -3 ex0505_01_comm ex0505_02_comm

  B. comm -2,3 ex0505_01_comm ex0505_02_comm

  C. comm -1,2 ex0505_01_comm ex0505_02_comm

  D. comm -12 ex0505_01_comm ex0505_02_comm

（14）执行（ ）命令将 practice050114 文件中的"y"全部替换成"Y"。

  A. tr 'Y' 'y' < practice050114 B. tr 'y' 'Y' > practice050114

  C. tr y Y > practice050114   D. tr 'y' 'Y' < practice050114

（15）在 tr 中可以使用（　　）选项删除指定的字符。

  A．-d   B．-f   C．-r   D．-n

（16）在 practice050116 文件中，如果想要将所有包含"name"的行中的"age"全部替换成"score"，需要执行（　　）命令。

  A．sed 's/name/age/score/g' practice050116

  B．sed '/name/s/age/score/g' practice050116

  C．sed '/name/s/age/score/' practice050116

  D．sed '/name/age/score/g' practice050116

（17）以下是 4 条 awk 命令，符合语法的是（　　）。

  A．awk '^B' practice050117

  B．awk {print $1} practice050117

  C．awk '/Amy/' practice050117

  D．awk '{print} practice050117'

（18）设 practice050118 文件只有 1 行内容，执行 awk '{print "3-1",3-1,'3-1'}' practice050118 命令的输出结果是（　　）。

  A．3-1 2 2   B．3-1 2 3-1   C．3-1 3-1 2   D．2 2 2

（19）执行以下（　　）命令，在 practice050119 文件中查找首字符为"1"到"5"中任意一个数字的记录。

  A．awk '/[^1-5]/' practice050119   B．awk '/^[1-5]/ practice050119'

  C．awk '/^[1-5]/' practice050119   D．awk /[^1-5]/ practice050119

（20）如果想要打印在 practice050120 文件中字段总个数不为 2 的记录，那么需要执行（　　）命令。

  A．awk '!(NF==2){print}' practice050120

  B．awk '!(FS==2){print}' practice050120

  C．awk '!(NR==2){print}' practice050120

  D．awk '!(OFS==2){print}' practice050120

2．填空题

（1）执行_____命令将 practice050201 文件的内容按先行后列的顺序输出。

（2）执行_____命令使用 grep 在当前目录下的所有文件中查找字符串"book"。

（3）如果想要在多个文件中查找并输出包含目标字符串文件的文件名，那么需要使用 grep 中_____选项。

（4）在正则表达式中，字符_____指示了行的末尾。

（5）如果想在 Ubuntu 中进行一些简单的数学计算，那么可以使用实用程序_____。

（6）在 bc 中输入_____来退出程序。

（7）我们可以使用_____命令来查看 ASCII 码的相关信息。

（8）sort 中-r 选项的功能是_____。

（9）在对 practice050209 文件使用 sort 时，如果想要将待比较内容限定在第 3、4 列字段，那么可以使用_____命令。

（10）执行_____命令使用 sort 对 practice050210 文件进行排序，并指定逗号作为字段分隔符。

（11）如果想要查看两个文件的不同之处并了解如何将其中一个文件转换为另一个文件，需要用到实用程序_____。

（12）执行_____命令使用 tr 将 practice050212 文件中的所有小写字母全部转换为大写字母。

（13）执行_____命令使用 sed 删除 practice050213 文件的第 3 行。

（14）在 awk 检索文件时，预定义变量_____表示当前被检索行的行号。

（15）在 awk 命令中可以使用_____选项来设置一个自定义变量。

（16）如果要在 practice050216 文件中查找第 1 个字段的首字母为"d"的记录，并输出符合条件记录的第 3 个字段，应该使用_____命令。

（17）在 awk 中，制表符属于预定义变量_____的默认值之一。

（18）在 awk 中，预定义变量 ORS 默认为_____。

（19）使用 awk 中的_____选项来调用 awk 命令文件。

（20）在 awk 命令文件中，等式"count-＝price"的另一种写法是_____。

3. 简答题

（1）执行 grep '^' ex0502_04_grep 命令的输出结果是什么？

（2）practice050302 文件的内容如下：

```
grape
16
pepper
5
pear
32
apple
```

执行 sort -n practice050302 命令的输出结果是什么？

（3）怎样对 practice050303_01 文件进行排序，并将其重写到 practice050303_02 文件中？使用什么选项可以确保重写成功？

（4）在使用 comm practice050304_01 practice050304_02 命令来比较两个文件的异同时，输出的 3 列分别有什么含义？

（5）命令 sed '/name/d' practice050305 的含义是什么？

（6）在命令 sed 's/computer/& science/g' file 中，"&"指代的是什么？

（7）写出两种在 awk 中指定检索时使用逗号作为字段分隔符的方法。

（8）如果要使用 awk 输出 practice050308 文件的全部字段，应该使用哪两条命令？

（9）请写出执行 awk '{print name $3}' ex0508_03_awk 命令的结果。

（10）请编写一个 awk 命令文件，此文件需要符合以下要求：指定检索时的字段分隔符为"～"、记录分隔符为"-"，输出检索结果时的字段分隔符为"＊"、记录分隔符为"＄"，并输出第 1 个字段和第 2 个字段，字段间使用空格分开。

第6章

Shell脚本编程初步

Shell 脚本可用于系统管理工作,也可用于结合实用程序完成特定工作。本章介绍的 Shell 脚本编程,严格来讲是 Bash 编程,这一主题涉及的知识很多,在本章中只介绍最为基本的内容,即从简单的 Shell 脚本实例开始,再引入条件结构化命令和循环结构化命令,然后介绍函数的基本用法,最后综合上述知识并给出相应实例。

本章学习目标

- 掌握如何创建、调试和运行脚本;
- 熟练掌握使用 if 和 case 语句的用法;
- 熟练掌握 for、while、break 和 continue 语句的用法;
- 熟练掌握函数的用法;
- 了解 Shell 脚本编程的知识,并综合运用这些知识,解决日常遇到的数据处理问题。

6.1 脚本入门

下面将通过简单的实例来向读者介绍 Shell 脚本的创建、调试和执行。建议用户首先创建 Chapter06 目录,然后在这一目录下创建本章所有脚本。

6.1.1 创建脚本

Shell 脚本作为一个交互式脚本,用户不需要直接与 Shell 进行复杂的通信,可直接在 Shell 脚本的输入提示下响应操作。

下面将使用 cat 命令读取示例文件并在终端上显示其内容,请读者按以下步骤执行。

(1) 执行以下命令创建文件 ex060101_01。

```
vi ex060101_01
```

(2) 在文件中输入以下内容并保存。

```
Although similar mechanical devices have been built in the past to assist in gait therapy, these
were bulky and had to be kept tethered to a power source.
This new suit is light enough that with a decent battery, it could be used to help patients walk
over terrain as well, not just on a treadmill.
```

(3) 使用 cat 命令显示文件内容。

```
cat ex060101_01
```

图 6-1 所示为执行 cat 命令显示出的文件内容。

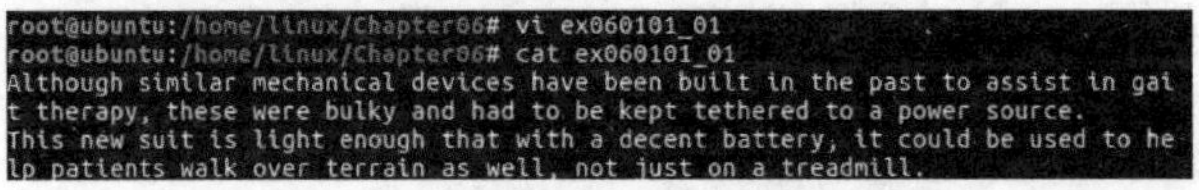

图 6-1　显示文件内容的界面效果

接下来创建第 1 个脚本文件，将 ex060101_01 文件中的内容显示出来，并统计该文件的行数、字节数和字数。

（1）执行以下命令创建 ex060101_02 文件。

```
vi ex060101_02
```

（2）在文件中输入以下内容并保存。

```
#!/bin/bash
cat ex060101_01
wc -l ex060101_01
wc -c ex060101_01
wc -w ex060101_01
```

（3）使脚本文件获得执行权限。

```
chmod +x ex060101_02
```

（4）执行该脚本。

```
./ex060101_02
```

（5）图 6-2 显示了该脚本的执行结果。

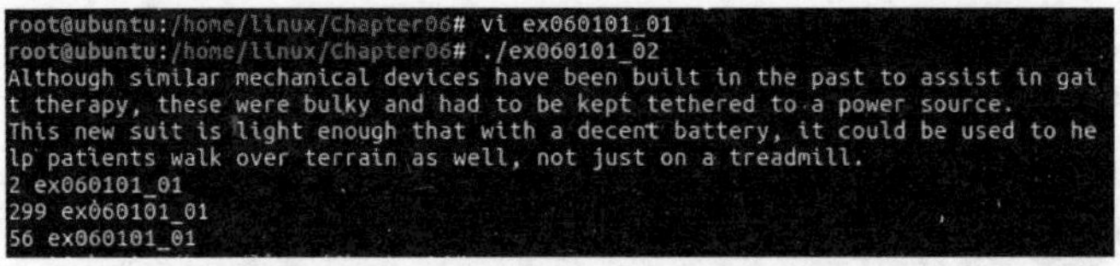

图 6-2　执行脚本文件 ex060101_02 的界面效果

6.1.2　调试和运行脚本

在编写脚本时，经常会发现脚本预期的结果和执行脚本后得到的结果不一样，此时可以通过调试脚本来分析哪里出现了问题。下面介绍如何使用 sh 命令来调试 Shell 脚本，该命令的语法格式为 sh [-nvx] scripts，其参数说明见表 6-1。除了这一调试方式以外，还可以通过 echo、test 和 trap 等方式来进行调试。

表 6-1　参数说明

序号	参数	含　义
1	-n	读一遍脚本中的命令但不执行，用于检查脚本中的语法错误
2	-v	一边执行脚本，一边将执行过的脚本命令输出到屏幕上显示
3	-x	提供跟踪执行信息，将执行的每一条命令与结果一次打印出来
4	-e	若有一个命令失败就立即退出
5	-u	置换时把未设置的变量看作出错
6	-c	使 Shell 解析器从字符串而非文件中读取并执行命令

下面将通过一个实例向读者介绍 sh 命令的使用，请按以下步骤执行。

（1）执行以下命令创建 ex060102_01 文件。

```
vi ex060102_01
```

（2）在文件中输入以下内容并保存。

```
#!/bin/bash
cat ex060102_01
wcl=$(wc -l ex060102_01)
echo "The total lines:"$wcl
wcc=$(wc -c ex060102_01)
echo "The total characters:"$wcc
wcw=$(wc -w ex060102_01)
echo "The total words:"$wcw
```

（3）使脚本文件获得执行权限。

```
chmod +x ex060102_01
```

（4）执行以下命令。

```
sh -n ex060102_01
```

因为上述代码中没有错误，所以执行完毕后的效果如图 6-3 所示。

图 6-3　调试代码无错情况下的界面效果

注意：在定义变量时需要注意以下命名规则。

① 定义变量时，变量名不加"$"符号；

② 变量名和等号之间不能有空格；

③ 首字符必须是字母(a-z，A-Z)；

④ 中间不能有空格，可以使用下画线(_)；

⑤ 不能使用标点符号；

⑥ 不能使用 Bash 里的关键字。

（5）执行以下命令。

```
sh -v ex060102_01
```

效果如图 6-4 所示。

```
root@ubuntu:/home/linux/Chapter06# sh -v ex060102_01
#!/bin/bash
cat ex060102_01
#!/bin/bash
cat ex060102_01
wcl=$(wc -l 060102_01)
echo "The total lines:"$wcl
wcc=$(wc -c ex060102_01)
echo "The total characters:"$wcc
wcw=$(wc -w ex060102_01)
echo "The total words:"$wcw
wcl=$(wc -l ex060102_01)
echo "The total lines:"$wcl
The total lines:8 ex060102_01
wcc=$(wc -c ex060102_01)
echo "The total characters:"$wcc
The total characters:192 ex060102_01
wcw=$(wc -w ex060102_01)
echo "The total words:"$wcw
The total words:24 ex060102_01
```

图 6-4　通过 sh-v 命令调试脚本的界面效果

（6）请在终端执行以下命令。

```
cp ex060102_01 ex060102_02
vi ex060102_02
```

（7）对 ex060102_02 文件进行修改。

```
#!/bin/bash
cat ex060102_01
wcl= $ (wc – l ex060102_01)
echo "The total lines:" $ wcl
wcc= $ (wc – c ex060102_01)
echo "The total characters:" $ wcc
wcw= wc – w ex060102_01
echo "The total words:" $ wcw
```

注意：ex060102_02 文件与 ex060102_01 文件的区别在于倒数第 2 行，这是为了便于后面尝试 sh -x/-e/-u 命令。

（8）执行以下命令。

```
sh – x ex060102_02
```

上述命令执行完毕后的效果如图 6-5 所示。

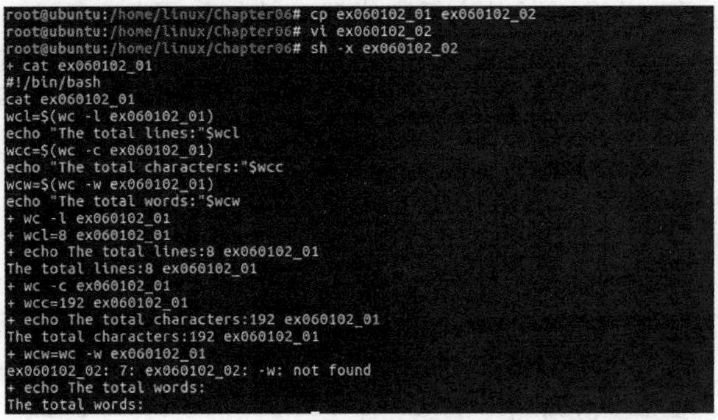

图 6-5　通过 sh -x 命令调试脚本的界面效果

（9）执行以下命令。

```
sh – e ex060102_02
```

上述命令执行完毕后，效果如图 6-6 所示。

图 6-6　通过 sh -e 命令调试脚本的界面效果

（10）执行以下命令。

```
sh – u ex060102_02
```

效果如图 6-7 所示。

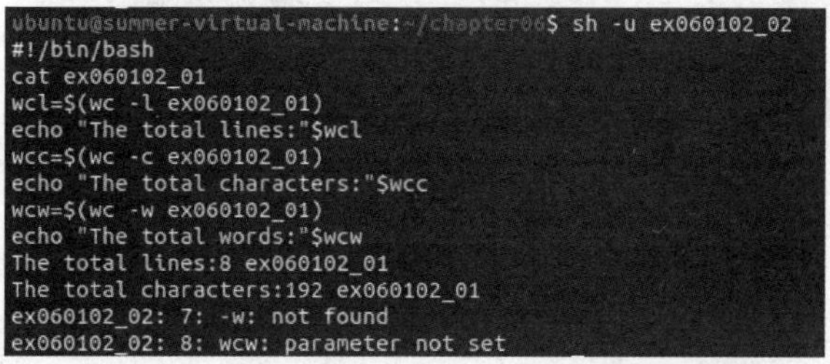

图 6-7 通过 sh -u 命令调试脚本的界面效果

最后通过一个简单的实例来介绍使用-c 选项读取在参数后的字符串,实现步骤如下。

① 执行语句:sh − c 'x = 123; y = 456; z = $ ((x + y)); echo "x + y= $ z" '。

② 上述语句的执行结果如图 6-8 所示。

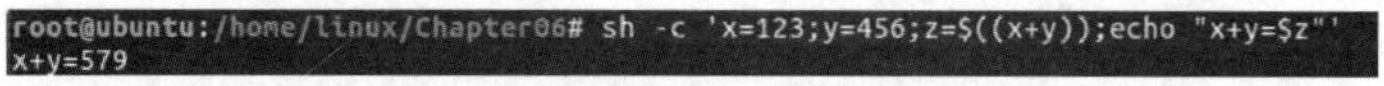

图 6-8 语句执行效果图

6.2 条件结构化命令

程序在脚本命令之间需要某种逻辑控制,允许脚本根据变量的条件或者其他命令的结果来决定某些命令被执行,某些命令不被执行,这些都是通过控制语句实现的。本节将介绍 Shell 编程中条件结构化命令的使用,包括如何使用 case 语句和 if 两部分。

6.2.1 使用 case 语句

在 Shell 编程中 case 语句格式如下。

```
case VALUE in
VALUE 1 )
    command1
    command2
    command3
    ;;
VALUE 2 )
    command1
    command2
    command3
    ;;
* )
    command1
    command2
    command3
    ;;
esac
```

下面通过实例来讲解 Shell 中 case 的运用,请按以下步骤执行。

(1) 执行以下命令创建名为 ex060201_01 的文件。

```
vi ex060201_01
```

(2) 在文件中输入以下内容并保存。

```
#!/bin/bash
echo "Please input a number between 1 to 4."
read NUM
case $ NUM in
1) echo "Your score is 60"
;;
2) echo "Your score is 70"
;;
3) echo "Your score is 80"
;;
4) echo "Your score is 90"
;;

*) echo "input error"
;;
esac
```

（3）使用 cat 命令显示文件内容。

cat ex060201_01

如图 6-9 为执行 cat 命令显示出的文件内容。

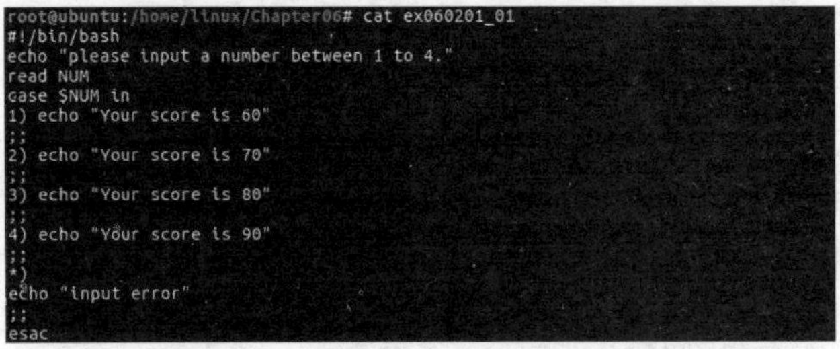

图 6-9　显示文件内容的界面效果

（4）使脚本文件获得执行权限。

chmod + x ex060201_01

（5）执行该脚本。

./ex060201_01

（6）图 6-10 为该脚本的执行结果。

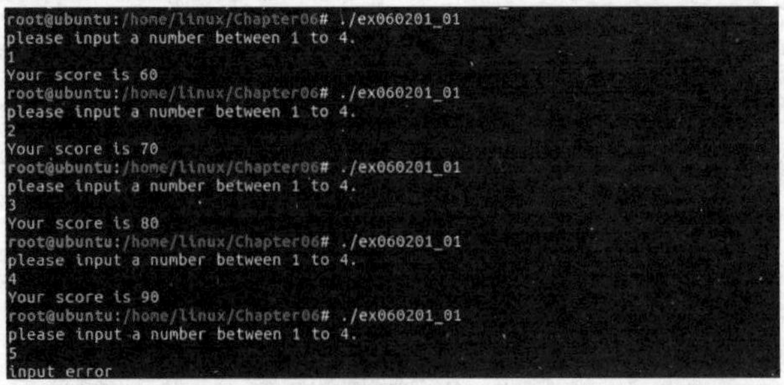

图 6-10　Shell 脚本运行示意图

从上述执行结果可以看出，此脚本运行时，若输入 1～4 的整数，将会分别输出 60、70、

80 和 90，否则将提示"input error"。

接下来继续修改上述脚本，实现输入一个 0～100 的分数，输出 4 个不同的等级，其中：0～59 表示"bad"；60～69 表示"average"；70～79 表示"good"；80～89 表示"better"；90～100 表示"excellent"。

① 执行以下命令创建名为 ex060201_02 的文件。

```
vi ex060201_02
```

② 在文件中输入以下内容并保存。

```
#!/bin/bash
echo "Please input a number between 1 to 100."
read NUM
score = $ ((NUM/10))
case $ score in
6) echo "average"
;;
7) echo "good"
;;
8) echo "better"
;;
9|10) echo "excellent"
;;
* ) echo "bad"
;;
esac
```

③ 使用 cat 命令显示文件内容。

```
cat ex060201_02
```

图 6-11 为执行 cat 命令显示出的文件内容。

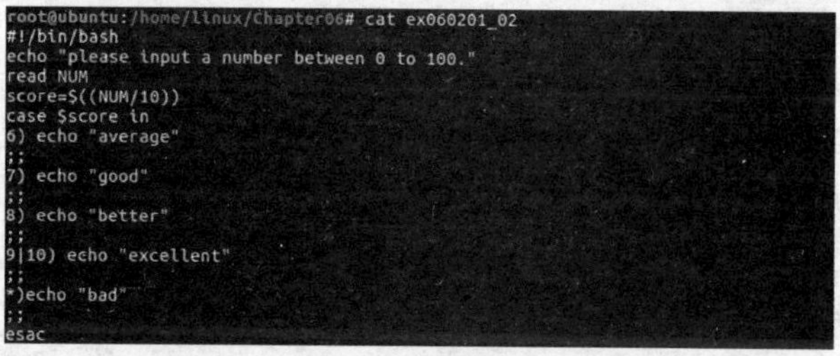

```
root@ubuntu:/home/linux/Chapter06# cat ex060201_02
#!/bin/bash
echo "please input a number between 0 to 100."
read NUM
score=$((NUM/10))
case $score in
6) echo "average"
;;
7) echo "good"
;;
8) echo "better"
;;
9|10) echo "excellent"
;;
*)echo "bad"
;;
esac
```

图 6-11　显示文件内容的界面效果

④ 使脚本文件获得执行权限。

```
chmod + x ex060201_02
```

⑤ 执行该脚本。

```
./ex060201_02
```

⑥ 图 6-12 为该脚本的执行结果。

6.2.2　使用 if 语句

在 Shell 中 if 语句共有 3 种形式，下面将结合实例进行介绍。

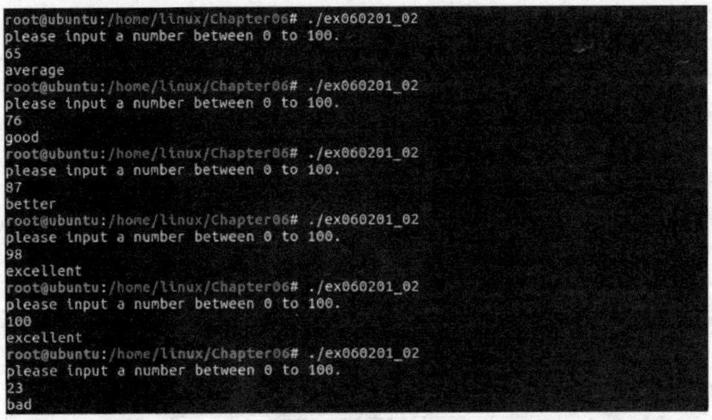

图 6-12　Shell 脚本运行示意图

1．if…fi

if…fi 的语法格式如下。

```
if condition
then
    command1
    command2
    …
    commandN
fi
```

在使用 if 编写脚本时务必注意以下事项。

① 条件判断语句以 if 开始，以 fi 闭合结束，这是 Shell 语法的规则。条件中的 condition 须以"[]"进行闭包，而且在 condition 和方括号（[]）之间必须有空格，左右两边都必须有，否则会报语法错误。

② 在[]中只能有一个条件判断式。

③ 在条件判断式中可以使用逻辑运算符和比较运算符组合成新的条件判断式。

if 语句会运行该行定义的命令，如果命令的退出状态是 0（成功执行命令），那么将执行 then 后面的所有命令；如果命令的退出状态是 0 以外的其他值，那么 then 后面的语句将不会执行，Shell 会移动到脚本的下一条命令。

接下来创建 ex060202_01 文件，用于判断输入的一个数是否是正数。

（1）执行以下命令创建 ex060202_01 文件。

```
vi ex060202_01
```

（2）在文件中输入以下内容并保存。

```
#!/bin/bash
echo "Please input a number."
read NUM
if [ "$NUM" -gt "0" ]
then
    echo "the number is a positive number."
fi
```

（3）使脚本文件获得执行权限。

```
chmod +x ex060202_01
```

（4）执行该脚本。

```
./ex060202_01
```

（5）图 6-13 为该脚本的执行结果。

```
root@ubuntu:/home/linux/Chapter06# ./ex060202_01
please input a number
6
the number is a positive number
```

图 6-13　Shell 脚本运行示意图

2. if...else...fi

if...else...fi 的语法格式如下。

```
if condition
then
    command1
    command2
    ...
    commandN
else
    command1
    command2
    ...
    commandN
fi
```

如果 if 的语句的命令返回的退出状态码是 0，那么会执行在 then 后面的命令；如果 if 语句行的命令状态码返回 0 以外的其他值，那么 Shell 将会执行 else 后面部分的命令。

接下来创建 ex060202_02 文件，用于判断输入的一个整数是奇数还是偶数。

（1）执行以下命令创建 ex060202_02 文件。

```
vi ex060202_02
```

（2）在文件中输入以下内容并保存。

```
#!/bin/bash
echo "Please input a number."
read NUM
If [ $((NUM%2)) -eq 1 ]
then
    echo "the number is an uneven number."
else
    echo "the number is a even number."
fi
```

（3）使脚本文件获得执行权限。

```
chmod +x ex060202_02
```

（4）执行该脚本。

```
./ex060202_02
```

（5）图 6-14 为该脚本的执行结果。

3. if…elif…else…fi

if…elif…else…fi 的语法格式如下。

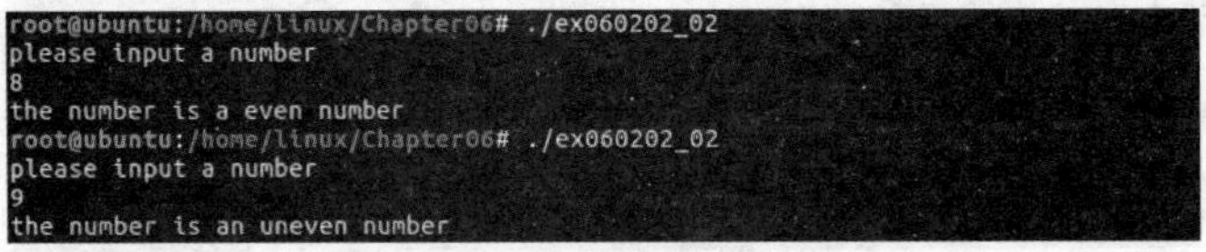

图 6-14　Shell 脚本运行示意图

```
if condition1
then
    command1
    command2
    ...
    commandN
elif condition2
then
    command1
    command2
    ...
    commandN
else
    command1
    command2
    ...
    commandN
fi
```

对于 if…elif…else…fi 结构其实可以把多个 elif 语句结合在一起，创建一个更大的 if…then…elif 组合。命令的执行依赖于哪条命令返回的退出状态码是 0，Shell 按顺序执行 if 语句，当碰到第 1 个返回退出状态码为 0 的命令时，执行 then 后面部分的命令。由此可见这些 condition 的条件都是"互斥"的，一旦任何一个条件匹配，就会退出整个 if 的结构。

当 if…elif…else…fi 中的条件较多时，可以考虑使用 case…esac 语句进行条件判断，以提高程序的执行效率，对于 case…esac 的用法可以参考前面所讲的内容。

接下来创建 ex060202_03 文件，根据用户输入 1 到 4 之间不同的数字来输出与之对应的成绩。

（1）执行以下命令创建 ex060202_03 文件。

vi ex060202_03

（2）在文件中输入以下内容并保存。

```
#!/bin/bash
echo "Please input a number between 1 to 4."
read NUM
# echo "You input: $ NUM"
if [ " $ NUM" == "1" ]
 then
   echo "Your score is 60"
elif [ " $ NUM" == "2" ]
 then
   echo "Your score is 70"
elif [ " $ NUM" == "3" ]
 then
```

```
    echo "Your score is 80"
elif [ " $ NUM" == "4" ]
 then
   echo "Your score is 90"
else
 echo "input error!"
fi
```

（3）使脚本文件获得执行权限。

chmod + x ex060202 03

（4）执行该脚本。

./ex060202_03

（5）图 6-15 为该脚本的执行结果。

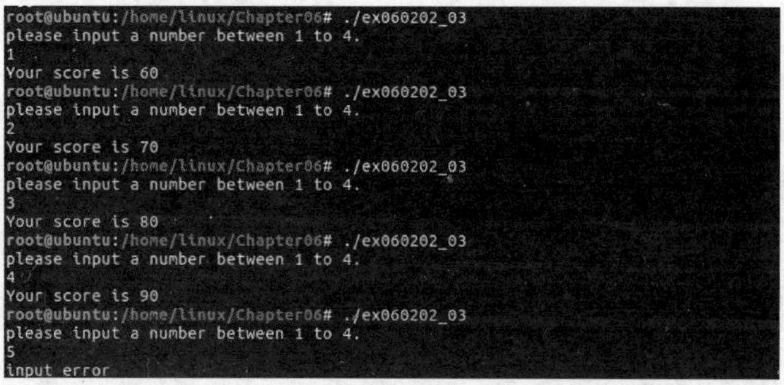

图 6-15　Shell 脚本运行示意图

当然在 if 条件判断语句中也可使用 test 命令，用于检查某个条件是否成立，其功能与方括号（[]）类似，下面将简单介绍 test 命令的用法，如表 6-2 所示。

表 6-2　test 命令用法

类　　型	命　　令	用　　法
字符串的判断	str1 = str2	当字符串内容、长度相同时为真
	str1 != str2	当串 str1 和 str2 不等时为真
	-n str1	当串的长度大于 0 时为真(串非空)
	-z str1	当串的长度为 0 时为真(空串)
	str1	当串 str1 为非空时为真
	\ > \ <	比较大小，但须转义
数字的判断	int1 -eq int2	两数相等时为真
	int1 -ne int2	两数不等时为真
	int1 -le int2	int1 小于等于 int2 时为真
	int1 -lt int2	int1 小于 int2 时为真
	int1 -ge int2	int1 大于等于 int2 时为真
	int1 -gt int2	int1 大于 int2 时为真
文件的判断	-r file	用户可读时为真
	-w file	用户可写时为真
	-f file	文件为正规文件时为真
	-x file	用户可执行时为真

续表

类　　型	命　　令	用　　法
文件的判断	-d file	文件为目录时为真
	-c file	文件为字符特殊文件时为真
	-b file	文件为块特殊文件时为真
	-s file	文件大小非 0 时为真
	-t file	当文件描述符（默认为 1）指定的设备为终端时为真
复杂逻辑判断	-a	与
	-o	或
	!	非

test 的命令与 Shell 中使用 if 语句时 [] 的功能类似，下面将通过上述 if…else…fi 的实例来介绍其用法。

创建文件 ex060202_04，用于判断用户输入的数字是奇数还是偶数。

（1）执行以下命令创建 ex060202_04 文件。

```
vi ex060202_04
```

（2）在文件中输入以下内容并保存。

```
#!/bin/bash
echo "Please input a number."
read NUM
if test " $((NUM%2))" - eq "1"
then
    echo "the number is an uneven number."
else
    echo "the number is a even number."
fi
```

（3）使脚本文件获得执行权限。

```
chmod + x ex060202_04
```

（4）执行该脚本。

```
./ex060202_04
```

（5）图 6-16 显示该脚本的执行结果。

图 6-16　test 命令效果图

6.3　循环结构化命令

在 Shell 编程中，也提供了循环结构，其具体形式一共有 3 种：for、while 和 until。下面将逐一介绍其用法。

6.3.1 使用 for

for 循环有 3 种结构：列表 for 循环、不带列表的 for 循环和类似 C 语言风格的 for 循环。下面将详细地介绍这 3 种结构的用法。

语法结构如下：

```
for var in item1 item2 ... itemN
do
    command1
    command2
    ...
    commandN
done
```

当变量值在列表里时，使用变量名获取列表中的当前取值，并执行所有命令（命令可为任何有效的 Shell 命令和语句）。in 列表包含字符串和文件名，它是可选的。

do 和 done 之间的命令称为循环体，执行次数与 list 列表中常数或者字符串的个数相同。for 循环首先将 in 后列表的第 1 个常数或者字符串赋值给循环变量，然后执行循环体，最后执行 done 命令后面的命令序列。

1. 列表 for 循环

列表 for 循环不仅可以对列表进行简单的循环，还支持按规定的步数进行跳跃的方式实现列表 for 循环，当然也可以对字符串进行循环操作，其语法格式如下。

```
for var in {list}
do
    循环体
done
```

下面将用列表 for 循环实现计算 1～200 之间所有偶数的和，请按以下步骤执行。

（1）执行以下命令创建 ex060301_01 文件。

```
vi ex060301_01
```

（2）在文件中输入以下内容并保存。

```
#!/bin/bash
echo " the sum of even number between 1 to 200: "
sum = 0
for i in {2..200..2}
do
    sum = $ (( $ sum + i))
done
echo "sum = $ sum"
```

（3）使脚本文件获得执行权限。

```
chmod + x ex060301_01
```

（4）执行该脚本。

```
./ex060301_01
```

（5）图 6-17 为该脚本的执行结果。

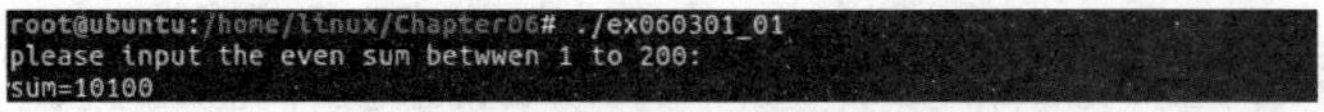

图 6-17　列表 for 循环示例效果图

注意：for i in $(seq 2 2 100)与 for i in {2..200..2}两个语句实现的功能相同，均表明变量 i 在初始值为 2，步长为 2，结束值为 200 的一组数列中不断向后取值产生偶数，并将其迭加到变量 sum 上。从而实现了计算 1～200 之间所有偶数的和。

接下来，再看另一个例子，请按以下步骤进行。

（1）执行以下命令创建 ex060301_02 文件。

```
vi ex060301_02
```

（2）在文件中输入以下内容并保存。

```
#!/bin/bash
for file in $( ls - lt|awk '{print $9}')
do
    echo "file: $file"
done
```

（3）使脚本文件获得执行权限。

```
chmod + x ex060301_02
```

（4）执行该脚本。

```
./ex060301_02
```

（5）图 6-18 为该脚本的执行结果。

图 6-18　列表 for 循环示例效果图

在上述代码中，for 循环遍历了当前文件夹下面的所有文件，并以字符串的形式将这些文件的文件名称输出，它们是按修改时间的先后排序的。

2. 不带列表的 for 循环

不带列表的 for 循环是由用户指定参数和参数的个数，与上述的 for 循环列表参数功能相同，但其使用比上述方法更为灵活。

接下来看一个实例，请按以下步骤执行。

（1）执行以下命令创建 ex060301_03 文件。

```
vi ex060301_03
```

（2）在文件中输入以下内容并保存。

```
#!/bin/bash
sum = 0
echo "number of arguments is $#"
```

```
echo "What you input is: "
for argument
do
    echo " $ argument"
    sum = $ (( $ sum + $ argument))
done
echo $ sum
```

（3）使脚本文件获得执行权限。

```
chmod + x ex060301_03
```

（4）执行该脚本。

```
./ex060301_03 1 2 3 4
```

（5）图 6-19 为该脚本的执行结果。

图 6-19 不带列表的 for 循环示例效果图

上述代码主要功能与 for 循环列表参数功能相同，根据用户输入进行相应的输出，其中"$ #"表示参数的个数。

3. 类似 C 语言风格的 for 循环

类似 C 语言风格的 for 循环也称为计次循环，该种 for 循环的结构用法与 C 语言一样，由循环体和循环终止条件两部分组成，其语法格式如下。

```
for((expression1;expression2;expression3))
do
    中间循环体
done
```

其中：expression1 是单次表达式，可作为某一变量的初始化赋值语句，用于循环控制变量赋初始值；expression2 是条件表达式，是一个关系表达式，其为循环的正式开端，当条件表达式成立时执行中间循环体；expression3 为末尾循环体，末尾循环体在中间循环体执行完成后执行。当然表达式也可为空，表示该条件为真，但不可缺少";"。

接下来看一个实例，请按以下步骤执行。

（1）执行以下命令创建 ex060301_04 文件。

```
vi ex060301_04
```

（2）在文件中输入以下内容并保存。

```
#!/bin/bash
sum = 0
for(( i = 2; i <= 200; i = i + 2 ))
do
   let "sum = sum + i"
done
echo "The Sum is:" $ sum
```

（3）使脚本文件获得执行权限。

```
chmod + x ex060301_04
```

（4）执行该脚本。

```
./ex060301_04
```

（5）图 6-20 为该脚本的执行结果。

```
root@ubuntu:/home/linux/Chapter06# ./ex060301_04
The Sum is:10100
```

图 6-20　类似 C 语言风格的 for 循环示例效果图

如前所述，本段代码计算了 1～200 的所有偶数和，循环体每循环一次 i 的值加 2 以便产生偶数。

6.3.2　使用 while

while 循环也称为前测试循环，利用一个条件控制是否重复执行某语句，为了避免 while 陷入死循环，必须保证循环体中包含循环出口条件即表达式存在退出状态。其语法格式如下。

```
while condition
do
     command
done
```

这是 while 循环的一个基本语法格式。while 循环用于不断执行一系列命令，也可从输入文件中读取数据，命令通常为测试条件。在 while 语句的执行过程中，Shell 首先检查 condition 是否为真（真则为 0），如果是，则执行 while 循环体内的命令 command。执行完一次后，再次检查 condition 是否为真，为真则继续再次执行循环体内的 command 命令，如此循环操作。若不为真，则跳出该 while 的循环结构，结束该段命令的执行。

下面将通过实例讲解 while 的用法，使用 while 结构在屏幕上输出 1～10 的数字。

（1）执行以下命令创建 ex060302_01 文件。

```
vi ex060302_01
```

（2）在文件中输入以下内容并保存。

```
#!/bin/bash
num = 1
while [ $ num - le 10 ]
do
        echo $ num
        num = $ (( $ num + 1))
done
```

上述代码实现了在屏幕上输出数字 1～10。在代码中首先定义一个变量 num，然后比较 num 与 10 的大小，当 num 的值小于等于 10，执行 while 循环体内的命令，即将当前 num 的值输出，再将 num 的值加 1，一直循环到条件不满足为止，此时退出 while 循环。这种方式被称为计数器控制的循环。

（3）使脚本文件获得执行权限。

```
chmod + x ex060302_01
```

（4）执行该脚本。

./ex060302_01

（5）图 6-21 为该脚本的执行结果。

图 6-21　计数器控制 while 循环示例效果图

除了计数器控制循环，还有以下 3 种方式进行循环控制：结束标记控制的 while 循环、标志控制的 while 循环和命令行控制的 while 循环。下面将介绍这 3 种方法。

1. 结束标记控制的 while 循环

该方法通过设置一个特殊的数据值（即结束标记）来结束 while 循环。下面将通过 while 结构实现一个实例，该实例的功能是让用户输入一个数，若这个数等于 29 则直接退出 while 循环，若不等于 29 则给出相应提示，让用户不断调整其输入的数值，以满足退出 while 循环的条件。具体步骤如下。

（1）执行以下命令创建 ex060302_02 文件。

vi ex060302_02

（2）在文件中输入以下内容并保存。

```
#!/bin/bash
echo "please input a number between 1 to 100:"
read i
while [ $ i - lt 101 ] && [ $ i - gt 0 ]
do
    if [ $ i - eq 29 ]
        then
        echo "you are right"
        exit 0
    elif [ $ i - lt 29 ]
        then
        echo "you should try a bigger one."
    else
        echo "you should try a smaller one. "
    fi
    read i
done
```

上述 Shell 命令执行时，若用户输入值为 29，则退出 while 循坏；若输入的值小于 29 则会提示用户应输入一个更大的数；若输入的值大于 29 会提示用户应输入一个更小的数。

（3）使脚本文件获得执行权限。

chmod + x ex060302_02

（4）执行该脚本。

./ex060302_02

（5）图 6-22 为该脚本的执行结果。

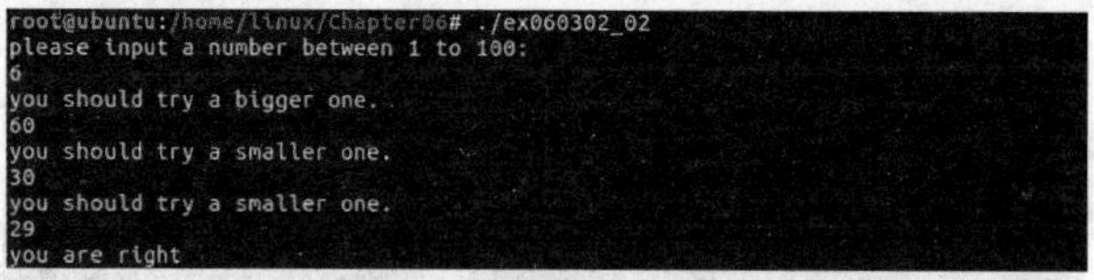

图 6-22　结束标记控制的 while 循环示例效果图

2．标志控制的 while 循环

若不知道循环结束的条件，可通过用户输入的标志值来控制循环的结束。接下来看一个实例。在此实例中，要求用户输入一个数来作为 while 循环结束的标志。具体步骤如下。

（1）执行以下命令创建 ex060302_03 文件。

```
vi ex060302_03
```

（2）在文件中输入以下内容并保存。

```
#!/bin/bash
echo "please input a number as a flag of ending:"
read num
i = 1
sum = 0
while [ $ sum - lt $ num ]
do
    sum = $ (( $ sum + i))
    ((i++))
    echo " $ sum"
    if [ $ sum - ge $ num ]
    then
        echo "the sum is bigger than $ num"
        exit 0
    fi
done
```

在上述代码中，通过用户执行时输入的数与代码中的变量 sum 的值进行比较，一旦该变量值大于用户输入的数，则结束当前的 while 循环。

（3）使脚本文件获得执行权限。

```
chmod + x ex060302_03
```

（4）执行该脚本。

```
./ex060302_03
```

（5）图 6-23 为该脚本的执行结果。

3．命令行控制的 while 循环

命令行控制的 while 循环通常与 shift 结合使用。shift 命令使位置变量下移一位（即 $2 代替 $1、$3 代替 $2，以此类推，同时对参数个数进行调整），当最后一个参数显示给用户时 $ * 为空，此时循环结束。

接下来看一个使用命令行控制 while 循环的实例。具体步骤如下。

（1）执行以下命令创建 ex060302_04 文件。

图 6-23　标志控制 while 循环执行效果图

vi ex060302_04

（2）在文件中输入以下内容并保存。

```
#!/bin/bash
sum = 0
echo "number of arguments is $#"
echo "What you input is:"
while [[ $* != "" ]]
do
    echo $1
    sum = $(($sum + $1))
    shift
done
echo $sum
```

上述代码将当前的输入参数累加到变量 sum 上，并在处理结束时输出该变量值。

（3）使脚本文件获得执行权限。

chmod +x ex060302_04

（4）执行该脚本。

./ex060302_04 1 2 3 1 2 6

（5）图 6-24 为该脚本的执行结果。

图 6-24　命令行控制 while 循环执行效果图

6.3.3　使用 until

until 循环同 while 循环一样是前测试循环，利用一个条件控制是否重复执行某语句。但它与 while 不同的是 while 测试真值，until 测试假值。也就是说在 while 循环中，测试条件为真，进入循环体；在 until 循环中，测试条件为假，进入循环体。因此，为了避免 until 陷入死循环，必须保证循环体中包含循环出口条件即表达式存在退出状态。until 循环的语法格式如下。

```
until condition
do
      command
done
```

下面将通过实例讲解 until 的用法，使用 until 结构在屏幕上输出 1~10 的数字。

（1）执行以下命令创建 ex060303_01 文件。

```
vi ex060303_01
```

（2）在文件中输入以下内容并保存。

```
#!/bin/bash
num = 1
until ((num > 10))
do
        echo $ num
        num = $ (( $ num + 1))
done
```

上述的程序代码首先定义一个变量 num，然后比较变量 num 与 10 的大小关系，当 num 的值小于等于 10 时，执行 until 中的命令，将当前 num 的值输出，再将 num 的值加 1，一直循环至条件不满足则退出该循环体，结束 until 的循环。

（3）使脚本文件获得执行权限。

```
chmod + x ex060303_01
```

（4）执行该脚本。

```
./ex060303_01
```

（5）图 6-25 为该脚本的执行结果。

图 6-25　until 循环示例效果图

下面再看一个将 1~100 相加的实例。

（1）执行以下命令创建 ex060303_02 文件。

```
vi ex060303_02
```

（2）在文件中输入以下内容并保存。

```
#!/bin/bash
num = 1
sum = 0
until ((num > 100))
do
        sum = $ (( $ num + $ sum))
        num = $ (( $ num + 1))
done
```

```
echo $ sum
```

上述程序代码首先定义一个变量 num,令其初始值为 1,同时定义一个变量 sum,令其初始值为 0,然后比较变量 num 与 100 的大小关系。当 num 的值小于等于 100 时,执行 until 循环体内的命令,将 num 的值与 sum 的值相加求和,然后赋值给 sum,再将 num 的值加 1,一直循环至条件不满足则退出该循环体,结束 until 的循环。

(3) 使脚本文件获得执行权限。

```
chmod +x ex060303_02
```

(4) 执行该脚本。

```
./ex060303_02
```

(5) 图 6-26 为该脚本的执行结果。

```
root@ubuntu:/home/linux/Chapter06# ./ex060303_02
5050
```

图 6-26 until 循环示例效果图

在学习完 Shell 中的循环结构化命令 for、while 和 until 之后,对其小结如表 6-3。

表 6-3 循环结构小结

命令	适用场合	特性
for	限定次数的循环	循环次数可预见,不易陷入死循环
while	不限定次数的循环	条件为真时执行循环体,易陷入死循环
until	不限定次数的循环	条件为假时执行循环体,易陷入死循环

6.3.4 使用 break 和 continue

接下来介绍在使用循环结构体时,未达到循环结束条件但需要强制跳出循环时使用的两个命令：break 命令和 continue 命令。

1. break 命令

可使用 break 命令强行退出当前循环。若是两层的循环嵌套,则需要在外层循环体中再使用一次 break 命令；若想强行退出多层循环,则需要反复使用 break 命令。下面将通过具体实例讲解 break 命令的使用。

(1) 执行以下命令创建 ex060304_01 文件。

```
vi ex060304_01
```

(2) 在文件中输入以下内容并保存。

```
#!/bin/bash
i=25
while [ $i -gt 0 ]
do
echo $i
((i++))
    if [ $i -eq 29 ]
    then
        echo "you are right"
        break
```

```
        fi
done
```

在该脚本中，变量 i 的初始值为 25 且恒大于 0，所以若没有 break 语句，该脚本执行后将会陷入死循环，通过引入 break 语句可使该循环正常终止。

上述实例演示了如何使用 break 语句退出单层循环。读者可自行尝试如何退出两层和多层循环嵌套。

（3）使脚本文件获得执行权限。

chmod + x ex060304_01

（4）执行该脚本。

./ex060304_01

（5）图 6-27 为该脚本的执行结果。

图 6-27　break 命令示例效果图

2. continue 命令

continue 用于让脚本跳过后面的语句，并执行下一次循环，即忽略本次循环体内 continue 语句后面的语句，再从循环头开始执行。

下面将通过具体实例讲解 continue 命令的使用。

（1）执行以下命令创建 ex060304_02 文件。

vi ex060304_02

（2）在文件中输入以下内容并保存。

```
#!/bin/bash
i = 25
while [ $ i - lt 31 ] && [ $ i - gt 0 ]
do
((i++))
     if [ $ i - eq 29 ]
     then
         continue
     fi
echo $ i
done
```

该脚本是在 break 实例的基础上修改所得，当变量 i 不断累加至 29 时，因为 continue 语句的存在，所以跳过了语句 echo $i 并开始执行新的循环，直至变量 i 大于等于 31 时才结束循环，即 continue 语句可忽略在当前循环体内其后的语句，直接进入下一次循环。

（3）使脚本文件获得执行权限。

chmod + x ex060304_02

（4）执行该脚本。

./ex060304_02

（5）图 6-28 为该脚本的执行结果。

图 6-28 continue 命令示例效果图

6.4 使用函数

使用函数来实现某一特定功能，可以让代码结构更加清晰，也便于重复使用这些代码。在 Shell 中，函数必须先定义后使用，因为 Shell 脚本的运行是逐行的，不会像其他语言一样先预编译，所以必须在使用函数之前先声明。Shell 脚本中函数的语法结构如下。

```
function_name () {
    list of commands
    [ return value ]
}
```

如果愿意，也可以在函数名前加上 function，如下所示。

```
function function_name () {
    list of commands
    [ return value ]
}
```

由上述函数的语法结构可知，对于函数的返回值，可以显式增加 return 语句。如果不显式增加 return 语句，函数会将最后一条的运行结果作为返回值返回。在 Shell 函数中，函数的返回值只能是整数，一般用来表示函数是否运行成功，0 表示成功，其他值表示失败。

1．函数的使用

下面将结合具体实例向读者介绍 Shell 中函数的使用。

（1）执行以下命令创建 ex0604_01 文件。

```
vi ex0604_01
```

（2）在文件中输入以下内容并保存。

```
#!/bin/bash
hello(){
    echo "Hello Shell!"
}
hello
```

上述代码调用函数 Hello 输出"Hello Shell!"，整个过程的函数名必须是唯一的，避免使用关键字作为函数名。

（3）使脚本文件获得执行权限。

```
chmod + x ex0604_01
```

（4）执行该脚本。

```
./ex0604_01
```

（5）图 6-29 为该脚本的执行结果。

图 6-29　函数使用的效果图

2. 函数参数的传递

在上面函数调用的实例中，只是简单地对函数进行调用并输出信息，并没有参数的传递，但是在 Shell 编程中，函数参数的传递对函数来说非常重要。在 Shell 中，函数可以通过位置变量来传递参数。

语法格式如下：

functionName parameter1 parameter2 parameter3 parameter4

当函数执行时，$1 表示对应的参数 1，以此类推。

下面将通过实例向读者说明 Shell 中函数参数传递的应用。

（1）执行以下命令创建 ex0604_02 文件。

vi ex0604_02

（2）在文件中输入以下内容并保存。

```
#!/bin/bash
sum(){
    echo "The first parameter is $1"
    echo "The second parameter is $2"
    sum = $(($1 + $2))
    echo "The sum of parameter is: $sum"
    echo "Output all parameter $*"
}
sum 1 9
```

上述函数实例通过参数的传递使得在函数体内使用了传递的值，值得注意的是 Shell 中的函数参数传递与其他语言的函数参数传递的形式并不一样，它不能在函数头中直接声明。

（3）使脚本文件获得执行权限。

chmod +x ex0604_02

（4）执行该脚本。

./ex0604_02

（5）图 6-30 为该脚本的执行结果。

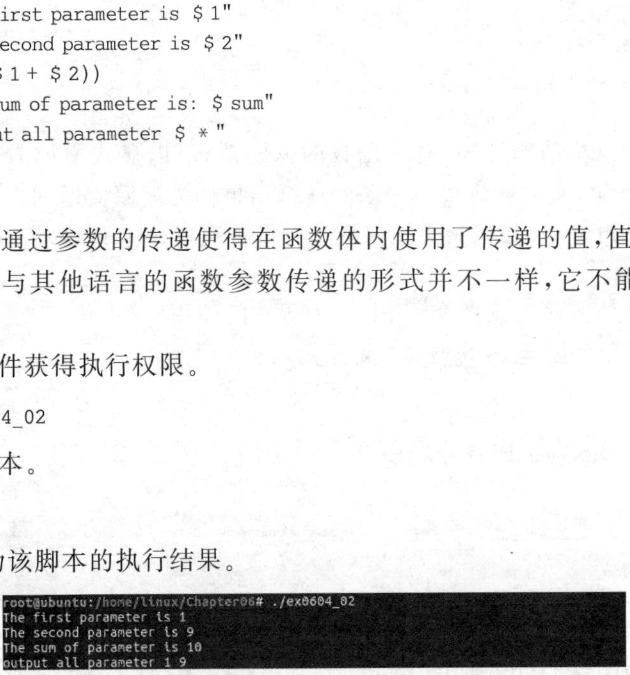

图 6-30　参数传递效果图

3. 函数的返回值

函数中的返回值用"return"实现，函数中的关键字"return"可以放到函数体的任意位置，通常用于返回某些值。在 Shell 命令中，一旦遇见"return"命令后就会停止往下执行，返回主程序的调用行。在 Shell 中，return 的返回值只能是 0～255 的一个整数，返回值将保存到变量"$?"中。

下面将通过具体实例介绍函数中返回值的使用。

（1）执行以下命令创建 ex0604_03 文件。

```
vi ex0604_03
```

（2）在文件中输入以下内容并保存。

```
#!/bin/bash
leapyear() {
    year = $ 1
    if [ $ [ $ year % 4] - eq 0 ] && [ $ [ $ year % 100] - ne 0 ] || [ $ [ $ year % 400] - eq 0 ]
    then
        Isleapyear = 0
    else
        Isleapyear = 1
    fi
}
echo "Please enter a year:"
read N
leapyear $ N
case $ Isleapyear in
    0)
        echo "This year is a leap year"
        ;;
    1)
        echo "This year is not a leap year"
        ;;
esac
```

上述脚本的作用是根据用户输入的年份来判断并输出该年份是否为闰年。在函数中首先使用变量 year 存储函数的第 1 个参数值,然后根据闰年的条件来判断 year 是否为闰年,从而决定返回值是 0 还是 1。

（3）使脚本文件获得执行权限。

```
chmod + x ex0604_03
```

（4）执行该脚本。

```
./ex0604_03
```

（5）图 6-31 为该脚本的执行结果。

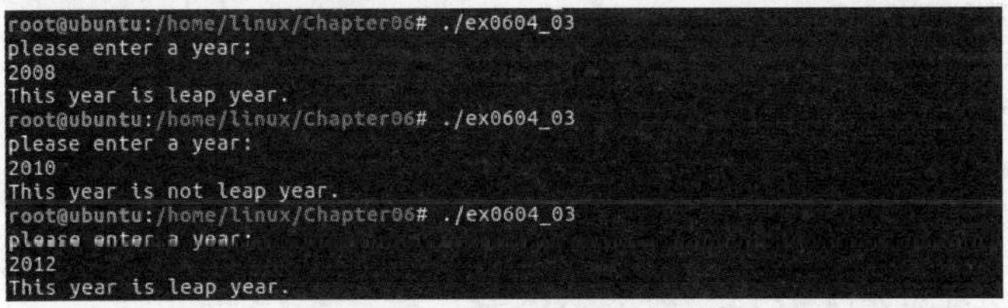

图 6-31　函数返回值效果图

4. 函数的引用

在编写 Shell 脚本时,使用函数是非常有必要的。通常不能将所有的代码全部存放在一个 Shell 文件中,因为这样不方便管理和维护,因此就需要将一些功能相近的函数封装在一起,不同功能的函数将会被保存在不同的文件中。如果在某一文件中需要引用另一文件中的函数，那么该如何操作呢？

下面将通过具体实例介绍如何实现这一操作。

（1）执行以下命令创建 clock 文件。

```
vi clock
```

（2）在 clock 文件中输入以下内容并保存。

```
#!/bin/bash
clock(){
tput civis
while [ 1 ]
do
    month = $(date + %B)
    case "$month" in
        January) month = 01;;
        February) month = 02;;
        March) month = 03;;
        April) month = 04;;
        May) month = 05;;
        June) month = 06;;
        July) month = 07;;
        August) month = 08;;
        September) month = 09;;
        October) month = 10;;
        November) month = 11;;
        December) month = 12;;
    esac
        tput clear
        tput cup 3 30
    echo $(date + %X) $(date + %A)
        tput cup 4 35
    echo $(date + %Y)/$month/$(date + %d)
    sleep 1
done
}
```

（3）使脚本文件获得执行权限。

```
chmod + x clock
```

（4）执行以下命令创建 ex0604_04 文件。

```
vi ex0604_04
```

（5）在 ex0604_04 文件中输入以下内容并保存。

```
#!/bin/bash
. ./clock(注意：此处是两个用空格隔开的实心点)
clock
```

使用这种方式调用函数时，函数文件的路径应该与脚本文件的路径相同，否则在调用时须使用函数所在文件的绝对路径或相对路径。

（6）使脚本文件获得执行权限。

```
chmod + x ex0604_04
```

（7）执行该脚本。

`./ex0604_04`

（8）图 6-32 为该脚本的执行结果。

```
06:50:24 PM Monday
2020/09/21
```

图 6-32 函数返回值效果图

注意：在 clock 文件中使用了"tput civis"命令，其作用是隐藏光标。若想在执行完上述文件后让光标显示出来，则可通过在 Shell 中直接输入"tput cnorm"命令来实现。

5．函数中的全局变量

在 Shell 脚本中处处有效的变量称为全局变量。在默认情况下，Shell 脚本中定义的变量都是全局变量。

下面将通过一个具体实例来说明 Shell 脚本中函数全局变量的应用。

（1）执行以下命令创建 ex0604_05 文件。

`vi ex0604_05`

（2）在文件中输入以下内容并保存。

```
#!/bin/bash
findmax( ){
  max = $ {a[0]}
for i in {1..9}
do
  if [[ $ {a[$ i]} > $ max ]]
  then
    max = $ {a[$ i]}
  fi
done
}
echo "please input a group of number(up to 10):"
read -a a
findmax $ {a[*]}
echo "The max number is: $ max"
```

上述程序首先定义了一个数组 a，然后将用户输入的一组数据存入该数组，并将其作为参数传入函数 findmax 中。通过该函数找出这组数据中的最大值并存入全局变量 max，最终输出上述全局变量。

（3）使脚本文件获得执行权限。

`chmod +x ex0604_05`

（4）执行该脚本。

`./ex0604_05`

（5）图 6-33 为该脚本的执行结果。

6．函数中的局部变量

局部变量与全局变量不一样，它的作用域仅限于函数内部，其关键字为 local。局部变

图 6-33　函数返回值效果图

量在函数执行完成之后会自动释放变量所占用的内存空间,从而减少系统资源的消耗。在大型程序的开发中,定义和使用局部变量尤为重要。

下面将通过一个具体实例介绍 Shell 脚本中函数局部变量的应用。

（1）执行以下命令创建 ex0604_06 文件。

```
vi ex0604_06
```

（2）在文件中输入以下内容并保存。

```
#!/bin/bash
findmax( ){
  local max = ${a[0]}
for i in {1..9}
do
  if [[ ${a[$i]} > $max ]]
  then
    max = ${a[$i]}
  fi
done
}
echo "please input a group of number(up to 10):"
read -a a
findmax ${a[*]}
echo "The max number is: $max"
```

我们可以发现,本实例与上一实例仅存在细微差别,即函数体内的变量 max 前增加了关键字"local",它表明"max"为局部变量。由于该变量仅在函数体内有效,所以我们最终输出该变量时,其值为空。

（3）使脚本文件获得执行权限。

```
chmod +x ex0604_06
```

（4）执行该脚本。

```
./ex0604_06
```

（5）图 6-34 为该脚本的执行结果。

图 6-34　函数返回值效果图

在函数的使用过程中,经常会遇到 $#,$* 等变量,下面将简要介绍这些特殊变量的用法,具体如表 6-4 所示。

表 6-4　特殊变量的用法

变 量 名	释 义
$#	传递到脚本的参数个数
$*	以一个单字符串显示所有向脚本传递的参数

变 量 名	释 　义
$ $	脚本运行的当前进程 ID 号
$!	后台运行的最后一个进程的 ID 号
$@	与 $ * 相同,但是使用时加引号,并在引号中返回每个参数
$-	显示 Shell 使用的当前选项,与 set 命令功能相同
$?	显示最后命令的退出状态。0 表示没有错误,其他任何值表明有错误

6.5　综合实例

下面将结合之前所学,通过几个综合实例来进一步学习 Shell 脚本编程。请读者按以下步骤操作。

1. 打印一个直角三角形

(1) 执行以下命令创建 ex0605_01 文件。

```
vi ex0605_01
```

(2) 在文件中输入以下内容并保存。

```
#!/bin/bash
for((i = 1;i < 9;i++))
do
  for((j = 1;j < = I;j++))
  do
   echo - n " * "
  done
echo
done
```

(3) 使脚本文件获得执行权限。

```
chmod + x ex0605_01
```

(4) 执行该脚本。

```
./ex0605_01
```

(5) 图 6-35 为该脚本的执行结果。

图 6-35　执行脚本效果图

2. 使用 until 语句打印九九乘法表

(1) 执行以下命令创建 ex0605_02 文件。

```
vi ex0605_02
```

(2) 在文件中输入以下内容并保存。

```
#!/bin/bash
```

```
iline = 1
iten = 9
until [ $ iline – gt $ iten ]
do
jline = 1
until [ $ jline – gt $ iline ]
do
echo – ne " $ iline * $ jline = $ ((iline * jline))\t"
((jline++))
done
echo
((iline++))
done
```

（3）使脚本文件获得执行权限。

```
chmod + x ex0605_02
```

（4）执行该脚本。

```
./ex0605_02
```

（5）图 6-36 为该脚本的执行结果。

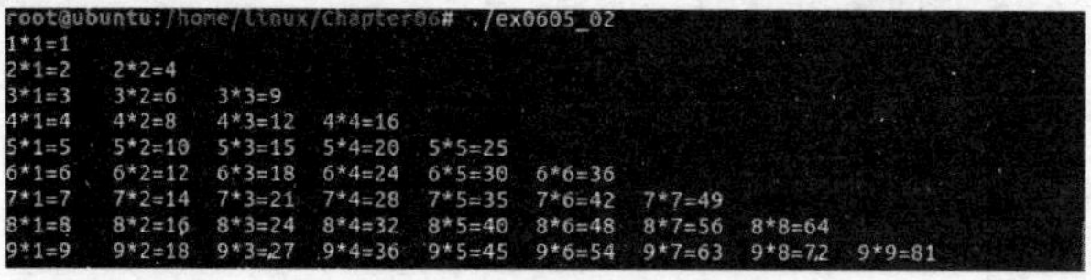

图 6-36　执行脚本效果图

3. 通过截取字符串，实现日期的不同输出方式

（1）执行以下命令创建 ex0605_03 文件。

```
vi ex0605_03
```

（2）在文件中输入以下内容并保存。

```
#!/bin/bash
string( ){
var = 2020/08/03
case $ NUM in
1) echo " $ {var% % / * } -- $ {var:6:1} -- $ {var:0 – 1:1}"
;;
2) echo " $ {var:0 – 1:1}/ $ {var:6:1}/ $ {var% % / * }"
;;
3) echo " $ {var:2:2}/ $ {var:5:2}/ $ {var:0 – 2:2}"
;;
4) echo " $ {var:0:4}. $ {var:5:2}. $ {var:0 – 2:2}"
;;
 * ) echo "Input error"
;;
esac
}
echo "Please input a number between 1 to 4."
read NUM
string NUM
```

注意：截取字符串的方法大致分为 4 类。

（a）通过♯号截取，删除左边的字符，同时保留右边字符；

（b）通过％截取，删除右边的字符，同时保留左边字符；

（c）从左边第几个字符开始截取指定个数字符（左边第 1 个字符的序号为 0）；

（d）从右边第几个字符开始截取指定个数的字符。

（3）使脚本文件获得执行权限。

chmod ＋x ex0605_03

（4）执行该脚本。

./ex0605_03

（5）图 6-37 为该脚本的执行结果。

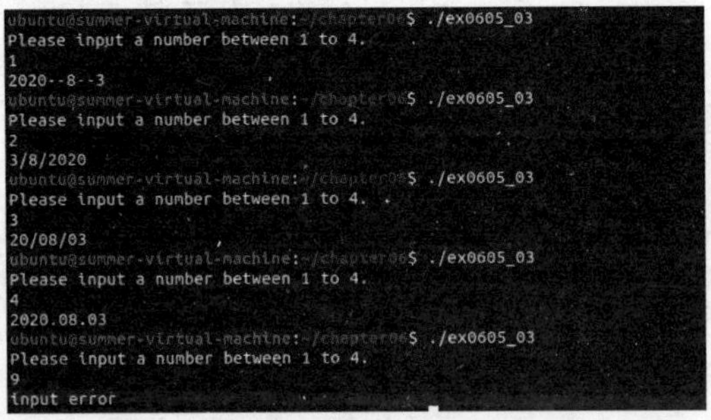

图 6-37　执行脚本效果图

本章小结

本章简要介绍了 Shell 脚本编程的基本知识，包括脚本的创建、调试和运行，顺序结构、条件结构和循环结构，还介绍了函数的使用，并给出了综合实例。

在 Ubuntu 的学习中，Shell 脚本编程是十分重要的一部分，希望有兴趣的读者可以深入学习。

习题6

1. 选择题

（1）在本章所学的 Shell 脚本中，其第 1 行通常是（　　　）。

    A. ♯!/bin/bash　　　　　　　　　　B. ♯ /bin/bash

    C. ♯! bin/bash　　　　　　　　　　D. !/bin/bash

（2）使 practice060102 文件获得执行权限的正确命令是（　　　）。

    A. chmod －x practice060102　　　　B. chmod practice060102

    C. chmod ＋x practice060102　　　　D. chmod x practice060102

（3）通过（　　　）命令即可执行脚本文件 practice060103。

    A. ../practice060103　　　　　　　B. ./practice060103

    C. do practice060103　　　　　　　D. /. practice060103

（4）调试脚本时，需要用到的命令是（　　）。

　　A. Shell　　　　　　B. do sh　　　　　　C. sh　　　　　　　　D. test

（5）我们可通过（　　）命令，在 Shell 中显示文件内容。

　　A. cat　　　　　　　B. read　　　　　　C. move　　　　　　D. show

（6）下列 case 语句中，正确的是（　　）。

```
A. case $ a in
   1 )
          echo "wonderful"
   2 )
          echo "great"
   * )
          echo "good"
   esac
```

```
B. case $ a in
   1 )
          echo "wonderful"
          ;;
   2 )
          echo "great"
          ;;
   * )
          echo "good"
          ;;
```

```
C. case $ a in
   1 )
          echo "wonderful"
          ;
   2 )
          echo "great"
          ;
   * )
          echo "good"
          ;
   esac
```

```
D. case $ a in
   1 )
          echo "wonderful"
          ;;
   2 )
          echo "great"
          ;;
   * )
          echo "good"
          ;;
   esac
```

（7）下列 if 语句中，正确的是（　　）。

```
A. if [ a -gt b ]
      then
            echo "great! "
   fi
```

```
B. if [ a -gt b ]
      then
            echo "great! "
```

```
C. if [ a -gt b ]
            echo "great! "
   fi
```

```
D. if [a gt b ]
      then
            echo "great! "
      end
```

（8）for 循环通常有以下（　　）结构。

　　A. 列表 for 循环、不带列表的 for 循环、类似 C 语言风格的 for 循环

　　B. 参数列表 for 循环、不带参数列表的 for 循环、类似 C 语言风格的 for 循环

　　C. 列表 for 循环、不带列表的 for 循环、C 语言 for 循环

　　D. 列表参数 for 循环、不带列表参数的 for 循环、类似 C 语言风格的 for 循环

（9）下述语句中，给变量 name 正确赋值"Amy's cat"的是（　　）。

　　A. name＝Amy's cat　　　　　　　　B. name＝ Amy's cat

　　C. name＝"Amy's cat"　　　　　　　D. name＝'Amy's cat'

（10）下述（　　）命令可表示在 i 的初始值为 1 的情况下，当条件 i 大于 j 为真时进入循环体内执行相应命令，一次循环结束后 i 的值加 1。

A. for((i=1；i<j；i++))　　　　　B. for(i=1 i>j i++))

C. for((i = 1；i>j；i++))　　　　D. for((i=1,i>j,i++))

2. 填空题

(1) 调试脚本命令 sh 对应的参数中,参数_____可实现读一遍脚本中的命令但不执行,用于检查脚本中的语法错误。

(2) 若我们想输出变量 i 的值时,则应该使用_____语句实现。

(3) 在使用 case 语句时,每一个_____输入完毕后都应有；；来代表结束。

(4) 在使用 if 语句判断某　表达式时,表达式与方括号间必须有_____。

(5) 我们可通过_____语句读入一个数组。

(6) 在 until 循环中,当其判断条件为_____进入循环体。

(7) break 命令的作用是_____。

(8) continue 命令的作用是_____。

(9) 在使用函数前,必须先对函数进行_____。

(10) _____可表示以一个单字符串显示所有向脚本传递的参数。

3. 编程题

(1) 按以下要求编写 practice060301 文件。

① 定义变量 first,并对其赋值 10。

② 定义变量 second,并对其赋值 20。

③ 输出变量 first、second 的值。

④ 将变量 first 与变量 second 的值交换。

⑤ 再次输出变量 first、second 值。

(2) 编写 practice060302 文件,利用 for 循环在目录 exam 下循环创建文件 1.sh、2.sh……直至 10.sh。

(3) 编写 practice060303 文件,使目录 exam 中所有的文件获得可执行权限。

(4) 按以下要求编写 practice060304 文件,执行该文件后可打印出一个直角梯形,其效果如下。

```
***
****
*****
******
```

① 可自行输入直角梯形第 1 行 * 的数目。

② 可自行输入直角梯形的总行数。

(5) 按以下要求编写 practicc060305 文件,执行该文件后可打印出一个菱形,其效果如下。

```
1    *
2   ***
3  *****
4   ***
5    *
```

用户可通过自行输入数字来表示菱形上半部分的总行数。

（6）请编写 practice060307 文件，设计并调用函数 judgenumber()来判断用户输入的某个数是奇数还是偶数。若是奇数则将其乘以 3 后输出；若是偶数则将其乘以 2 后输出。

（7）请按以下要求编写脚本文件 practice060306。

① 用户可自行输入的一组数据（最多 10 个）。

② 求该组数据中的最小值。

（8）请按以下要求编写 practice060308 文件。

① 当用户输入 1 时，输出当前日期。

② 当用户输入 2 时，输出当前所在位置。

③ 当用户输入 3 时，输出当前用户名。

④ 当用户输入 4 时，输出当前目录下文件名。

⑤ 当用户输入其他数字时，提示输入错误。

（9）请按以下要求编写 practice060309 文件。

① 用户可自行输入一个日期（格式：2017/08/05 23：18：20）。

② 使用 case 语句输出 3 种由读者自定义的格式，类似于 23：18：20 2017/8/5；23：18：20 5/8/2017；2017.08.05 23：18：20。

（10）请编写 practice060310 文件实现用户输入一组数后，按照从小到大的顺序排序并输出。

（11）编写 practice060311 文件，利用循环和 continue 关键字，计算 1～200 能被 3 整除的整数之和。

（12）编写 practice060312 文件，要求将用户的输入显示出来，直到用户输入字符串 "exit" 时才可退出。

（13）编写 practice060313 文件，打印出不同颜色的九九乘法表。

提示：可使用语句 printf "%d" "$｛password：0：1｝"将字符串 password 中的第 1 个字符转换为其对应的 ascii 码值；使用语句 printf \\x `printf %x 97 可将 ACSII 码值为 97 的转化为对应字符。

（14）编写 practice060314 文件，加密用户的输入内容。具体加密规则如下。

① 若用户输入的是字母，则将用户输入的每个字母转换成其后两个的字母输出（例如，A/a 转变为 C/c）

② 若用户输入的是数字，则对应输出其 ASCII 码值。

提示：可使用语句 printf "%d" "$｛password：0：1｝"将字符串 password 中的第 1 个字符转换为其对应的 ASCII 码值；使用语句 printf \\x `printf %x 97 可将 ACSII 码值为 97 的转化为对应字符。

（15）编写 practice060315 文件，在 practice060314 文件的基础上设计一个对应的解密文件。

第 7 章

上机实验

本章涉及的实验对应本书第 1 章到第 6 章的绝大部分内容,包括如何安装 Ubuntu,如何使用图形界面,如何使用字符界面下的基本命令和高级命令,如何使用 vi 编辑器,以及如何使用实用程序和 Shell。

本章学习目标

- 熟练掌握 Ubuntu 的安装及图形界面的使用;
- 熟练掌握 Ubuntu 的基本命令;
- 熟练掌握 Ubuntu 的高级命令;
- 熟练掌握 vi 编辑器的用法;
- 熟练掌握实用程序的用法;
- 掌握 Shell 编程的基本知识。

7.1 实验 1 安装 Ubuntu

1. 实验目的

(1) 了解 Ubuntu 系统。

(2) 掌握在虚拟机下安装 Ubuntu 系统。

(3) 掌握在双系统下安装 Ubuntu 系统。

2. 实验内容

(1) 学习 Ubuntu 系统 LTS 版与其他版本的不同之处。

(2) 在官网上下载 Ubuntu 20.04 LTS,并下载 VMware Workstation Pro 15.5。

(3) 下载 UltraISO 9.6.6。

3. 实验步骤

1) 在虚拟机下安装 Ubuntu 系统

操作步骤如下:

(1) 在一台安装好 Windows 10 系统中下载 Ubuntu 20.04 LTS 和 VMware Workstation Pro 15.5。

(2) 首先安装 VMware 软件,完成虚拟机的安装。

(3) 在虚拟机中安装 Ubuntu 20.04 LTS。

(4) 正常使用 Ubuntu。

2）在 Windows 10 中安装 Ubuntu 系统

操作步骤如下：

（1）准备好一个容量为 4GB 的空白 U 盘和一个容量为 32GB 的空白 U 盘。

（2）在一台安装好 Windows 10 系统的电脑中下载 Ubuntu 20.04 LTS 和 UltraISO。

（3）在 Windows 10 中安装 UltraISO，然后将 Ubuntu 20.04 LTS 写入 U 盘。

（4）使用 Ubuntu 20.04 LTS 的安装 U 盘引导系统，将 Ubuntu 系统安装到容量为 32GB 的 U 盘中。

（5）正常启动电脑并进入 Ubuntu 20.04 LTS 系统。

4. 常见问题

安装 Ubuntu 系统总体来说还是比较容易的，但由于电脑配置的不同，还是会遇到各种问题，以下为一些典型的问题。

问题 1：在虚拟机中安装 Ubuntu 时，VMware 安装后，创建虚拟机不成功。

解析：出现这一问题通常是由于 VMware 服务"VMware Authorization Service"未正常启动，将其设置为自动启动并开启。

问题 2：在 Windows 中使用 UltraISO 软件将 Ubuntu 20.04 LTS 写入 U 盘时，选择的目标磁盘驱动器不正确。

解析：此时一定要仔细检查写入硬盘镜像时的硬盘驱动器为待写入 U 盘，这一步不能出错。若目标硬盘驱动器选择错误，则有可能会覆盖重要数据，造成无法弥补的错误。

问题 3：使用 U 盘启动时不知道如何在 BIOS 中设置。

解析：不同型号的电脑进入 BIOS 的按键是不一样的。进入 BIOS 之后，要注意 Legacy BIOS 与 UEFI 的不同，选择正确的引导方式。

问题 4：在进行双系统安装时，如何选择正确的安装类型？

解析：建议事先在 Windows 系统中预留足够的磁盘空间用于 Ubuntu 系统的安装（20GB 左右）。对于普通用户，安装类型可以选择默认；若需自行分区并设置启动分区、根分区和交换分区，安装类型则需要选择最后一项。不建议入门级用户选择此项，以免误操作导致数据丢失。

问题 5：为何要将系统安装到 U 盘上？

解析：现在 U 盘的容量都很大，使将 Ubuntu 系统安装到 U 盘上成为可能。一旦将 Ubuntu 安装到 U 盘上之后，就可以随身携带该 U 盘，随时可以使用 Ubuntu 系统。

5. 拓展思考

（1）请认真比较 Ubuntu 系统与 Windows 系统的差别。

（2）在学会了使用虚拟机安装 Ubuntu 和在 Windows 下安装 Ubuntu 之后，你会选择在哪一种情况下使用 Ubuntu？为什么？

（3）对你来说，使用 Ubuntu 最大的问题是什么？

7.2 实验2 熟悉 Ubuntu 图形界面

1. 实验目的

（1）掌握 Ubuntu 系统的基本操作。

（2）掌握如何调整 Ubuntu 系统常用的系统设置。

（3）掌握常用的应用软件。

（4）掌握 Ubuntu 下常用程序的安装。

2．实验内容

（1）学习 Ubuntu 系统的基本操作。

（2）调整 Ubuntu 系统常用的系统设置。

（3）使用 Ubuntu 中的应用软件。

（4）安装 Ubuntu 下的常用程序。

3．实验步骤

1）Ubuntu 系统的基本操作

操作步骤如下：

（1）按下电源键，正常启动计算机。在启动选项中选择 Ubuntu，待系统启动成功后，在图形化界面中登录系统。

（2）注销当前用户并以 root 用户登录。

（3）重启当前系统并以普通用户登录。

（4）以普通用户身份关闭当前系统。

2）Ubuntu 系统设置

操作步骤如下：

（1）修改系统的字体。按下 Ctrl＋Alt＋T 打开终端，在终端模式下执行下列命令：

sudo apt－get install gnome－tweak－tool

若已经安装该工具，则直接打开该工具软件对系统的字体进行设置。

（2）修改系统的语言。打开【设置】界面，找到【区域与语言】。由于系统默认的语言是英语，将其修改为汉语。如果安装时选择了【汉语】，也可以尝试修改为【英语】。

（3）修改桌面背景。请使用第 2 章中介绍的方法修改背景图片。

（4）修改日期和时间。打开【设置】界面，找到【日期和时间】选项，修改系统的日期和时间。

（5）管理磁盘。打开【设置】界面，找到 Disks，可以查看磁盘信息，包括磁盘空间的大小、分区格式和类型。在这一界面中进行磁盘分区的编辑。

3）Ubuntu 中的应用软件

操作步骤如下：

（1）访问因特网。打开系统自带的浏览器 Mozilla Firefox，在地址栏输入相应的网址即可访问对应的网页。

（a）请在地址栏中输入 www. tup. tsinghua. edu. cn 打开清华大学出版社的官网主页，并将该网址设为书签。

（b）请打开浏览器的设置选项，将主页设置为 www. tup. tsinghua. edu. cn。

（2）办公应用。打开系统自带的办公套件 LibreOffice 进行文本文档编辑、电子表格处理和演示文稿制作。

（a）文本文档编辑。打开 LibreOffice Writer，此软件默认打开一个新的空白文档，用户在其中输入相应的文字，并进行字体和格式的调整，在完成编辑之后将文档保存。

（b）电子表格处理。打开 LibreOffice Calc，此软件默认打开一个新的空白的电子表格，用户可向其中输入相应的待处理数据，在对数据进行处理之后，可保存退出。

（c）演示文稿制作。打开 LibreOffice Impress，此软件默认打开一个新的空白的演示文稿，用户可完成自己演示文稿的制作并保存退出。

（3）图像处理。打开系统自带的图像查看器，可浏览图片。下载安装并升级 GIMP 后，可使用 GIMP IMAGE Editor 实现编辑图片。请使用这一工具对个人照片进行美化。

（4）即时通信。安装即时通信客户端 Pidgin，打开这一客户端，增加 Google Talk 账户的用户名和密码，可以实现登录并使用 Google Talk 与好友聊天。

（5）视频播放。打开系统自带的 Videos 软件，单击打开这一软件，选择【添加本地视频（L）…】，找到对应视频文件打开并播放。

4. 常见问题

在 Ubuntu 图形界面下进行各种操作与在 Windows 下进行相应的操作没有太大不同，无论是进行语言设置、字体设置，还是修改背景、设置系统的日期和时间，或者是管理磁盘，在日常使用 Ubuntu 时都有可能遇到一些问题。以下为一些典型的问题及解析思路。

问题 1：在进行字体设置时，无法找到相应的设置选项，字体设置操作不成功。

解析：查看自己是否安装了 gnome-tweak-tool，若未安装这一工具，请先安装这一工具。此工具安装完毕后，即可进行字体设置。

问题 2：在进行语言设置时，若安装时未选择默认的英文字体，而是选择了简体中文，则应如何修改语言设置？

解析：对于使用本教材的入门级用户，安装时应使用默认的英文字体，不建议默认使用简体中文。可能对大部分读者来说，直接使用英文版的操作系统不太习惯，但若选择学习 Ubuntu，还是要尝试逐渐熟悉并适应英文环境。尽可能使用英文字体，但由于在日常使用 Ubuntu 系统时还需要用到简体中文，因此还是很有必要学会如何进行语言设置的。

问题 3：在进行背景设置时，如何使用自己选择的图片作为背景，而不是系统默认的那些图片？

解析：若在平时浏览网页时发现有自己喜欢的图片，可以将其作为桌面的背景。此时须将这些图片下载或直接保存到相应的文件夹下，然后选择该图片即可。

问题 4：在进行日期时间设置时，如何直接手动修改日期和时间。

解析：在【日期和时间】设置界面，可以手动修改日期时间，也可以自动与 Internet 同步。

问题 5：在对磁盘进行操作时，如何调整目前的磁盘分区并进行格式化？

解析：对磁盘进行操作之后，首先将重要的数据备份，找到自己的磁盘，先查看其基本信息，包括容量、分区类型及格式等；然后选中要处理的硬盘，按读者的实际需求调整分区的大小及格式，并保存分区信息。

问题 6：在使用 FireFox 访问因特网时，若不需要保存浏览历史，则该如何操作？

解析：打开浏览器菜单的【首选项】子菜单，选择【隐私与安全】，在【历史记录】处将【记录历史】修改为【不记录历史】。在随后弹出的对话框中单击【立即重启 Firefox】即可。

问题 7：LibreOffice 与金山 WPS 套件、Microsoft Office 相比，有什么优点和缺点？

解析：LibreOffice 最大的特点就是免费开源，可以在 Microsoft Windows、GNU Linux 以及 macOS X 等操作系统上使用，它包括 Writer、Calc、Impress、Draw、Base 以及 Math 等

组件。其中：Writer 用于创建和编辑文本文档,功能类似于 Microsoft Word；Calc 用于制作电子表格文档,功能类似于 Microsoft Excel；Impress 用于创建幻灯片演示文稿,功能类似于 Microsoft Powerpoint；Draw 用于创建绘图文档,也可用来进行 PDF 文档的编辑、修改和输出；Math 用于进行数学及其他学科的公式编辑,被集成在以上各个模块中,也可以单独使用。

金山 WPS 套件和 Microsoft Office 只能用于 Microsoft Windows 操作系统上。

问题 8：即时通信客户端 Pidgin 可以绑定 QQ 吗？

解析：由于 QQ 目前禁止第三方接入,因此无法使用。

问题 9：第一次使用 GIMP 编辑图片时,需要下载并安装该编辑器,具体该如何操作？

解析：安装 GIMP 编辑器,具体步骤如下。

(1) 在终端中执行命令 sudo apt-get install aptitude；

(2) 在终端中执行命令 sudo aptitude install gimp。

安装完成后,可以看到 GIMP IMAGE Editor,使用这一软件对图片进行编辑。

问题 10：在使用 Totem 软件播放视频文件时,若因对应的视频文件的解码器未被下载而不能播放该类型的视频文件,则该如何操作？

解析：Totem 软件将自动识别相应的解码器并提示用户下载,若下载并安装成功,则可播放该类型视频。

5. 拓展思考

(1) 请认真比较 Ubuntu 图形界面下日常操作与 Windows 系统的差别,并简述其主要差别。最后尽可能熟悉并掌握 Ubuntu 图形界面下的日常操作。

(2) 了解 FAT16、FAT32、NTFS、ext、ext2、ext3 和 ext4 等文件格式,并简述其异同。

(3) LibreOffice 是免费开源的,但其市场份额在国内不如 Microsoft Office 或金山 WPS 套件,最大的问题是什么？

7.3 实验 3 Ubuntu 基本命令(一)

1. 实验目的

熟悉并掌握 Ubuntu 系统中的基本命令。

2. 实验内容

学习在 Ubuntu 中修改密码、重启系统、查看当前工作目录、改变当前工作目录、创建工作目录和删除工作目录。

3. 实验步骤

启动 Ubuntu 系统,在图形化界面登录系统,然后按下"Ctrl+Alt+T"键打开终端。

1) 密码修改

请在终端输入 passwd + 用户名,修改这一用户名对应的密码。用户依次输入原密码、新密码并确认,即可完成登录密码的修改。

2) 重启系统

请在终端上输入 reboot 命令,完成系统的重新启动。

3) 查看当前工作目录

请在终端上输入 pwd 命令,查看当前用户所在的完整工作目录。

4）改变当前工作目录

请在终端上输入 cd /home 命令，实现从当前目录转换到/home 下。

5）创建工作目录

请在终端上输入 cd /home 命令，实现从当前目录转换到/home 下，然后执行 mkdir chapter07。

6）删除工作目录

（1）创建工作目录。在完成创建工作目录 chapter07 之后，首先请在终端上输入 cd /home/chapter07 命令，实现从当前目录转换到/home/chapter07 下，然后执行 mkdir chapter0703。

（2）删除工作目录。在/home/chapter07/下创建了 chapter0703 之后，请执行 rmdir chapter0703，这样可以删除 chapter0703 子文件夹。

（3）查看工作目录是否被删除。请在/home/chapter07/下执行 ls 查看 chapter0703 是否被删除。

7）关闭系统

请在终端上输入 poweroff 命令，实现系统的关闭。

4. 常见问题

以下为本小节涉及的基本命令相关的问题及解析思路。

问题 1：修改密码时，新密码能否和旧密码相同？

解析：在进行密码修改时，一定要注意以下事项。

（1）原密码不能输错，否则无法成功修改密码；

（2）新密码与原密码不能相同，否则系统会提示原密码未被修改，也无法成功修改密码；

（3）新密码与确认密码必须相同，否则系统会提示两次密码不一致，从而导致密码修改失败。

问题 2：系统重启时除了可以使用 reboot 命令，还可以使用什么命令？

解析：系统重启还可以使用 init 6 这一命令或使用 shutdown-r now 这一命令。

问题 3：创建工作目录时显示"Permission denied"，应如何解决？

解析：在创建工作目录时若出现上一提示，则表明执行 mkdir 命令的用户对欲创建工作目录的父目录没有写（w）的权限。此时需要使用 chmod 命令使用户获得写权限。

问题 4：删除工作目录时，执行 rmdir 命令后提示目录不为空。

解析：在删除工作目录时若该目录不为空，则执行 rmdir 命令时会提示目录不为空而无法删除成功。此时可以用以下方法处理。

方法 1：进入欲删除的工作目录，将其中的文件全部删除，使当前目录为空；若当前工作目录中不只包括文件，还包括目录且这些目录不为空，则须进入这些目录将其中的文件全部删除，直到这些目录为空，然后才能返回上一级父目录并使用 rmdir 删除这些空目录，以此类推。

方法 2：删除工作目录时使用 rm -rf 强制将这一目录下所有文件和不为空的目录删除，使用这一方法删除工作目录时需要事先仔细检查该目录下的文件，避免重要数据的丢失。此时建议先将数据备份然后再强制删除。

问题 5：关闭系统除了可以使用 poweroff 命令，还可以使用什么命令？

解析：在终端下关闭系统除了可以使用 poweroff 命令，还可以用 shutdown -h now 和 halt 命令实现系统的关闭。

注意：我们在 Ubuntu 20.04 LTS 下使用 shutdown -h now 时只需使用普通用户的身份执行就可以，不需要使用 sudo，也不需要 root 的权限；而 halt 命令则需要以 root 用户的身份执行。

5. 拓展思考

（1）在 Ubuntu 系统安装完成后，默认的启动方式是进入图形化界面输入用户名和密码登录系统，然后在图形化桌面里按下 Ctrl＋Alt＋F1 打开 Ubuntu 字符界面，或按下 Ctrl＋Alt＋T 打开一个终端。请思考如何修改 Ubuntu 系统默认的启动方式，从而实现系统启动时自动进入字符界面。

（2）图形界面下的关机操作和字符界面下的关机操作有什么不同，为什么？

（3）为什么有的关机命令（如 halt）需要 root 权限，有的不需要（如 shutdown），作为系统设计者是如何考虑的？

7.4 实验 4 Ubuntu 基本命令（二）

1. 实验目的

熟悉并掌握 Ubuntu 系统中的基本命令。

2. 实验内容

在 Ubuntu 中学习以下基本命令：移动目录和文件、复制目录和文件、删除目录和文件、创建文件、修改文件最后访问时间、查看目录和文件、显示文件信息。

3. 实验步骤

启动 Ubuntu 系统，登录系统后打开终端，按以下步骤操作。

1）移动目录

（a）cd /home/chapter07；

（b）pwd；

（c）mkdir chapter0704；

（d）mv chapter0704 /home/；

（e）ls；

（f）mv /home/chapter0704 ./；

（g）ls。

表 7-1 为移动目录时的命令及释义。

表 7-1　移动目录时的命令及释义

序号	命　　令	释　　义
（a）	cd /home/chapter07	进入指定文件夹
（b）	pwd	显示当前路径
（c）	mkdir chapter0704	创建文件夹
（d）	mv chapter0704 /home/	将创建的文件夹移动到指定目录中
（e）	ls	查看是否移动成功

序号	命 令	释 义
（f）	mv /home/chapter0704 ./	将被移动的文件夹移回原位置
（g）	ls	查看文件夹是否移动成功

2）移动文件

（a）cd /home/chapter07/chapter0704/；

（b）pwd；

（c）touch ex0704；

（d）mv ex0704 /home/chapter07/；

（e）ls；

（f）mv /home/chapter07/ex0704 ./；

（g）ls。

表 7-2 为移动文件时的命令及释义。

表 7-2 移动文件时的命令及释义

序号	命 令	释 义
（a）	cd /home/chapter07/chapter0704/	进入指定文件夹
（b）	pwd	显示当前路径
（c）	touch ex0704	创建文件
（d）	mv ex0704 /home/chapter07/	将创建的文件移动到指定目录中
（e）	ls	查看是否移动成功
（f）	mv /home/chapter07/ex0704 ./	将被移动的文件移回原位置
（g）	ls	查看文件是否移动成功

3）复制目录

（a）cd /home/chapter07/；

（b）pwd；

（c）ls；

（d）cp -r chapter0704 chapter0704_bak；

（e）ls。

表 7-3 为复制目录时的命令及释义。

表 7-3 复制目录时的命令及释义

序号	命 令	释 义
（a）	cd /home/chapter07/	进入指定文件夹
（b）	pwd	显示当前路径
（c）	ls	查看当前文件夹中的文件
（d）	cp -r chapter0704 chapter0704_bak	复制目录
（e）	ls	查看目录是否复制成功

4）复制文件

（a）cd /home/chapter07/chapter0704/；

（b）pwd；

(c) ls；

(d) cp ex0704 ex0704_bak；

(e) ls。

表 7-4 为复制文件时的命令及释义。

表 7-4 复制文件时的命令及释义

序 号	命 令	释 义
(a)	cd /home/chapter07/chapter0704/	进入指定文件夹
(b)	pwd	显示当前路径
(c)	ls	查看当前文件夹中的文件
(d)	cp ex0704 ex0704_bak	复制文件
(e)	ls	查看文件是否复制成功

5）删除目录

(a) cd /home/chapter07/；

(b) ls；

(c) rm -rf chapter0704_bak；

(d) ls。

6）删除文件

(a) cd /home/chapter07/chapter0704/；

(b) ls；

(c) rm -rf ex0704_bak；

(d) ls。

7）创建文件

(a) cd /home/chapter07/；

(b) ls；

(c) touch ex0704_new；

(d) ls。

8）修改文件最后访问时间

(a) cd /home/chapter07/；

(b) ls -lu ex0704_new；

(c) touch -at 01010101 ex0704_new；

(d) ls -lu ex0704_new。

9）查看目录或文件

(a) cd /home/chapter07/；

(b) ls -a。

10）显示文件信息

(a) cd /home/chapter07/；

(b) file -b ex0704_new；

(c) stat ex0704_new。

4. 常见问题

以下为本小节涉及的基本命令相关的问题。

问题1：在使用mv命令将某一文件移动到一个不存在的目录中去时，结果将会如何？

解析：若欲使用mv命令将某一文件移动到一个不存在的目录中去，则操作将无法成功，系统会给出相应提示。

问题2：如何使用mv命令重命名文件？

解析：使用mv命令重命名文件时，可在终端中按如下操作命令进行。

(a) cd /home/chapter07/；

(b) ls；

(c) mv ex0704_new ex0704_old；

(d) ls。

问题3：使用ls -R命令可以生成目录树结构，但实际效果不理想。如何解决这一问题？

解析：我们可以使用tree命令以树状图形式列出目录内容，具体如下。

(a) sudo apt-get install tree；

(b) tree -a。

问题4：若当前文件夹下的目录和文件较多，而我们只想将当前文件夹下的目录显示出来，但不显示任何文件，该如何操作？

解析：使用ls -d命令可实现仅显示当前文件夹下的目录。

问题5：使用touch命令新建文件时，若文件名存在，运行结果如何？

解析：touch命令只能在指定目录下新建不存在的文件，若文件名已经存在，则无法创建成功。

5. 拓展思考

(1) 使用cp命令和mv命令均可实现文件的重命名，两者有什么差别？

(2) 使用rmdir命令只能删除空目录，不能删除文件；使用rm命令既可以删除文件，又可以删除目录。这两个命令在删除空目录时有什么差别？

(3) 使用stat命令显示文件详细信息时，每一项的具体含义是什么？

7.5 实验5 Ubuntu 高级命令（一）

1. 实验目的

熟悉并掌握Ubuntu系统中的高级命令。

2. 实验内容

在Ubuntu中学习以下高级命令：创建和显示文件、改变文件权限、分页显示文件、显示文件前若干行、显示文件后若干行。

3. 实验步骤

启动Ubuntu系统，登录系统后打开终端，按以下步骤操作。

1) 创建文件

(a) cd /home/chapter07；

(b) pwd；

(c) ls；

(d) mkdir chapter0705；

(e) ls；

(f) cd chapter0705；

(g) pwd；

(h) cat ＞ ex0705；

(i) This is an example for ex0705.；

(j) Ctrl＋D；

(k) ls。

表 7-5 为创建文件时的命令及释义。

表 7-5 创建文件时的命令及释义

序号	命 令	释 义
(a)	cd /home/chapter07/	进入指定文件夹
(b)	pwd	显示当前路径
(c)	ls	查看当前文件夹中的文件
(d)	mkdir chapter0705	创建文件夹
(e)	ls	查看文件夹是否创建成功
(f)	cd chapter0705	进入指定文件夹
(g)	pwd	显示当前路径
(h)	cat＞ex0705	创建文件
(i)	This is an example for ex0705.	输入文本
(j)	Ctrl＋D	按下按键结束编辑
(k)	ls	查看文件是否创建成功

2）显示文件

(a) cd /home/chapter07/chapter0705/；

(b) pwd；

(c) cat ex0705。

3）改变文件权限

(a) cd /home/chapter07/chapter0705/；

(b) pwd；

(c) ls -l；

(d) chmod 777 ex0705；

(e) ls -l。

4）分页显示文件

(a) cd /home/chapter07/chapter0705/；

(b) pwd；

(c) ls；

(d) cat ＞ ex0705_more；

(e) 输入 100 行以上的内容并按 Ctrl＋D 键结束编辑；

(f) more ex0705_more；

(g) cp ex0705_more ex0705_less；

(h) ls；

(i) less ex0705_less。

5）显示文件前若干行

(a) cd /home/chapter07/chapter0705/；

(b) pwd；

(c) ls；

(d) cp ex0705_more ex0705_head；

(e) ls；

(f) head -5 ex0705_head。

6）显示文件后若干行

(a) cd /home/chapter07/chapter0705/；

(b) pwd；

(c) ls；

(d) cp ex0705_more ex0705_tail；

(e) ls；

(f) tail -5 ex0705_tail。

4．常见问题

以下为本小节涉及的高级命令相关的问题。

问题 1：在使用 cat 命令创建文件时，若指定文件夹下已经存在待创建文件，怎么样能实现不覆盖待创建文件的内容？

解析：使用 cat 命令创建文件时，需要使用重定向符。若使用重定向符"＞"，则表示以覆盖方式向待创建文件写入内容；若使用重定向符"≫"向待创建文件写入内容时，则以追加的方式写入新内容。

问题 2：使用 cat 命令创建文件和显示文件，有什么不同？

解析：在使用 cat 命令创建文件时，需要在其后使用重定向符，再加上对应的文件名；在使用 cat 命令显示文件时，直接在其后加上对应的文件名。无论是以追加的方式创建文件还是直接显示文件，都需要对应的文件已经存在，否则操作无法正常完成。

问题 3：在 Ubuntu 中文件或目录的访问权限有三种，分别为读、写和执行，这三种权限对文件和目录分别有什么意义？

解析：对于文件而言，读的权限是对文件进行查看，写的权限是对文件进行修改，包括增加某些内容、改变某些内容和删除某些内容，执行的权限是运行可执行文件或脚本；对于目录而言，读的权限是可以查看该目录中有什么内容，写的权限是对目录进行改名、移动或删除等，执行的权限是指可以进入该目录。

问题 4：简述 cat 和 more 命令在显示文件时的差别？

解析：在使用 cat 命令显示文件时，如果文件超过一屏，那么只能在显示器上看到文件结束前的那一屏，从文件开头到文件结束前那一屏均无法显示；在使用 more 命令显示文件时，如果文件超过一屏，将会从文件头开始显示完一屏就立刻停下来，由用户按下空格键可显示下一屏。

这也就是说,在被显示文件内容较少,不超过一屏时,或者在需要显示文件最尾部一屏的内容时,推荐使用 cat;而 more 命令更适合于逐屏展示文件内容的场景。

问题 5:使用 head 和 tail 命令显示文件时有什么差别?

解析:head 显示文件时是从文件的第 1 行到指定行,tail 显示文件时是从文件的最后一行开始往第 1 行的方向显示指定的行数。换言之,在使用这两个命令时应该首先大致知道显示的内容大概在什么位置,这样才能实现精准显示。如果需要显示的行超过了一屏的高度,则无法在一屏上显示。在此场景下,不建议使用 head 或 tail 显示文件。

5. 拓展思考

(1) 使用 cat 命令和 touch 命令均可实现文件的创建,两者有什么差别?

(2) 使用 more 命令显示文件时,若在一屏内无法完全显示,则可按空格键向下翻页;使用 less 命令显示文件时,若在一屏内无法完全显示,则除了可以使用空格键向下翻页,还可以使用 PgUp 和 PgDn 键进行上下翻页。请思考这两者有什么差别? 分别适用于哪些场合?

(3) 使用 cat 命令除了可以用于创建文件,还可以用于显示文件。在使用 cat 命令显示文件时,与使用 more 和 less 命令显示文件有什么异同,这 3 个命令分别适用于什么场合?

7.6 实验 6 Ubuntu 高级命令(二)

1. 实验目的

熟悉并掌握 Ubuntu 系统中的高级命令。

2. 实验内容

在 Ubuntu 中学习以下高级命令:对文件内容进行排序、检查文件重复内容、在文件中查找指定内容、逐行对不同文件进行比较、逐字节对不同文件进行比较、对有序文件进行比较、对文件内容进行剪切、对文件内容进行粘贴、对文件内容进行统计。

3. 实验步骤

启动 Ubuntu 系统,登录系统后打开终端,按以下步骤操作。

1) 对文件内容进行排序

(a) cd /home/chapter07;

(b) pwd;

(c) ls;

(d) mkdir chapter0706;

(e) ls;

(f) cd chapter0706;

(g) pwd;

(h) cat > ex0706;

(i) 依次输入 1、4、6、3、2、7,每输入一个数字就回车换行;

(j) Ctrl+D;

(k) ls;

(l) cat ex0706;

（m）sort ex0706。

表 7-6 是对文件内容进行排序时的命令及释义。

表 7-6　对文件内容进行排序时的命令及释义

序号	命　　令	释　　义
（a）	cd /home/chapter07/	进入指定文件夹
（b）	pwd	显示当前路径
（c）	ls	查看当前文件夹中的文件
（d）	mkdir chapter0706	创建文件夹
（e）	ls	查看文件夹是否创建成功
（f）	cd chapter0706	进入指定文件夹
（g）	pwd	显示当前路径
（h）	cat ＞ ex0706	创建文件
（i）	依次输入 1、4、6、3、2、7，每输入一个数字就回车换行	输入文本
（j）	Ctrl＋D	按下按键结束编辑
（k）	ls	查看文件是否创建成功
（l）	cat ex0706	显示文件内容
（m）	sort ex0706	将文件内容进行排序

2）检查文件重复内容

（a）cd /home/chapter07/chapter0706；

（b）pwd；

（c）ls；

（d）cat ＞ ex0706_uniq；

（e）依次输入 a、a、b、b，每输入一个字母就回车换行；

（f）Ctrl＋D；

（g）ls；

（h）uniq ex0706_uniq。

3）在文件中查找指定内容

（a）cd /home/chapter07/chapter0706；

（b）pwd；

（c）ls；

（d）cp ex0706_uniq ex0706_grep；

（e）grep 'a' ex0706_grep。

4）逐行对不同文件进行比较

（a）cd /home/chapter07/chapter0706；

（b）pwd；

（c）ls；

（d）cat ＞ ex0706_diff_01；

（e）依次输入 a、b、c，每输入一个字母就回车换行；

（f）Ctrl＋D；

（g）cat ＞ ex0706_diff_02；

（h）依次输入 a、d、c，每输入一个字母就回车换行；

（i）Ctrl＋D；

（j）diff ex0706_diff_01 ex0706_diff_02。

5）逐字节对不同文件进行比较

（a）cd /home/chapter07/chapter0706；

（b）pwd；

（c）ls；

（d）cp ex0706_diff_01 ex0706_cmp_01；

（e）cp ex0706_diff_02 ex0706_cmp_02；

（f）cmp ex0706_cmp_01 ex0706_cmp_02。

6）对有序文件进行比较

（a）cd /home/chapter07/chapter0706；

（b）pwd；

（c）ls；

（d）cp ex0706_diff_01 ex0706_comm_01；

（e）cp ex0706_diff_02 ex0706_comm_02；

（f）comm ex0706_comm_01 ex0706_comm_02。

7）对文件内容进行剪切

（a）cd /home/chapter07/chapter0706；

（b）pwd；

（c）ls；

（d）cat ＞ ex0706_cut；

（e）依次输入 a、b、c，并换行；

（f）按下 Ctrl＋D 键结束编辑；

（g）cut -b 2 ex0706_cut。

8）对文件内容进行粘贴

（a）cd /home/chapter07/chapter0706；

（b）pwd；

（c）ls；

（d）cp ex0706_diff_01 ex0706_paste_01；

（e）cp ex0706_diff_02 ex0706_paste_02；

（f）paste ex0706_paste_01 ex0706_paste_02。

9）对文件内容进行统计

（a）cd /home/chapter07/chapter0706；

（b）pwd；

（c）ls；

（d）cp ex0706_diff_01 ex0706_wc；

（e）wc ex0706_wc。

4. 常见问题

以下为本小节涉及的高级命令相关的问题及解析思路。

问题 1：在使用 grep -c 统计某一指定单词在指定文件中出现的次数时，若这一单词在某一行出现了多次，则不会改变输出的次数。如何解决这一问题？

解析：若需使用 grep 统计某一指定单词在指定文件中出现的次数，可先使用 grep -o 查找出指定文件中的所有单词，然后再重定向输出至 grep -c 中，统计这些单词的出现次数。

问题 2：使用 grep 如何查找某一类型的文件？

解析：

（1）若需查找当前目录下所有".txt"类型的文件中的单词"Tom"，可使用以下命令：

```
grep "Tom" . - r - include *.{txt}
```

（2）在指定目录下查找带字符串的文件，可使用以下命令：

```
grep "Tom" . /home/ - include *.{txt}
```

（3）可使用-r 来实现递归搜索，即可搜索当前目录下的所有子目录，直到遍历该目录下的所有子目录中的文件，完成对这一目录下某一类型文件的搜索。以下命令为搜索当前目录下所有包括 stdio.h 的头文件：

```
grep - r "stdio.h" *.h
```

问题 3：使用 grep 查找时如何显示行号？

解析：使用 grep -n 可显示行号信息。

问题 4：diff、diff3 和 sdiff 均可以用于文件比较，它们的差别在哪里？

解析：diff 用于两个文件的比较，diff3 用于三个文件的比较，sdiff 用于合并两个文件。

问题 5：使用 grep -c 统计某一指定单词在指定文件中出现的行数，它与 wc -l 有什么不同？

解析：前者统计的是含有某一单词的行数，后者统计的是总行数。

5. 拓展思考

（1）使用 uniq 命令显示文件时，若文件中的重复行不连续，结果将会如何？

（2）diff、cmp 和 comm 均可用于文件的比较，它们分别适用于哪些场合？

（3）cut 用于剪切文件，paste 用于粘贴文件，这两个命令分别适用于什么场合？

7.7　实验 7　Ubuntu 高级命令（三）

1. 实验目的

熟悉并掌握 Ubuntu 系统中的高级命令。

2. 实验内容

在 Ubuntu 中学习以下高级命令：在硬盘上查找文件、在硬盘上查找目录、在数据库中查找文件、在数据库中查找目录、查找指定文件的位置、查找指定目录的位置、查找可执行文件的位置、检查磁盘空间占用情况、统计目录所占用空间大小、统计文件所占用空间大小。

3. 实验步骤

启动 Ubuntu 系统，登录系统后打开终端，按以下步骤操作：

1）在硬盘上查找文件

(a) cd /home/chapter07；

(b) pwd；

(c) ls；

(d) mkdir chapter0707；

(e) ls；

(f) cd chapter0707；

(g) pwd；

(h) find -name "ex＊"。

表 7-7 为创建文件时的命令及释义。

表 7-7　创建文件时的命令及释义

序 号	命 令	释 义
(a)	cd /home/chapter07/	进入指定文件夹
(b)	pwd	显示当前路径
(c)	ls	查看当前文件夹中的文件
(d)	mkdir chapter0707	创建文件夹
(e)	ls	查看文件夹是否创建成功
(f)	cd chapter0707	进入指定文件夹
(g)	pwd	显示当前路径
(h)	find -name "ex＊"	查找当前目录下以 ex 开头的文件

2）在硬盘上查找目录

(a) cd /home/chapter07/chapter0707/；

(b) pwd；

(c) ls；

(d) find / -empty。

3）在数据库中查找文件

(a) cd /home/chapter07/chapter0707/；

(b) pwd；

(c) ls；

(d) locate /home/chapter07/chapter0707/ex。

4）在数据库中查找目录

(a) cd /home/chapter07/；

(b) pwd；

(c) ls；

(d) locate chapter0707。

5）查找指定文件的位置

(a) cd /home/chapter07/；

(b) pwd；

(c) ls；

(d) whereis ls。

6）查找指定目录的位置

(a) cd /home/chapter07/；

(b) pwd；

(c) ls；

(d) whereis chapter0707。

7）查找可执行文件的位置

(a) cd /home/chapter07/；

(b) pwd；

(c) ls；

(d) which pwd。

8）检查磁盘空间占用情况

(a) cd /home/chapter07/；

(b) pwd；

(c) ls；

(d) df -h。

9）统计目录所占空间大小

(a) cd /home/；

(b) pwd；

(c) ls；

(d) du -h chapter07。

10）统计文件所占空间大小

(a) cd /home/chapter07/chapter0707/；

(b) pwd；

(c) ls；

(d) touch ex0707；

(e) du -h ex0707。

4. 常见问题

以下为本小节涉及的与高级命令相关的问题及解析思路。

问题 1：使用 locate 命令搜索文件比 find 快，但却无法立即搜索到刚创建的文件，如何解决这一问题？

解析：由于后台数据库默认一天更新一次，所以 locate 命令无法搜索到刚创建的文件。为了使新创建的文件在被创建之后立即被 locate 定位到，需要在终端执行 updatedb 这一命令，然后再执行 locate 命令方可定位到新创建的文件。

问题 2：在使用 locate 搜索某一目录下包含某一字符的某一类型文件时，若这一目录下还有若干子目录，子目录下还有子目录，则应如何解决这一问题？

解析：可使用-r 来实现递归搜索，即可搜索当前目录下的所有子目录，直到遍历该目录下所有子目录中的文件，完成对这一目录下某一类型文件的搜索。

问题 3：如何使用 du 命令显示指定目录下 10 个占用空间最大的目录或文件？

解析：可使用命令 du -sh ＊ ｜ sort -nr ｜ head 实现。

问题 4：磁盘限额时需要为相应的目录分配什么权限？

解析：至少需要 remount、usrquota 和 grpquota。

问题 5：执行 quotacheck 有什么作用？

解析：执行上述命令后，会产生 aquota. user 和 aquota. group 两个文件。

5. 拓展思考

（1）find 命令和 locate 命令均可用于文件搜索，两者有什么不同？

（2）whereis 和 which 都可以用于查找文件的位置，它们分别适用于哪些场合？

（3）使用 quota 进行磁盘配额时，具体步骤如何，需要注意什么问题？

7.8　实验 8　vi 编辑器（一）

1. 实验目的

熟悉并掌握 Ubuntu 系统中的 vi 编辑器的使用。

2. 实验内容

本节将介绍在 Ubuntu 系统中使用 vi 编辑器新建文件，保存文件，向文件中追加内容，撤销文件内容的修改和退出 vi 编辑器。

3. 实验步骤

启动 Ubuntu 系统，登录系统后打开终端，按以下步骤操作：

1）新建文件

(a) cd /home/chapter07；

(b) pwd；

(c) ls；

(d) mkdir chapter0708；

(e) cd chapter0708；

(f) ls；

(g) vi ex0708_01；

(h) q!。

2）保存文件

(a) cd /home/chapter07/chapter0708/；

(b) pwd；

(c) ls；

(d) vi ex0708_02；

(e) 输入下述文本：

"If I were an EPA employee, publicly asking these questions would almost certainly get me fired. Even as it stands, I worry that after this article is published some error or omission will be suddenly discovered among my EPA files and my fellowship will be rescinded. "；

(f) 在命令模式下，执行 wq 对文件进行保存并退出。

3）向文件中追加内容

（a）cd /home/chapter07/chapter0708/；

（b）pwd；

（c）ls；

（d）vi ex0708_02；

（e）向文件中追加下述文本：

"I am extraordinarily grateful for the support I receive from the EPA, but I am also deeply concerned about the future of the agency."；

（f）在命令模式下，执行 wq 对文件进行保存并退出。

4）撤销文件内容的修改

（a）cd /home/chapter07/chapter0708/；

（b）pwd；

（c）ls；

（d）vi ex0708_02；

（e）向文件中追加下述文本：

"Beyond that, I am worried about my nation's scientific institutions as a whole. Scientists in the United States face a shortage of tenure-track faculty jobs and fierce competition for a shrinking pool of grants. These dimming prospects reflect decades of underinvestment in the sciences. The current administration threatens to make things worse. We are all doing research on a razor's edge."

（f）按下 Esc 键返回到命令模式，再按下 u，完成上述文本的撤销；

（g）执行 wq 对文件进行保存并退出。

5）退出 vi 编辑器

（a）cd /home/chapter07/chapter0708/；

（b）pwd；

（c）ls；

（d）vi ex0708_02；

（e）在命令模式下按 q 或 q! 退出 ex0708_02。

4. 常见问题

以下为本小节涉及的 vi 编辑器相关的问题。

问题 1：使用 vi 编辑器进行文件创建后，如何保存并退出？

解析：首先要注意在使用 vi 编辑器时，有三种模式（命令模式、插入模式和底线模式）。在文件创建时，需要在插入模式下输入文本；完成文本插入后，需要按下 Esc 键返回命令模式，并输入":wq"在底线模式中实现文件内容的保存并退出。

问题 2：使用 vi 编辑器如何进行多个文件的编辑？

解析：若需要一次打开多个文件进行编辑，则可在 vi 命令后将需要编辑的文件名写上，文件名之间用空格分开，每完成一个文件内容的编辑之后，在命令模式下输入":w"完成文件内容的写入；然后在命令模式下输入":n"切换至下一个待编辑的文件；在结束对最后一个文件的编辑时，若再输入":n"，则系统将会提示"E165:Cannot go beyond last file"。

问题 3：使用 vi 编辑器如何对文件部分内容保存？

解析：在对一个文件进行编辑时，若需对部分内容进行保存，则在命令模式下对文件执行相应的写入命令即可，如"：1,7 write ex0401_07"命令就是将当前在编辑文件的第 1 行到第 7 行写入文件 ex0401_07。

问题 4：如何使用 vi 编辑器将当前文件中的内容追加至另一文件中？

解析：可以使用重定向命令实现。在命令模式下执行"：10,12 w ≫ ex0401_07"可将当前文件中第 10 行到第 12 行的内容以追加的方式写入文件 ex0401_07。

问题 5：在 vi 编辑器中使用 q 和 q! 退出文件有什么不同？

解析：q 指正常退出文件，q! 是指强制退出文件，若文件未被修改，则执行 q 和 q! 效果相同，均会正常退出文件；但若文件内容被修改了，则需要用 q! 才可以退出文件。

5. 拓展思考

（1）使用 vi 编辑器对多个文件进行编辑时，可以实现从一个文件内复制内容并粘贴到另一文件中吗？

（2）在对某一文件进行编辑时，想将这一文件中的某几行写入另一个已经存在的文件，是否会覆盖另一文件的内容？若不想覆盖另一文件中已经存在的内容，则该如何处理？

（3）在对文件内容进行编辑时，可在命令模式下用 u 来撤销对文件内容的修改。如果在命令模式下对文件修改的内容进行了保存，那么还能使用 u 来撤销对文件内容的修改吗？

7.9 实验 9 vi 编辑器（二）

1. 实验目的

熟悉并掌握 Ubuntu 系统中的 vi 编辑器的使用。

2. 实验内容

本节将介绍在 vi 编辑器中如何移动光标和添加文本。

3. 实验步骤

启动 Ubuntu 系统，登录系统后打开终端，按以下步骤操作完成示例文件的创建。

1）创建示例文件

（a）cd /home/chapter07；

（b）pwd；

（c）ls；

（d）mkdir chapter0709；

（e）cd chapter0709；

（f）ls；

（g）vi ex0709；

（h）输入下述文本：

"The wonderful world of spirits transcends the traditional bottles of whisky, bourbon, gin, tequila and cognac that we might already know of, and whose flavours we're familiar with. Alongside these headliners, there's a plethora of fascinating, highly tasty national spirits."；

（i）执行 wq 对文件进行保存并退出。

2）使用方向键移动光标

（a）cd /home/chapter07/chapter0709/；

（b）vi ex0709；

（c）在键盘上按下方向键，在文件中移动光标。

3）使用字母键移动光标

（a）cd /home/chapter07/chapter0709/；

（b）vi ex0709；

（c）在键盘上按下 ljhk 键，在文件中移动光标。

4）逐单词移动光标

（a）cd /home/chapter07/chapter0709/；

（b）vi ex0709；

（c）在键盘上按下 w 键，在文件中逐单词移动光标。

5）行内快速移动

（a）cd /home/chapter07/chapter0709/；

（b）vi ex0709；

（c）按下 ^ 移动光标到行首；

（d）按下 $ 移动光标到行末；

（e）按下 10| 移动光标到指定位置；

（f）按下 ft 移动光标到指定位置。

6）不同行上移动

（a）cd /home/chapter07/chapter0709/；

（b）vi ex0709；

（c）在命令模式中按下 10G；

（d）在命令模式中按下 G。

7）屏幕上移动到特定位置

（a）cd /home/chapter07/chapter0709/；

（b）vi ex0709；

（c）在命令模式中按下 M；

（d）在命令模式中按下 L；

（e）在命令模式中按下 H。

4．常见问题

以下为本小节涉及的 vi 编辑器相关的问题。

问题 1：在文件中使用方向键或字母键可以实现跨行移动吗？

解析：在 vi 中编辑文件时，可以使用方向键或字母键实现跨行移动，也可以使用方向键和字母键的组合来实现跨行移动。

问题 2：在文件中逐单词移动光标时，如何移动到单词开头和结尾？

解析：在命令模式下，在文件中按下 w 可实现将光标移动到下一个单词的开头，按下 e 可以将光标移动到单词的结尾。

问题 3：如何快速将光标移动到行首或行尾？

解析：在同一行内可以按下^可将光标移动到行首，按下 $ 可将光标移动至行末。

问题 4：如何将光标快速移动到屏幕中部？

解析：可在命令模式下按下 M 实现将光标移动到屏幕中部。

问题 5：完成文件编辑后如何将光标快速移回初始位置？

解析：在键盘上按下两个单引号即可实现将光标移回到初始位置。

5．拓展思考

（1）在文件中移动光标时，可以使用方向键，也可以使用字母键，请思考这两种移动光标的方式分别适用于什么场合？

（2）逐单词移动可实现跨行吗？请思考如何快速实现？

（3）在编辑文件时，若想快速地将光标移动到文件的第 3 行第 6 列，有几种操作方法？

7.10　实验 10　vi 编辑器（三）

1．实验目的

熟悉并掌握 Ubuntu 系统中的 vi 编辑器的使用。

2．实验内容

本节将介绍在 vi 编辑器中如何进行文本的查找和替换、文本的复制、剪切和粘贴，以及文本的删除和撤销。

3．实验步骤

启动 Ubuntu 系统，登录系统后打开终端，按以下步骤完成示例文件的创建。

1）创建示例文件

（a）cd /home/chapter07；

（b）pwd；

（c）ls；

（d）mkdir chapter0710；

（e）cd chapter0710；

（f）ls；

（g）vi ex0710_01；

（h）输入下述文本：

"The Tongue Drive System（TDS）is a wireless and wearable assistive technology, designed to allow individuals with severe motor impairments such as tetraplegia to access their environment using voluntary tongue motion. Previous TDS trials used a magnetic tracer temporarily attached to the top surface of the tongue with tissue adhesive. We investigated TDS efficacy for controlling a computer and driving a powered wheelchair in two groups of able-bodied subjects and a group of volunteers with spinal cord injury（SCI）at C6 or above. All participants received a magnetic tongue barbell and used the TDS for five to six consecutive sessions."；

（i）执行 wq 命令对文件进行保存并退出。

2）文本的查找

(a) cd /home/chapter07/chapter0710；

(b) pwd；

(c) ls；

(d) vi ex0710；

(e) 使用/using 查找单词 using。

3）文本的替换

(a) cd /home/chapter07/chapter0710；

(b) pwd；

(c) ls；

(d) vi ex0710；

(e) 使用/to 查找单词 to；

(f) 输入 cw 命令修改单词 to 为 two；

(g) 在命令模式下使用命令：s/to/two/g。

4）文本的复制和粘贴

(a) cd /home/chapter07/chapter0710；

(b) pwd；

(c) ls；

(d) vi ex0710；

(e) 输入 yl 命令；

(f) 输入 p 命令；

(g) 输入 yw 命令；

(h) 输入 p 命令；

(i) 输入 yy 命令；

(j) 输入 p 命令。

5）文本的剪切和粘贴

(a) cd /home/chapter07/chapter0710；

(b) pwd；

(c) ls；

(d) vi ex0710；

(e) 输入 x 命令；

(f) 输入 p 命令；

(g) 输入 dw 命令；

(h) 输入 p 命令；

(i) 输入 dd 命令；

(j) 输入 p 命令。

6）文本的删除和撤销

(a) cd /home/chapter07/chapter0710；

(b) pwd；

（c）ls；

（d）vi ex0710；

（e）输入 x 命令；

（f）输入 dw 命令；

（g）输入 dd 命令。

4．常见问题

以下为本小节涉及的 vi 编辑器相关的问题。

问题 1：在文件中查找字符串时，若需连续往前和往后查找，则该如何操作？

解析：按下 n 时可实现从当前位置往后查找文本，按下 N 时可实现从当前位置往前查找文本。

问题 2：如何实现在文件中查找某一字符串并全部替换？

解析：在命令模式下，执行"1,$ s/源字符串/目标字符串/g"。

问题 3：如何实现将某一行复制到指定位置？

解析：以下方法均可以实现复制某一行到指定行。（1）将光标移动到该行，按下 yy，然后再将光标移动到指定行，按下 p 即可；（2）使用 set number 命令将文件的行号显示出来，然后使用"某一行 copy 指定行"组合命令完成。

问题 4：如何重复执行删除行操作？

解析：可在命令模式下先按下 dd，然后按下．即可。

问题 5：如何删除指定行？

解析：在命令模式下显示行号，然后执行"：行号 d"，可实现删除指定行。

5．拓展思考

（1）在文件中进行查找指定字符串时，如何一次性将所有的字符串全部查找出来？

（2）请思考复制和粘贴行和文本块的差别。

（3）请思考删除多行和删除指定行的差别。

7.11　实验 11　实用程序（一）

1．实验目的

熟悉并掌握 Ubuntu 系统中实用程序的使用。

2．实验内容

本节将介绍多列内容输出、文件内容查找和基本数学计算。

3．实验步骤

启动 Ubuntu 系统，登录系统后打开终端，按以下步骤完成示例文件的创建。

1）创建示例文件

（a）cd /home/chapter07；

（b）pwd；

（c）ls；

（d）mkdir chapter0711；

（e）cd chapter0711；

（f）ls；

（g）vi ex0711_01；

（h）输入下述文本并保存。

abandon

aboard

absolute

absolutely

absorb

abstract

abundant

abuse

academic

accelerate

access

accidental

accommodate

accommodation

accompany

accomplish

accordance

2）多列内容输出

（a）cd /home/chapter07/chapter0711/；

（b）pwd；

（c）ls；

（d）column ex0711_01 | more。

3）文件内容查找

（a）cd /home/chapter07/chapter0711/；

（b）pwd；

（c）ls；

（d）cp ex0711_01 ex0711_02；

（e）grep accompany ex0711_02。

4）基本数学计算

（a）cd /home/chapter07/chapter0711/；

（b）pwd；

（c）ls；

（d）bc；

（e）6＋4；

（f）6－4；

（g）6＊4；

(h) 6/4。

4. 常见问题

以下为本小节涉及的实用程序相关的问题及解析思路。

问题 1：在使用 column 实现多列文件显示时，应如何控制显示顺序？

解析：column 带-x 可实现先从左到右显示，再从上到下显示；不带此选项可实现先从上到下显示，再从左到右显示。

问题 2：如何实现在当前目录下的所有文件中查找字符串？

解析：在当前目录下的命令行执行 grep 字符串 ＊。

问题 3：使用 grep 查找多个单词时该如何实现？

解析：注意英文中多个单词之间是以空格分开的，因此在查找时需在多个单词的两侧放置单引号。这样 grep 执行查找时会将单引号内的多个单词作为一个整体对待，否则会提示出错。

问题 4：如何查找指定长度的行？

解析：grep 中使用.表示一个字符，若想查找指定长度的行，则需要用相应个数的.作为参数来执行查找命令。例如：要将 ex0711_02 文件中长度为 7 的单词找出来，可执行 grep '.......' ex0711_02。

问题 5：如何退出 bc?

解析：在命令模式下输入 quit，回车后即可退出 bc。

5. 拓展思考

(1) 实用程序 column 可用在什么场合？

(2) 简述实用程序 grep 与之前我们学习的 locate 和 find 的差别。

(3) 简述实用程序 bc 与我们常用的计算器的异同。

7.12 实验 12 实用程序（二）

1. 实验目的

熟悉并掌握 Ubuntu 系统中实用程序的使用。

2. 实验内容

本节将介绍文件内容的排序、比较和替换。

3. 实验步骤

启动 Ubuntu 系统，登录系统后打开终端，按以下步骤完成示例文件的创建。

1）创建示例文件

(a) cd /home/chapter07；

(b) pwd；

(c) ls；

(d) mkdir chapter0712；

(e) cd chapter0712；

(f) ls；

(g) vi ex0712_01；

（h）输入下述文本并保存。

baby

back

background

backward

bacteria

bad

badly

bag

baggage

bake

balance

ball

balloon

banana

band

bang

bank

bar

barber

bare

2）文件内容排序

（a）cd /home/chapter07/chapter0712/；

（b）pwd；

（c）ls；

（d）sort ex0712_01；

（e）sort -r ex0712_01。

3）文件内容比较

（a）cd /home/chapter07/chapter0712/；

（b）pwd；

（c）ls；

（d）cp ex0712_01 ex0712_02；

（e）cat -n ex0712_01；

（f）cat -n ex0712_02；

（g）diff ex0712_01 ex0712_02。

4）文件内容替换

（a）cd /home/chapter07/chapter0712/；

（b）pwd；

（c）ls；

(d) tr 'b' 'a' < ex0712_01。

4. 常见问题

以下为本小节涉及的实用程序相关的问题。

问题 1：欲使用 sort 对文件进行排序并重写，该如何实现？

解析：可用两种方式实现。（1）先将文件排序并写入一个新文件，然后将新文件的内容写回原文件；（2）使用-o 选项可实现对文件的排序并重写。

问题 2：实用程序 uniq 可以识别重复行，但仅对相邻且重复的行有效，对于不相邻且重复的行该如何处理？

解析：对于不相邻且重复的行，可以使用-u 直接查看，还可以先使用 sort 对文件进行排序，使不相邻重复变为相邻重复，然后再处理。

问题 3：使用 comm 命令对文件进行排序时，要求待比较文件是有序的。若文件无序，则该如何处理？

解析：若待比较文件无序，则使用 comm 命令对其排序时结果混乱且系统会提示待比较文件无序。此时应先使用 sort 对文件进行排序，然后再使用 comm 命令进行比较。

问题 4：使用 diff 命令对两个文件内容进行比较，结果如何？

解析：使用 diff 命令对两个文件进行比较时，其结果会涉及对文件进行修改（c）、删除（d）和添加（a）的操作，将两个文件修改成一致的。

问题 5：使用 tr 命令对某一文件内容进行替换时，如何实现将所有的小写字母换成大写字母？

解析：在命令模式下输入 tr '[a-z]' '[A-Z]' <文件名，可实现将该文件中所有的小写字母替换成大写字母。

5. 拓展思考

（1）若一个文件中既有数字，又有文本，则使用实用程序 sort 对该文件排序的结果有实际意义吗？

（2）简述实用程序 uniq 与 comm 和 diff 的差别。

（3）简述实用程序 tr 和 grep 进行查找和替换时的异同。

7.13　实验 13　Shell 编程（一）

1. 实验目的
熟悉并掌握 Ubuntu 系统下 Shell 编程中的顺序结构。

2. 实验内容
本节将介绍在 Shell 下如何编写一个顺序结构的程序。

3. 实验步骤

(a) cd /home/chapter07；

(b) pwd；

(c) ls；

(d) mkdir chapter0713；

(e) cd chapter0713；

（f）ls；

（g）vi ex0713；

```
#!/bin/bash
echo "Please input your name:"
read YNAME
echo "Welcome you, your name is $ YNAME."
```

保存后退出；

（h）chmod ＋x ex0713；

（i）./ex0713。

4. 常见问题

以下为本小节涉及的问题。

问题 1：在编写 Shell 脚本时，除了可以使用 bash 作为解释器，还可以使用什么？

解析：除了可以使用 bash，还可以使用 csh、ksh 和 bsh。用户可以在终端上执行 cat /etc/Shells 来各列出当前 Ubuntu 系统中能够使用的 Shell 程序。

问题 2：使用 read 命令读入数据时，如何实现一次读入多个数据？

解析：注意 read 命令是可以一次性读入多个数据的，只是实现时要用与数据个数一致的变量去存储这些数据。

问题 3：在脚本中我们可以使用 $ 来获得变量的值，单引号、双引号和反引号分别有什么作用？

解析：单引号用于表示普通字符，双引号可用于解释某些特殊字符（$，\），反引号可用于解释命令。

问题 4：如何让脚本获得执行权限？

解析：脚本编辑完毕后，需要赋予其执行权限才可以运行。通过 chmod 命令增加其执行权限。

问题 5：如何运行当前脚本？

解析：直接执行相应目录下的脚本即可。

5. 拓展思考

（1）创建脚本时需要注意什么问题？

（2）使用 read 命令读取数据时需要注意什么问题？

（3）引用变量时需要注意什么问题？

7.14 实验 14 Shell 编程（二）

1. 实验目的

熟悉并掌握 Ubuntu 系统中 Shell 编程中的选择结构。

2. 实验内容

本节将介绍在 Shell 下分别使 case 和 if 编写一个选择结构的程序。

3. 实验步骤

1）使用 case

（a）cd /home/chapter07；

(b) pwd；

(c) ls；

(d) mkdir chapter0714；

(e) cd chapter0714；

(f) ls；

(g) vi ex0714_01；

```
#!/bin/bash
echo "Please input a number between 1 and 4."
read NUM
case $ NUM in
    1)   echo "Your score is 60"
    ;;
    2)   echo "Your score is 70"
    ;;
    3)   echo "Your score is 80"
    ;;
    4)   echo "Your score is 90"
    ;;
    * ) echo "Input error"
    ;;
esac
```

保存后退出；

(h) chmod ＋x ex0714_01；

(i) ./ex0714_01。

此脚本运行时，在终端输入数字 1 到 4，将会输出相应的成绩；否则，将会提示错误。

2) 使用 if

(a) cd /home/chapter07；

(b) pwd；

(c) ls；

(d) mkdir chapter0714(若上一步骤已执行 chapter0714 的创建，则此语句可忽略)；

(e) cd chapter0714；

(f) ls；

(g) vi ex0714_02；

```
#!/bin/bash
echo "Please input a number between 1 and 4."
read NUM
if  [   " $ NUM"   == "1"   ]
    then
        echo "Your score is 60"
elif  [   " $ NUM"   == "2"   ]
    then
        echo "Your score is 70"
elif  [   " $ NUM"   == "3"   ]
    then
        echo "Your score is 80"
elif  [   " $ NUM"   == "4"   ]
```

```
    then
        echo "Your score is 90"
else
    echo "Input error"
fi
```

保存后退出；

（h）chmod ＋x ex0714_02；

（i）./ex0714_02。

此脚本运行时，在终端输入数字 1 到 4，将会输出相应的成绩；否则，将会提示错误。

4. 常见问题

以下为本小节涉及的问题及解析思路。

问题 1：在本例中使用 case 编写选择结构的 Shell 脚本时，要注意什么？

解析：首先要注意 case 语句中的分支与读入的 NUM 要匹配，并且对异常情况要处理；其次要注意 case 语句结束时要写上 esac；最后每一个分支与 echo 语句之间需要有空格，在其后需要加上分号表示语句结束。

问题 2：在本例中使用 if 编写选择结构的 Shell 脚本时，要注意什么？

解析：请注意 if 的用法，对于本例中多重分支，使用 if…elif…elif…elif…else…fi 结构处理较为方便。

问题 3：在写条件表达式时需要注意什么？

解析：在 if 或 elif 后的条件表达式需要使用方括号，注意表达式与括号之间需要有空格，等号需要用 2 个，左右两边需要有空格。

5. 拓展思考

（1）选择结构 case 适用于什么场合？

（2）对于不同的 if 形式，分别适用于什么场合？

7.15 实验 15 Shell 编程（三）

1. 实验目的

熟悉并掌握 Ubuntu 系统下 Shell 编程中的循环结构。

2. 实验内容

本节将介绍在 Shell 下分别使用 for、while 和 until 编写一个循环结构的程序。

3. 实验步骤

1）使用 for

（a）cd /home/chapter07；

（b）pwd；

（c）ls；

（d）mkdir chapter0715；

（e）cd chapter0715；

（f）ls；

（g）vi ex0715_01；

```
#!/bin/bash
clear
echo "*********************************"
echo "****** 9 * 9 multiplication table ******"
echo "*********************************"
for (( iLine = 1;iLine < 10;iLine++))
do
  for((jLine = 1;jLine <= iLine;jLine++))
  do
    echo - ne " $ iLine * $ jLine = $ ((iLine * jLine))\t"
  done
  echo
done
```

保存后退出；

(h) chmod ＋x ex0715_01；

(i)．/ex0715_01。

此脚本运行时,会在终端显示一个九九乘法表。

2）使用 while

(a) cd /home/chapter07；

(b) pwd；

(c) ls；

(d) mkdir chapter0715；

(e) cd chapter0715；

(f) ls；

(g) vi ex0715_02；

```
#!/bin/bash
clear
echo "*********************************"
echo "****** 9 * 9 multiplication table ******"
echo "*********************************"
iLine = 1
iTEN = 10
while [ $ iLine - lt $ iTEN ]
do
  jLine = 1
while [ $ jLine - le $ iLine ]
  do
    echo - ne " $ iLine * $ jLine = $ ((iLine * jLine))\t"
    ((jLine++));
  done
  echo
  ((iLine++));
done
```

保存后退出；

(h) chmod ＋x ex0715_02；

(i)．/ex0715_02。

3）使用 until

(a) cd /home/chapter07；

(b) pwd；

(c) ls；

(d) mkdir chapter0715；

(e) cd chapter0715；

(f) ls；

(g) vi ex0715_03；

```
#!/bin/bash
clear
echo "****************************"
echo "*******9*9 multiplication table*******"
echo "****************************"
iLine = 1
iTEN = 9
until [ $ iLine - gt $ iTEN ]
do
  jLine = 1
until [ $ jLine - gt $ iLine ]
  do
      echo - ne "$ iLine * $ jLine = $ ((iLine * jLine))\t"
      ((jLine++));
  done
  echo
  ((iLine++));
done
```

保存后退出；

(h) chmod ＋x ex0715_03；

(i) ./ex0715_03。

4. 常见问题

以下为本小节涉及的问题及解析思路。

问题 1：使用 for 实现本例，需要注意什么问题？

解析：实现九九乘法表时，使用了二重循环。内循环实现在每一行上输出对应的乘法口诀，外循环实现换行。

问题 2：对于 for 循环的条件判断，该注意什么？

解析：注意外循环的条件是小于 10，即从 1 到 9；内循环的条件是 jLine 小于或等于 iLine，因为乘数和被乘数相等时也需要输出。

问题 3：使用 while 实现本例时，需要注意什么问题？

解析：1)外循环变量的初始化；2)内循环变量的初始化；3)循环变量的自增。

问题 4：对于 while 循环条件的判断，该注意什么？

解析：条件表达式用方括号，对于整数判断，使用"-le"和"-lt"。

问题 5：变量自增要注意什么？

解析：无论是 for 循环，还是 while 循环，变量自增都需要加两个圆括号。

5. 拓展思考

(1) 使用 for 编写脚本时适合什么应用场合？

（2）使用 while 编写脚本时适合什么应用场合？

（3）使用 until 编写脚本时适合什么应用场合？

本章小结

　　本章涉及的实验从安装 Ubuntu 系统开始，将读者逐步引入到 Ubuntu 系统的使用中。由于绝大多数读者在学习本系统之前，都有使用 Windows 系统的经验，因此，在系统安装完毕后，试验从与 Windows 极为相似的 Ubuntu 图形界面开始，然后再过渡到 Ubuntu 字符界面。

　　在字符界面中，实验从最为基本的 Ubuntu 开机、登录、注销和关机命令开始，再一步一步延伸至其他常用的命令；在完成了基本命令的实验之后，再开始 Ubuntu 的高级命令实验；然后再进入 vi 编辑器的实验中；最后是实用程序和 Shell 编程的实验。

　　本章涉及的每一个实验均有详细的实验步骤，读者可以很容易按照这些步骤在 Ubuntu 中完成这些实验，此外，对于每一个实验会有相应的常见问题，这些问题是在完成实验过程中可能遇到的，通过阅读对这些问题的解析，可以帮助读者更好地完成实验。拓展思考是在读者完成实验之后，在更加抽象的层面需要去思考的问题，通过思考这些问题可以使读者的知识系统化和条理化。

图书资源支持

感谢您一直以来对清华版图书的支持和爱护。为了配合本书的使用，本书提供配套的资源，有需求的读者请扫描下方的"书圈"微信公众号二维码，在图书专区下载，也可以拨打电话或发送电子邮件咨询。

如果您在使用本书的过程中遇到了什么问题，或者有相关图书出版计划，也请您发邮件告诉我们，以便我们更好地为您服务。

我们的联系方式：

清华大学出版社计算机与信息分社网站：https://www.shuimushuhui.com/

地　　址：北京市海淀区双清路学研大厦 A 座 714

邮　　编：100084

电　　话：010-83470236　010-83470237

客服邮箱：2301891038@qq.com

QQ：2301891038（请写明您的单位和姓名）

资源下载：关注公众号"书圈"下载配套资源。

资源下载、样书申请

书 圈

图书案例

清华计算机学堂

观看课程直播